Python编程基础与数据分析

主 编 赵胜利 苏理云 邱世芳

重庆大学出版社

内容提要

本书对 Python 编程的基础内容、Python 数据处理与分析的基本工具、统计建模的常见方法和原理以及 Python 实现进行了详细介绍,本书最后两章,从两个实际的建模案例出发,对数据预处理、特征工程、统计建模、结果分析与可视化,即统计建模的整个过程进行了详细说明。

本书适合从事统计学、应用数学、经济管理及计算机等方面工作或学习的本科生、研究生和教师阅读与使用。

图书在版编目(CIP)数据

Python 编程基础与数据分析 / 赵胜利,苏理云,邱世芳主编. -- 重庆:重庆大学出版社,2023.2
(人工智能丛书)
ISBN 978-7-5689-3734-4

Ⅰ.①P… Ⅱ.①赵… ②苏… ③邱… Ⅲ.①软件工具—程序设计 Ⅳ.①TP311.561

中国国家版本馆 CIP 数据核字(2023)第 006864 号

Python 编程基础与数据分析
主 编 赵胜利 苏理云 邱世芳
策划编辑:杨粮菊

责任编辑:姜 凤   版式设计:杨粮菊
责任校对:谢 芳   责任印制:张 策

*

重庆大学出版社出版发行
出版人:饶帮华
社址:重庆市沙坪坝区大学城西路 21 号
邮编:401331
电话:(023) 88617190   88617185(中小学)
传真:(023) 88617186   88617166
网址:http://www.cqup.com.cn
邮箱:fxk@ cqup.com.cn(营销中心)
全国新华书店经销
重庆华林天美印务有限公司印刷

*

开本:787mm×1092mm   1/16   印张:18.75   字数:483 千
2023 年 2 月第 1 版   2023 年 2 月第 1 次印刷
ISBN 978-7-5689-3734-4   定价:59.00 元

前言

在大数据智能化的背景下,Python 作为一种流行的编程语言,在数据处理、数据分析和大数据等方面具有很强的特征与优势。Python 语法简单优雅、易学,学习曲线不陡峭,开源,拥有很多大数据人工智能方面的库(如 Web 开发、爬虫、科学计算等)。

本书是在广泛查阅已有的文献资料和书籍的基础上,经过对比分析,并根据编者多年的教学、数学建模及人才培养的经验编写而成的;既适应当今数据智慧的需要,也是打造统计学专业的交叉特色的需要。本书还是校级特色专业应用统计学建设的需要,也是重庆理工大学研究生高等质量发展项目(gzljc202213,Python 编程基础与数据分析)、重庆市研究生联合培养基地建设项目(201896,应用统计专业硕士研究生联合培养基地)和重庆市研究生教育教学改革研究重大项目(yjg191017)的部分成果。

本书以 Python 基本语法和数据分析为主体展开。对于数学类、统计学类专业的学生或数据分析实际工作者来说,他们需要一本既有基本编程语法知识,也有丰富统计计算及统计数据分析的教材。本书具有以下特点:

- 语法介绍简洁;
- 内容由浅入深、深入浅出、浅显易懂;
- 整体规划、编排逻辑性强;
- 列表、数据类型、循环、字典等独立成章节;
- 典型数据案例;
- 详细讲解数据可视化及统计分析;
- 数据来自统计建模领域;
- 理论与实践并重。

本书为 64 学时,教师可根据课程的具体情况,作适当取舍,在 48 学时下作重点介绍。

本书由重庆理工大学理学院赵胜利博士、苏理云教授、邱世芳教授共同编写而成。其中,赵胜利编写第 1—8 章,苏理云编写第 9—12 章,邱世芳编写第 13—15 章,全书由赵胜利统稿。重庆理工大学理学院研究生汪欣、沈心雨、吕林黛对本书的文字录入、部分代码编写及校对做了大量工作,在此表示衷心的感谢! 本书的出版得到了重庆大学出版社、重庆理工大学理学院、重庆理工大学研究生院的大力支持,在此表示衷心的感谢! 同时也对本书的出版给予关心和支持的领导及同仁致以衷心的感谢!

本书在编写过程中力求准确,但由于编者水平所限,书中难免存在疏漏之处,敬请读者批评指正。

编　者

2022 年 6 月于重庆理工大学花溪校区

目录

1

Python 数据分析概述和 Anaconda

当今社会,网络和信息技术开始渗入人类日常生活的各个方面,人类所产生的数据也呈现出指数增长的态势。现有的数据量已远远超越了目前人力所及的范畴。如何管理和使用这些数据,已成为数据科学领域的一个全新的课题。Python 语言在近 20 年迅速发展,大量的数据科学领域的从业者使用 Python 完成数据科学的相关工作。Anaconda 发行版的 Python 预装了 180 多个科学包及其依赖项,囊括了数据分析常用的工具库,使数据分析人员能够更加顺畅和专注地使用 Python 解决数据分析的相关问题。

1.1 数据分析概述

数据分析作为大数据技术的重要组成部分,近年来,随着大数据技术的进步而逐渐发展和成熟。数据分析技能被认为是数据科学领域中数据从业人员需要具备的技能之一。与此同时,数据分析师也成了时下最热门的职业之一。数据分析技能的掌握是一个循序渐进的过程。明确数据分析的概念、分析的流程和分析的方法等相关知识是迈出数据分析的第一步。

1.1.1 数据分析的基本概念

数据分析是指用适当的分析方法对收集来的大量数据进行分析,提取有用信息和形成结论,对数据加以详细研究和概括总结的过程。随着计算机技术的全面发展,企业生产、收集、存储和处理数据的能力大大提高,数据量与日俱增。而在现实生活中,需要把这些繁杂的数据通过统计分析进行提炼,以此研究出数据的发展规律,进而帮助企业管理层作出决策。

数据分析分为广义和狭义两个层面。广义的数据分析包括数据分析和数据挖掘。狭义的数据分析是指根据分析的目的,采用对比分析、分组分析、交叉分析和回归分析等方法,对收集到的数据进行处理和分析,提取有价值的信息,发挥数据的作用,得到一个特征统计量的过程。数据挖掘则是从大量的、不完全的、有噪声的、模糊的、随机的实际应用数据中,通过应用聚类分析、分类、回归和关联规则等技术,挖掘潜在价值的过程。

图 1.1 为广义数据分析的概念图。广义的数据分析是指根据一定的目标,通过统计分析、聚类、分类等方法发现大量数据中的目标隐含信息的过程。

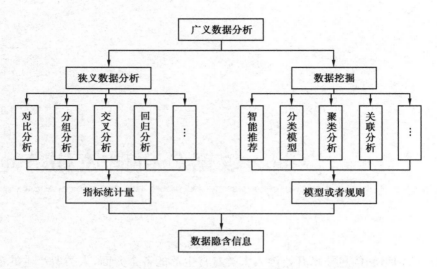

图 1.1　广义数据分析的概念图

1.1.2　数据分析的基本流程

数据分析已逐渐演化为一种解决问题的过程,甚至是一种方法论。虽然每一个公司都会根据自身的要求和目标创建最合适的数据分析流程,但是数据分析的核心步骤是一致的。如图 1.2 所示的是一个典型的数据分析流程图。

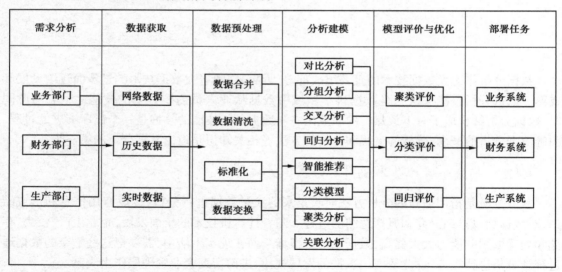

图 1.2　数据分析流程图

1)需求分析

"需求分析"一词来源于产品设计,主要是指从用户提出的需求出发,挖掘用户内心的真实意图,并转化为产品需求的过程。产品设计的第一步就是需求分析,也是最关键的一步,因为需求分析决定了产品的方向。错误的需求分析可能导致产品实现过程走入错误的方向,甚至对企业造成损失。

数据分析中的需求分析是数据分析环节的第一步,也是非常重要的一步,决定了后续的分析方法和方向。数据分析中需求分析的主要内容是根据业务、财务和生产等部门的需要,结合现有的数据情况,提出数据分析的整体方向、分析内容,最终和需求方达成一致。

2)数据获取

数据获取是数据分析工作的基础,是根据需求分析的结果提取、收集数据。数据获取主要有网络数据和本地数据两种方式。网络数据是指存储在互联网中的各类视频、图片、语言和文字信息;本地数据是指存储在本地数据库中的生产、营销和财务等系统的数据。本地数据按照数据的时间又可以分为历史数据和实时数据。历史数据是指系统在运行过程中遗存下来的数据,其数据量随着系统运行时间的增加而增长;实时数据是指最近一个单位时间周期(月、周、日、小时等)内产生的数据。在数据分析的过程中,具体使用哪种数据获取方式,应根据需求分析结果而定。

3)数据预处理

数据预处理是指对数据进行数据合并、数据清洗、数据标准化和数据变换,并直接用于分析建模的这一过程。其中,数据合并可以将多张相互关联的表格合并为一张;数据清洗可以去掉重复、缺失、异常、不一致的数据;数据标准化可以去除特征之间的量纲差异;数据变换可以通过离散化、哑变量处理等技术来满足后期分析与建模的数据要求。在数据分析的过程中,数据预处理的各个过程相互交叉,并没有明确的先后顺序。

4)分析与建模

分析与建模是指通过对比分析、分组分析、交叉分析、回归分析等分析建模方法,以及聚类分析、分类模型、关联分析、智能推荐模型等模型与算法,发现数据中有价值的信息,并得出结论的过程。

分析与建模的方法按照不同的目的可以分为几大类。如果分析的目标是描述客户的行为模式,可以采用描述性数据分析方法,同时还可以考虑关联规则、序列规则和聚类模型等。如果分析的目的是量化未来一段时间内某个事件发生的概率,则可以使用分类预测模型或者回归预测模型。在常见的分类预测模型中,目标特征通常是分类数据,其中,二元分类数据最为常见,例如,检验结果是否为阳性、客户信用的好坏等。在回归预测中,目标的特征通常都是连续型数据,常见问题有价格预测和违约损失率预测等。

5)模型评价与优化

模型评价与优化是指对已经建立的一个或者多个模型,根据其模型的类别,使用不同的指标评价其性能优劣的过程。不同的模型有不同的评价方法。聚类分析的模型评价指标有 ARI 评价法(兰德系数)、AMI 评价法(互信息)、V-measure 评分、FMI 评价和轮廓系数等。常用的分类模型评价指标有准确率(Accuracy)、精确率(Precision)、召回率(Recall)、F1 值、ROC 曲线和 AUC 值等。常用的回归模型评价指标有平均绝对误差、均方误差、终止绝对误差和可解释方差值等。

模型优化则是指模型经过模型的评价以后已经达到要求,但是在实际生产环境应用的过程中,发现模型的性能并不理想,继而对模型进行重构与优化。在多数情况下,模型的优化和分析与建模过程基本一致。

6)部署任务

部署任务是指将数据分析结果与结论应用至实际生产系统的过程。根据需求的不同,部署阶段可以是一份包含了现状具体整改措施的数据分析报告,也可以是将模型部署在整个生产系统的解决方案。在大多数的实际项目中,数据分析师提供的是一份数据分析报告或者一套解决方案,而实际执行与部署的是需求方。

1.1.3 数据分析的应用场景

企业使用数据分析解决不同的问题,实际应用的数据分析场景主要分为以下几类。

1)客户分析

客户分析主要是根据客户的基本数据信息进行的商业分析,首先界定目标客户,根据数据分析需求、目标客户的性质、所处行业的特征以及客户的经济状况等基本信息,使用统计分析方法和预测验证法分析目标客户,提高销售效率。其次了解客户的采购过程,根据客户的采购类型、采购性质进行分类分析,制定不同的行销策略。最后还可以根据已有的客户特征进行客户特征分析、客户忠诚度分析、客户注意力分析、客户营销分析和客户收益分析。通过有效的客户分析能够掌握客户的具体行为特征,将客户细分使运营策略达到最优,从而提升企业的整体效益。

2)营销分析

营销分析包括产品分析、价格分析、渠道分析、广告和促销分析4种分析。产品分析主要是竞争产品分析,通过对竞争产品的分析制定自身产品策略。价格分析又可以分为成本分析和售价分析。成本分析的目标是降低不必要的成本;售价分析的目的是制定符合市场的价格。渠道分析是指对产品的销售渠道进行分析,确定最优的渠道配比。广告和促销分析则能够结合客户分析,实现销售的提升、利润的增加。

3)社交媒体分析

社交媒体分析是以不同的社交媒体渠道生成的内容为基础,实现不同社交媒体的用户分析、访问分析和互动分析等。用户分析主要根据用户注册信息、登录平台的时间点和平时发布的内容等用户数据,分析用户个人画像和行为特征;访问分析是通过用户平时访问的内容分析用户的兴趣爱好,进而分析潜在的商业价值;互动分析是根据相互关注对象的行为预测该对象未来的某些行为特征。同时,社交媒体分析还能够为情感和舆情监督提供丰富的资料。

4)设备管理

设备管理同样是企业关注的重点。设备维修一般采用标准修理法、定期修理法和检查后修理法等方法。其中,标准修理法可能会造成设备过度修理,修理费用高;检查后修理法解决了修理费用成本问题,但是修理前的准备工作繁多,设备的停歇时间过长。目前企业能够通过物联网技术收集和分析设备上的数据流,包括连续用电、零部件温度、环境湿度和污染物颗粒等多种潜在特征,建立设备管理模型,从而预测设备故障,合理安排预防性维护,以确保设备正常作业,降低因设备故障带来的安全风险。

5)交通物流分析

交通物流分析是物品从供用地向接受地的实体流动,是将运输、存储、装卸搬运、包装、流通加工、配送和信息处理等功能有机结合起来而实现用户要求的过程。用户可以通过业务系统和 GPS 定位系统获得数据,使用数据结构交通状况预测分析模型,有效预测实时路况、物流状况、车流量、客流量和货物吞吐量,进而提前补货,制定库存管理策略。

6)欺诈行为检测

身份信息泄露及盗用事件逐年增长,随之而来的是欺诈行为和欺诈交易的增多。公安机关、各大金融机构、电信部门可利用用户基本信息、用户交易信息和用户通话短信信息等数据，识别可能发生的潜在欺诈交易，做到提前预防、未雨绸缪。以大型金融机构为例，通过分类模型对非法集资和洗钱的逻辑路径进行分析，找到其行为特征。聚类分析模型可以分析相似价格的运动模式。例如，对股票聚类，可能发现关联交易及内幕交易的可疑信息。关联规则分析方法可以监控多个用户的关联交易行为，为发现跨账号协同的金融诈骗行为提供依据。

1.2 Python 数据分析工具

Python 已有 30 多年的发展历史。在过去的 30 多年里，Python 在运营工程师中受到广泛欢迎，大多数的数据分析公司都已经将 Python 作为生产环境的首选语言。最近 10 年来，Python 的应用范围迅速扩大，几乎所有的理工科大学都开设了 Python 程序设计课程。Python 语言在数据分析领域，相比于其他语言，具有明显的优势。

1.2.1 数据分析的常用工具

目前主流的数据分析语言有 Python、R 和 MATLAB 3 种。其中，Python 具有丰富和强大的库，通常被称为胶水语言，能够把其他语言制作的各种模块（尤其是 C++）很轻松地连接在一起，是一门更易学、更严谨的程序设计语言。R 语言是用于统计分析、绘图的语言和操作环境。它属于 GNU 系统的一个自由的、免费的、源代码开放的软件。MATLAB 的作用主要是进行矩阵计算、绘制函数与数据、实现算法、创建用户界面和连接其他编程语言的程序等，主要应用于工程计算、控制设计、信号处理与通信、图像处理、信号检测、金融建模设计与分析等领域。

这 3 种语言都可以进行数据分析。表 1.1 从语言学习的难易程度、使用场景、第三方支持、流行领域和软件成本 5 个方面比较了 Python、R 和 MATLAB 这 3 种数据分析工具。从表 1.1 中可以看出，Python 的学习难度相对比较低，拥有大量的第三方库，应用场景广泛，受到工业界的广泛认可，且开源免费，因此，Python 是进行数据分析的首选工具。

表 1.1 Python、R 和 MATLAB 3 种数据分析工具的比较

常用工具	Python	R	MATLAB
学习难度	接口统一，学习曲线平缓	接口众多，学习曲线陡峭	自由度大，学习曲线平缓
使用场景	数据分析、机器学习、矩阵计算、数据可视化、数字图像处理、Web 应用、网络爬虫、系统运载等	统计建模与分析、机器学习、矩阵计算、数据可视化等	矩阵计算、数值分析、数据可视化、机器学习、符号计算、数值图像处理、数字信号处理、仿真模拟等
第三方支持	拥有大量的第三方库，能够简便地调用 C、C++ 等其他程序语言	拥有大量的包，能够调用 C、C++ 等其他程序语言	拥有大量的专业工具箱，在新版本中加入了对 C、C++ 等其他语言的支持
流行领域	工业界>学术界	工业界≈学术界	工业界≤学术界
软件成本	开源免费	开源免费	商业收费

1.2.2　Python 数据分析的优势

结合 1.1 节的内容可知,Python 是一门应用广泛的计算机语言,在数据科学领域中有着无可比拟的优势。Python 正在逐渐成为数据科学领域的主流语言。Python 数据分析主要包含以下优势。

①语法简单精炼。对于初学者来说,比起其他编程语言,Python 更容易上手。

②有很多功能强大的库。结合在编程方面的强大实力,可以只使用 Python 这种语言去构建以数据为中心的应用程序。

③功能强大。Python 是一个混合体,丰富的工具集使它介于传统的脚本语言和系统语言之间。Python 不仅具备所有脚本语言简单和易用的特点,还提供了编译语言所具有的高级软件工程工具。

④Python 不仅适用于研究和原型构建,同时也适用于构建生产系统。研究人员和工程技术人员使用同一种编程工具,会给企业带来非常显著的组织效益,从而降低企业的运营成本。

⑤Python 是一门胶水语言。Python 程序能够以多种方式轻易地与其他语言组件"粘贴"在一起。

1.2.3　Python 数据分析常用库

1）IPython

IPython 是 Python 科学计算标准工具集的组成部分,它能将其他所有的相关工具联系在一起,为交互式和探索式计算提供强大而高效的环境。同时,它也是一个增强的 Python Shell,目的是提高编写、测试、调试 Python 代码的速度。IPython 主要用于交互式数据并行处理,是分布式计算的基础架构。

另外,IPython 还提供了一个类似于 Mathematica 的 HTML 笔记本、一个基于 Qt 框架的 GUI 控制台,具有绘图、多行编辑以及语法高亮显示等功能。

2）NumPy

NumPy 是 Numerical Python 的简称,是一个 Python 科学计算的基础包。NumPy 主要提供以下内容:

①快速高效的多维数组对象 ndarray。

②对数组执行元素级计算以及直接对数据执行数学运算的函数。

③读或者写硬盘上基于数组的数据集的工具。

④线性代数运算、傅里叶变换及随机数生成的功能。

⑤将 C、C++、Fortran 代码集成到 Python 工具。

除了为 Python 提高快速处理数组的能力外,NumPy 在数据分析方面还有另一个主要作用,即作为算法之间传递数据的容器。对于数值型数据来说,使用 NumPy 数组存储和处理数据要比使用内置的 Python 数据结构要高效得多。此外,由低级语言(如 C 和 Fortran)编写的库可以直接操作 NumPy 数组数据,无须经过任何数据复制工作。

3）SciPy

SciPy 是基于 Python 的开源代码,是一组专门解决科学计算中各种标准问题域的模块集合,通常与 Numpy、Matplotlib、IPython 和 Pandas 这些核心包一起使用。SciPy 主要包含 8 个模块,不同的模块有不同的应用,如插值、拟合、积分、优化、处理图像和特殊函数等。模块内容见表 1.2。

表 1.2　SciPy 模块及简介

模块名称	简介
scipy.integrate	数值积分和微分方程求解器
scipy.linalg	扩展了由 numpy.linalg 提供的线性代数求解和矩阵分解功能
scipy.optimize	函数优化器以及根查找算法
scipy.signal	信号处理工具箱
scipy.sparse	稀疏矩阵和稀疏线性系统求解器
scipy.special	SPECFUN 的包装器
scipy.stats	检验连续和离散概率分布的函数、方法、各种统计检验方法
scipy.weave	利用内联 C++代码加速数组计算的工具

4）pandas

pandas 是 Python 数据分析的核心库,最初是作为金融数据分析工具而被开发的。pandas 为时间序列分析提供了很好的支持。它提供了一系列能够快速、便捷地处理结构化数据的数据结构和函数。Python 之所以能提供强大而高效的数据分析环境,与 pandas 息息相关。

pandas 兼具 NumPy 高性能的数值计算功能以及电子表格和关系型数据库灵活的数据处理能力。它提供了复杂且精细的索引功能,以便快捷地完成重塑、切片和分块、聚合以及选取数据子集等操作。

5）Matplotlib

Matplotlib 是较流行的用于绘制数据图表的 Python 库,是 Python 的 2D 绘图库。它非常适合创建出版物中的图表。Matplotlib 最初是由 John D.Hunter(JDH)创建的,目前由一个庞大的开发团队维护。Matplotlib 的操作比较容易,用户只需要几行代码就能生成直方图、功率图谱、条形图、散点图等图形。Matplotlib 提供了 pylab 的模块,其中包括 NumPy 和 pyplot 中的许多常用函数,方便用户快速进行计算和绘图。Matplotlib 与 IPython 结合得很好,提供了一种非常好的交互式数据绘图环境。绘制的图表也是交互式的,读者可以利用绘图窗口中的相应工具放大图表中的某个区域,或者对整个图表进行平移浏览。

6）scikit-learn

scikit-learn 是一个简单有效的数据挖掘和数据分析工具,可以供用户在各种环境下重复使用。而且 scikit-learn 建立在 NumPy、SciPy 和 Matplotlib 基础之上,对一些常用的算法方法进行了封装。目前 scikit-learn 的基本模块主要有数据预处理、模型选择、分类、聚类、数据降维和回归 6 种。在数据量不大的情况下,scikit-learn 可以解决大部分问题。对算法不精通的用户在执行建模任务时,并不需要自行编写所有的算法,只需要简单调用 scikit-learn 库中的模块即可。

7）Spyder

Spyder 是一个强大的交互式 Python 语言开发环境,提供高级的代码编辑、交互测试和调试等功能,支持 Windows、Linux 和 OSX 系统。Spyder 包含数值计算环境,得益于 IPython、NumPy、SciPy 和 Matplotlib 的支持。Spyder 可以用于将调试控制台直接集成到图形用户界面的布局中。Spyder 的最大优点就是模仿 MATLB 的"工作空间",可以很方便地观察和修改数组的值。Spyder 的界面由许多窗格构成,用户可以根据自己的喜好调整它们的位置和大小。本书主要使用 Spyder 来对 Python 编程、数据分析进行演示。

1.3　Python 的 Ananconda 发行版

Python 拥有 IPython、NumPy、SciPy、pandas、Matplotlib 和 scikit-learn 等功能齐全、接口统一的库,能为数据分析工作提供极大的便利。库的管理和版本问题使得数据分析的工作人员并不能专注于数据分析,而是将大量的时间花费在环境配置的相关问题上。基于这些问题,Ananconda 发行版应运而生。

Ananconda 发行版 Python 预装了 180 个以上的常用库,囊括了数据分析常用的 IPython、NumPy、SciPy、Matplotlib 和 scikit-learn 等库,使得数据分析人员能够更加顺畅、专注地使用 Python 解决数据分析的相关问题。

Python 的 Ananconda 发行版主要具有以下特点:
①包含了众多流行的科学、数学、工程和数据分析的 Python 库。
②完全开源和免费。
③额外的加速和优化是收费的,但用于学术用途,可以免费申请 License。
④具有线性代数运算、傅里叶变换及随机数生成的功能。
⑤全平台支持 Linux、Windows、Mac,支持 Python 的各种版本。

因此,推荐数据分析的初学者(尤其是 Windows 系统用户)安装此 Python 发行版。读者只需到 Ananconda 的官网下载适合自身的安装包即可。Ananconda 的安装过程可以参考相关网站。

1.4　本书的内容安排

本书的内容主要分为三大板块,分别着重介绍了编程基础、数据分析工具和数据分析实例介绍等内容。第 2—8 章主要介绍了 Python 编程的基本知识,本书参考了很多 Python 编程教材[1-5],针对应用统计学专业和应用数学专业的培养定位,着重介绍数据类型、控制语句和函数方面的内容,弱化了对开发应用程序的介绍。第 9—13 章主要介绍了进行数据分析的主要工具,参考了国内外许多以 Python 为基础的数据分析书籍[6-12],介绍了 Numpy 模块、Matplotlib 模块、pandas 模块和 scikit-learn 模块。第 14 章和第 15 章分别介绍了 2020 年全国大学生数学建模竞赛 C 题,2021 年全国研究生数学建模竞赛 B 题的部分求解过程。

2

Python 中的变量和数据类型

学习一门用于数据分析的语言,首先应该了解语言变量的设置和数据的类型。大多数编程语言对变量的设置差不多,但是数据类型的设定有所差别。Python 的数据类型有很多,本章将介绍一些简单的数据类型。

2.1 print 函数

编程教材的"风俗习惯"是先打印一个"Hello World"向世界问好,这里我们先赞美一下统计学。

```
print("How useful statistics is !")
```

在 Spyder 的脚本文件里输入该行代码并运行,将在命令窗口(shell)中看到输出结果。我们称这里的"print"为一个函数,即 function,print 为其函数名,"( )"里提供的是这个函数的参数,即 parameter,当函数收到参数并执行特定任务(向控制台格式化输出参数提供的内容)后返回。

2.2 变 量

变量(Variable)是所有编程语言的基础,Python 中定义有各种不同类型的变量。了解 Python 中的变量,可以先从下列代码开始。

```
n = 3
Price = 1
expend = n * Price
Money = 10
Money = Money - expend
words = "我买了"
print(words, n, "支铅笔,每支 1 元,一共花了", expend, "元.", "我一共有 10 元,还剩下",
```

9

Money, "元.")

执行结果：

我买了 3 支铅笔,每支 1 元,一共花了 3 元.我一共有 10 元,还剩下 7 元.

上述代码中的 n、Price、Money、expend、words 都是变量,每个变量都存储或者关联了一个值。在程序运行过程中,可以随时修改变量的值。代码中的第一个字段"n=3"中的"="号是赋值运算符,其作用是把"="号右边的 3 传递给左边的变量,这几乎是所有编程语言的习惯。

2.3　变量命名规则

Python 中,对变量的命名有明确的规定。变量的命名应符合下列要求：
①变量名只能包含字母、数字和下画线,且不能以数字打头;
②变量名不能包括空格;
③不能将 Python 关键字和函数名用作变量名;
④慎用小写字母 l 和大写字母 O,容易被看作数字 1 和数字 0;
⑤Python 命名对大小写字母非常敏感,也就是说,cat 跟 Cat 对于解释器而言,是两种不同的命名。
如何查看 Python 中的关键字？ 使用下列代码可以打印出全部的 Python 关键字。

```
import keyword
print(keyword.kwlist)
```

本书中没有给出 Python 的关键字列表,读者可以自行在 Spyder 中运行代码查看相关结果。表 2.1 中给出了一些变量命名的例子,可以作为参考。到目前为止,变量命名规则中最受欢迎的是匈牙利命名规则,感兴趣的同学可以自己去了解这一命名规则。

表 2.1　恰当的变量名字

变量名	评价	符号
iCount,sStudentNo,fPrice	正确且好的命名	√
A9,_a678,U2_1	正确但不好的命名,不具备恰当的描述性	。
9B	错误,不能以数字开头	×
$ y7	错误,不能以特殊符号开头	×
for,print	错误,与关键字或者函数名冲突	×
MA U2	错误,包含空格	×

2.4　简单数据类型

Python 中的数据类型非常多,可以先从下列代码对简单数据类型进行了解。

```
n = 3
print(n, type(n))      #n 的数据类型为整数/int
f = 3.1415926
print(f,type(f))       #f 的数据类型为浮点数/float
s = "How beautiful my life is."
print(s, type(s))      #s 的数据类型为字符串/str
b = 3 < 2
print(b)               #b 的数据类型为布尔型/bool
print("3<2", type(b))
```

执行结果：

```
3 <class 'int'>
3.1415926 <class 'float'>
How beautiful my life is.<class 'str'>
False
3<2 <class 'bool'>
```

代码说明：

①type( )函数,返回参数的数据类型;

②按照面向对象程序设计的观点来看,变量 Variable 也可以称为对象 Object,每个对象都有特定的数据类型 Type,而数据类型有时也称为类 Class。

Python 的简单数据类型有整数、浮点数、字符串、布尔型等,下面分别进行详细介绍。

2.4.1　整数(integer、int)

所有的自然数、0、−999、128383、67 都是整数,在 Python 语言中,整数的大小仅受到内存容量的限制,也就是说,Python 语言可以处理非常大的整数。

2.4.2　浮点数(float)

浮点数就是通常理解的小数,例如圆周率 π = 3.1415926,浮点数的存储,一般按照 IEEE 754 执行。实际执行时,32 位的计算机用 4 个字节(Byte)共 32 个比特(Bit)来存储一个浮点数,其中,最高的 1 位用作符号位 s,接着的 8 位是指数 E,剩下的 23 位为有效数字 M。在整数和浮点数运算时,输出结果类型遵循下列原则：

①整数与整数的+、−、∗ 运算结果仍为整数,整数除以整数的结果为浮点数;

②整数与浮点数的四则运算结果为浮点数;

③浮点数与浮点数的四则运算结果为浮点数;

④浮点数运算和存储过程中可能会带来极小的误差。这些误差在科学和工程计算中一般可以忽略不计,但如果对浮点数进行"＝＝"(是否相等)逻辑判断,则可能出现意外的结果。

2.4.3　字符串(string、str)

用双引号" "或者单引号' '括起来的任意长度的文本都叫字符串。例如,"How beautiful my life is." ,"Python is a popular programming language." ,'I like swimming.','Life is like a box of

11

chocalate.' 都是字符串。

2.4.4 布尔型（boolean、bool）

先看下列代码：

```
b = 3 < 2
```

注意,这是一个赋值语句,将等号右边的值传给等号左边。3<2 显然不成立,这种不成立的结果逻辑上称为假(False),这个值被赋值给了变量 b,b 的类型为布尔型,值为 False。相对于假,表示一个命题成立或者正确的值称为真(True)。布尔型只有 True 和 False 两个取值。布尔型变量也可以转换成数值型变量,如下列代码所示。

```
print(int(True))
print(int(False))
if 13:
    print("True")
if -0.99:
    print("True")
```

执行结果：

```
1
0
True
True
```

布尔值 True 转换为整数,其值为 1;布尔值 False 转换为整数,其值为 0。此外,大多数程序设计语言都执行"非零即真"的规则。13 和-0.99 都不是 0,均为真,所以输出的结果都是"True"。

2.5　字符串

字符串用单引号或者双引号括起来,效果相同。将双引号和单引号配合使用,可以在字符串内部包含双引号或单引号。

```
print('I told you, "Python is good"!')
print("I told you, 'Python is good'.")
```

执行结果：

```
I told you, "Python is good".
I told you, 'Python is good'.
```

但如果执行下列代码：

```
print("I told you, "Python is good".")
```

就会报语法错误。原因在于:第一个和第二个双引号配对,第三个和第四个双引号配对,中间的 Python is good 对于解释器而言,不符合格式要求。可以按如下方法解决:

```
print("I told you, \"Python is good\", \'It is terrfic\'.")
```

执行结果:

```
I told you, "Python is good", 'It is terrfic'.
```

\在这里称为转义字符,\" 告诉解释器,后面这个"是字符串的一部分,不是用于包裹字符串的",\' 同理。\ 在这里具有特殊含义,如果我们真的需要在字符串中包括一个\要怎么办呢? 答案就是两个斜杠:\\。如下列代码所示。

```
print("When you need a \\ in string, put \\\\ in your code.")
```

执行结果:

```
When you need a \ in string, put \\ in your code.
```

下面对常用的转义字符进行简单介绍。

2.5.1　常用转义字符

转义字符有很多,以适应不同场合的需求。常见的转义字符及说明见表 2.2。

表 2.2　常用的转义字符及说明

转义字符	说明
\t	制表符 Tab,产生约 4 个空格
\n	换行符(New Line),另起一行
\'	转义成单引号
\"	转义成双引号

2.5.2　大小写转换

在处理字符串,尤其是处理人名时,通常需要单词的首字母大写,因此,字符大小写的自由转换非常有必要。Python 中有相对应的处理大小写的函数,如下列代码所示。

```
Name1 = "luogeng hua"
rint(Name1.title())
Name2 = "baolu xu"
print(Name2.upper())
print(Name2.lower())
```

执行结果:

```
Luogeng Hua
BAOLU XU
baolu xu
```

上述代码中，Name1 和 Name2 是类型为"str"的变量（或者对象），.title( )、.upper( )、.lower( )称为这个对象的方法（method）或者函数（function），这些函数以该对象为基础，完成特定的功能。表 2.3 中给出了大小写函数的说明。

事实上，在 Spyder 环境中，在上述代码后面输入"Name1"，再打一个点，集成开发环境就会参照该对象的所有方法，这些丰富的函数可以帮助完成复杂的字符串操作。

表 2.3　大小写函数的说明

函数	说明
.title( )	将字符串中的单词首字母大写，返回新的字符串对象
.upper( )	将字符串对象全部字母大写，返回新的字符串对象
.lower( )	将字符串对象全部字母小写，返回新的字符串对象

2.5.3　去除空格

去除字符串中的空格，也是字符串处理中的基本操作。Python 提供了多种去除字符串中空格的方法，如下列代码所示。

```
word = " How beautiful my life is ! "
print("Output by rstrip:", word.rstrip(), "END.")
print("Output by lstrip:", word.lstrip(), "END.")
print("Output by strip:", word.strip(), "END.")
```

执行结果：

```
Output by rstrip:  How beautiful my life is ! END.
Output by lstrip: How beautiful my life is !   END.
Output by strip: How beautiful my life is ! END.
```

上面的代码中给出了 3 种去除字符串中空格的方法，具体说明见表 2.4。

表 2.4　去除空格函数的说明

函数	说明
.rstrip( )	将相关字符串对象的右端空格去除，字符串内部的空格保留，返回新的字符串对象
.lstrip( )	将相关字符串对象的左端空格去除，字符串内部的空格保留，返回新的字符串对象
.strip( )	将相关字符串对象的两端空格去除，字符串内部的空格保留，返回新的字符串对象

2.6　数据类型转换

在编程或者数据处理的过程中，经常需要在 string、float、int 以及其他类型之间进行数据转换。下列代码给出了 Python 中不同数据类型之间的转换。

```
x1 = "100"
x2 = "3.1415926"
y1 = int(x1)
y2 = float(x2)
y3 = str(y1)
y4 = str(y2)
print("y1 =",y1,"y2 =",y2,"y3 =",y3,"y4 =",y4)
```

执行结果：

```
y1 = 100 y2 = 3.1415926 y3 = 100 y4 = 3.1415926
```

表 2.5　常用的数据类型转换函数说明

函数	说明
int( )	接受一个 float 或者 string 类型的参数，返回 int
float( )	接受一个 int 或者 string 类型的参数，返回 float
str( )	返回一个字符串，该字符串由参数转换而得

上面代码中给出了 3 种数据类型的转换方法，具体说明见表 2.5。如果在上述函数中提供不恰当的参数，如下列代码所示。

```
x = int('1000s')
```

上面的代码会发生错误，是因为字符串 '1000s' 并不是一个合法的整数，无法直接转化为整数。

习　题

1.输出一个 8 行 6 列的矩阵，其元素值等于该元素所在行号与列号之和。其中，行列号都是从 1 开始计。

2.生成一个 6 行 12 列的矩阵，其元素值等于小于 20 的随机数。

3.生成 10 个均匀分布随机数，并将其转化为字符串。

4.输入班级上 10 名同学的英文名字，按照英文格式将名字输出（首字母大写）。

3

基本语法

Python 语法和其他语言的语法大致相同，又有一些细微的区别。下面有一段代码，请找出下述代码中的错误。

```
message = "One of Python's strengths is its diverse community."
print(mesage)
```

短短两句话，错误的地方有以下几处：

①message 字符串左右两端的双引号不是英文的双引号，是中文全角的双引号，而中文符号的双引号解释器不认。

②print 函数的右括号也是中文全角的括号。

③第二行的变量名 mesage 比第一行 message 的变量名少了一个 s。

所以，程序设计一定要非常仔细，任意微小的错误或者疏忽都可能导致错误，初学者要特别注意避免中文符号的错误使用。

3.1 缩　进

Python 利用缩进来标识循环是否结束，因此，Python 有严格的缩进规则，先看下列代码。

```
a = 300
if a > 200:
  print("a is bigger than 200.")
  print("200 is smaller than a.")
else:
  pass
print("a is smaller than 200.")
```

执行结果：

a is bigger than 100.

```
200 is smaller than a.
a is smaller than 200.
```

Python 遵循严格的缩进规则,每一行代码依据其在代码中的层级,其左方间隙是有确切规定的。上述代码中的第 3,4 行相对第 2 行向右缩进了 4 个空格(一个 Tab 制表符),说明 3,4 行代码处于第 2 行代码的下层,如果第 2 行代码的条件成立,则 3,4 行将被顺序执行。而第 7 行代码没有缩进,说明其与上述 if else 语句平级,它执行与否和 if else 无关。第 6 行的 pass 是占位语句,由于 else:后必须要有下层代码,pass 放在这里可以保证代码形式上的完整性,可以不做任何实际操作。如果将第 3 行代码中 print 前的空格删掉一个,将会出现缩进错误,如下代码所示。

```
IndentationError: unexpected indent.
```

3.2 操作符与运算符

变量之间的操作与运算需要通过操作符与运算符来实现,下面对常用的操作符与运算符进行简单介绍。

3.2.1 +=、-=、*=、/=

Python 中的操作符与运算符和其他编程语言类似,基本上和数学中所用的符号一致,这里介绍几个简化符号:+=、-=、*=、/=。先看下列代码。

```
x = 5
y = x + 2
print("y =",y)
z = 5
z += 2
print("z =",z)
```

输出结果:

```
y = 7
z = 7
```

不难看出,z+=2 就是 z=z+2 的简写形式;b-=2 则是 b=b-2 的简写形式,*=和/=同理。

3.2.2 //、%

整除与求模是数学中的常见运算,Python 中的整除与求模运算见下列代码。

```
a = 10
b = a //3
c = a % 3
print("b =",b)
print("c =",c)
```

执行结果：

```
b = 3
c = 1
```

说明：//为整除操作符，其结果将忽略小数部分，返回一个整数。%为求模操作符，所谓求模，就是求整除操作的余数。

3.2.3　比较与逻辑符号

比较运算和逻辑运算是程序设计中必不可少的部分，Python 中设计了严密的比较与逻辑运算，先看下列代码。

```
a = 10
print("a > 5:", a > 5)
print("a < 20 and a >= 10:", a < 20 and a >= 10)
print("a ! = 3:", a ! = 3)
print("a > 100 or a < 20:", a > 100 or a < 20)
print("not a >= 10:", not a >= 10)
```

执行结果：

```
a > 5: True
a < 20 and a >= 10: True
a ! = 3: True
a > 100 or a < 20: True
not a >= 10: False
```

代码说明：

①>、>=、<、<=都是比较运算符，作用和我们在数学中所学的一样；

②! =是==操作符的反操作符，当左右不相等时返回真，相等时则返回假；

③and、or、not 表示逻辑运算中的与、或、非。

3.3　数值运算及其优先级

Python 中数值运算的优先级和数学中的规则一样，四则混合运算依然执行先乘除、后加减的规则；对相同优先级，如乘法和除法，则按从左往右的顺序执行。如果希望某些运算先执行，方法跟数学一样，加上括号即可，如下列代码所示。

```
x = 3 + 2 * 6 / 3
print(x)
x = (3 + 2) * 6 / 3
print(x)
```

执行结果：

```
7.0
```

```
10.0
```

上面的代码展示的是加减乘除四则混合运算,下面的代码演示了乘方运算。

```
n = 2 + 3 * 2 ** 2
print(n)
n = 2 + 3 * (2 ** 2)
print(n)
```

执行结果:

```
14
14
```

上面的代码中,**表示求幂,2**2即为求2的平方。同理,x**y即为求x的y次方。

运算符的优先级高于乘除。在上述代码中,我们看到,22是否加括号并不影响执行结果,因为**的运算优先级高于乘除。但在实践中,我们仍然倾向于加上括号,因为这样代码的阅读者不会对运算优先级产生疑惑。事实上,大多数程序员并不能完美地记住关于优先级的全部细节。好的程序,应该让阅读者更容易读懂,而不是读不懂。

3.4 函 数

前文中提及的 print( ) 就是一个函数,它接收提供的参数,执行特定任务后返回,并输出结果。Python 提供了丰富的函数来实现各种任务,下面的代码涉及几个常见的函数。

```
n1 = pow(2,8)
n2 = abs(-10)
n3 = round(7/2)
print("2^8 =",n1)
print("absolute value of -10 =",n2)
print("7/2",n3)
```

执行结果:

```
2^8 = 256
absolute value of -10 = 10
7/2    4
```

代码说明:

①pow( )函数返回2的8次方,其功能等价于2**8,函数名来自英文单词 power;

②abs( )函数返回参数的绝对值,函数来自英文 absolute value;

③round( )函数返回参数的四舍五入结果。

需要特别注意的是,上述函数调用过程中提供给函数的参数称为实参(实际参数),实参需要和后面的形参(形式参数)加以区别。在下文中将介绍如何根据需要定义自己的函数。

虽然 Python 中提供了大量的基础函数,但是面对具体问题时,往往需要自己定义函数。

下列代码定义了一个简单的函数。

```
def costCompute(iStart, iEnd):
  iConsume = iEnd - iStart
  return iConsume * 0.8
fElecFee1 = costCompute(2022,2986)
fElecFee2 = costCompute(2022,2423)
print("Electronic Power Cost of Mr Zhang:",fElecFee1)
print("Electronic Power Cost of Mr Lee: ",fElecFee2)
```

执行结果：

```
Electronic Power Cost of Mr Zhang:771.2
Electronic Power Cost of Mr Lee: 320.8
```

上述代码中，def（来自英文 define）开始的前三行代码定义一个名为 costCompute 的函数，iStart 和 iEnd 是这个函数的形参（形式参数）。函数内部先是做了一些计算，然后通过 return 语句向外部调用返回执行结果。如果函数不需要向外部返回执行结果，return 这一行可以取消。

函数定义的作用在于，通过解释器介绍了这个函数的名称、参数和执行内容。定义本身不会导致函数的实际执行。上述代码中，costCompute（2022,2986）这一行称为函数调用，它实际执行了该函数，函数的返回值通过赋值操作符传递给了变量 fElecFee1。

为什么要定义这么一个简单的函数？直接用 fElecFee=（2986-2022）* 0.8 难道不是更简单吗？舍简求繁的理由如下：首先，costCompute 抽象成函数以后，代码阅读者一看就知道这个函数是在计算费用，程序可读性好。其次，如果有一天要实施阶梯电价或者电价变更，只需要修改 costCompute 函数即可完成升级。使用直接计算方案的情况下，如果在程序中有 n 处电费计算，那么就需要修改 n 处；如果遗漏了一处，那么就是程序出现了 Bug。

3.5　模　块

活跃的社区和丰富的模块（module）是 Python 强大的原因之一。通过引入模块，Python 语言的功能得到扩展。Python 的强大在于全世界的开发者们都在撰写和更新不同的模块。下列代码展示了 math 模块中的一些函数。

```
import math
from math import sqrt
print( math.floor(67.7) )
print( math.ceil(67.1) )
print( math.sqrt(9) )
print( sqrt(16) )
```

执行结果：

67

```
68
3.0
4.0
```

代码说明：

①import math 导入了整个 math 模块，导入后就可以使用模块的内部函数或变量；

②from math import sqrt 这个字段单独导入了 math 模块中的 sqrt 函数，此时，通过 math.sqrt 或 sqrt 都可以正常使用该函数；

③sqrt( )函数求参数的平方根，floor( )函数返回参数的下取整，ceil( )函数返回参数的上取整。

模块的调用方式有多种，可以根据自己的需要选择合适的方式。下面介绍 turtle 模块，该模块源于 20 世纪 60 年代的 Logo 编程语言，现在的主要功用是向小朋友们进行编程普及。下列代码包括一些尚未学习过的知识，看不懂没关系，可以先试运行一下。

```
import turtle
t = turtle.Pen()
iCirclesCount = 30
for x in range(iCirclesCount):
  t.circle(100)
  t.left(360/iCirclesCount)
```

执行上述 6 行代码，得到如图 3.1 所示的复杂且漂亮的图形。

图 3.1　turtle 模块绘图示例

3.6　获取输入内容

在编程过程中，经常需要从键盘上获取输入的内容，下列代码给出了一种获取键盘输入的方法。

```
sName = input("What's your name: ")
iAge = input("How old are you ? ")
iAge = int(iAge)
print("Hi,", sName, "You are ",iAge, "years old.")
```

执行结果：

```
What's your name: Zhao
How old are you ? 39
Hi, Zhao, You are 39 years old.
```

代码说明：

①input( )函数先向控制台输出参数中的字符串，然后程序会停下，等待使用者的输入。使用者输入文字并按下"Enter"键后，输入的文字将以字符串的形式被返回。由于返回的是字符串，因此还执行了 int(iAge)把字符串转换成整数。

②这种获取用户输入的方式在实践中作用很小，因为真实的应用程序绝大多数都是图形界面。

从键盘上获取输入的内容，在智能系统开发、数据分析系统设计等场景中经常被使用。下面将介绍字符串输出时的一种常用方法——占位符。

3.7　占位符

前文已经介绍过，使用 print( )函数能直接输出字符串型变量。但是，当字符串中带有其他可变的数值型变量时，直接输出显得非常麻烦，而占位符能使这种输出变得更加简便，如下列代码所示。

```
sName = "Mary"
fPrice = 125.75
n = 5
sText = "% s has % d lambs, each lamb worth $ %.2f.So, these lambs worth $ %.1f in total." % (sName,n,fPrice,fPrice * n)
print(sText)
```

执行结果：

```
Mary has 5 lambs, each lamb worth $125.75.So, these lambs worth $628.8 in total.
```

代码第4行前面的字符串里出现了下述占位符：

①%s 表示一个字符串占位符，代表的字符串变量是 sName，也是%(sName，n，fPrice，fPrice * n)字段的第一个变量，具体值为 Mary。

②%d 表示一个整数型占位符，代表的数值变量为 n，也是%(sName，n，fPrice，fPrice * n)字段的第二个变量，具体值为 5。

③%.2f 表示一个浮点型占位符，代表的数值变量为 fPrice，也是%(sName，n，fPrice，fPrice * n)字段的第三个变量，具体值为 125.75，"2f"字段表示输出时浮点数在小数点后保留

两个有效数字。

④字段%(sName,n,fPrice,fPrice * n)中,括号中的参数将逐一替代上述占位符,最后形成一个完整的字符串文本。

恰当使用占位符,在同时输出字符串和变量时,会显得格外灵活与便捷。下面将继续介绍 Python 中数值变量的进制以及不同进制之间的相互转换。

3.8 进制以及之间的转换

计算机内部存储和处理数据时都使用二进制。当我们使用时,计算机软件会默认以十进制形式表达。有时,当我们跟某个底层硬件通信时,使用十六进制将更为方便。因为电气工程师的思维方式使得他们特别善于将十六进制映射到二进制,而每个 bit 的值为 0 或者 1 就对应着某条通信线或者某个芯片管脚的电压。数值变量进制以及进制之间的转换如下列代码所示。

```
a = 0xff
b = 0b0111
print("0xff =", a,",", "0b0111 =", b)
print(a,"=",hex(a),",",b,"=",bin(b))
print(" x" % (255))
```

执行结果:

```
0xff = 255, 0b0111 = 7
255 = 0xff, 7 = 0b111
ff
```

代码说明:

①0x(数字 0 字母 x)表示数值变量为十六进制,0xff 表示的是十六进制数 ff,也就是 255;

②0b(数字 0 字母 b)表示数值变量为二进制,0b0111 表示二进制数 0111,也就是 7;

③hex()函数将数字转换成十六进制的字符串,bin()函数将数字转换成二进制的字符串;

④%x 表示占位符,并将数字以十六进制表示,字段"%x" %(255)表示将 255 转化为十六进制数,也就是 ff;

⑤八进制数很少会用到,因此在这里不作说明。

3.9 注 释

注释是程序员写给明天的自己或者同事看的,解释器执行时会自动忽略注释。Python 有多种非常方便的注释方式,能有效帮助程序员对程序进行必要的解释。下列代码给出了几种注释方法。

```
"""
The following program was written by Alex, all rights reserved.
```

```
I hope that this book can lead you into the fantastic world of programming.
Loving Alex chenbo@ cqu.edu.cn
"""
# Output to console by print function
print("How beautiful your life will be !")
```

多行注释使用两个"""包起来,单行注释以#号打头。在代码中书写简洁、有意义的注释十分重要。注释还有其他方式,比如#%%,该命令除了注释外,还能对程序进行分段,有利于程序的编译和调试。

习 题

1.通过互联网学习 turtle 绘图模块,绘制椭圆、球等图形。
2.自定义一个计算阶乘的函数,并利用该函数计算 20!。
3.自定义绝对值函数 $y=|x|$,并利用该函数计算 $|-20|$。
4.自定义排序函数,并利用该函数对任意一组数进行排序。

4

列 表

4.1 自由的列表

功能强大、易于使用的列表是 Python 语言广受欢迎的原因之一。Python 的列表使用方便,元素不受限制,可以多层嵌套,是广受欢迎的数据类型之一。列表的创建和元素的提取见下列代码。

```
months = ['January','February','March','April','May','June', 'July','August',
'September','October','November','December']
print(type(months))
print(len(months))
print(months[0],months[3])
```

执行结果:

```
<class 'list'>
12
January April
```

上述代码创建了 months 列表(list),列表是容纳一系列元素的容器(container)。它借助于方括号定义,元素间用",”分隔。列表中的元素存在先后位置关系,并从 0 开始编号,这个编号称为下标或者索引(index)。例如,上述"January"元素在列表中的下标为 0,"February"下标为 1,…,"December"下标为 11。通过 months[index]可以访问列表中对应位置的元素,例如,months[]返回的是"January", months[3]返回的是"April"。如果使用下标超出实际范围,例如,试图访问 months[12],则会运行出错:"IndexError:list index out of range"。使用 len()函数可以获取列表中的元素个数,如果 len()函数括号中提供的是一个字符串,则会返回字符串的字符总数。对于 Python 而言,列表是一种与 int、float、str 并列的数据类型。

注意:Python 的下标从 0 开始,而不是从 1 开始! 这也是大多数程序设计语言的惯例。这

25

应该是学计算机的学者的习惯,对于学数学或者统计学的人来说,从 1 开始才符合我们的认知。比如 R 和 MATLAB,这两个软件的开发就是由数学专业和统计学专业的学者和老师完成的。我们在使用这 3 种语言时,请特别注意他们之间的差别。

4.2 元素访问和修改

列表元素访问和修改是列表操作的基础。Python 列表提供了元素的多种访问方法,使元素访问方便、快捷,如下列代码所示。

```
months  = [ 'January', 'February', 'March', 'April', 'May', 'June', 'July', 'August',
'September','October','November','December']
months[3] = 4
print(months[2],months[3])
print("The final element of months list is:", months[-1])
```

执行结果:

```
March 4
The final element of months list is: December
```

使用下标(索引)是访问列表元素的最常用方法。上述代码中,months[3]=4 将导致位置 3 的旧元素被替换成 4。months[-1]代表 months 列表的最后一个元素,months[-2]代表倒数第 2 个元素,以此类推。上例证明,列表可以容纳不同类型的元素。

4.3 列表元素的增加

向列表中添加元素也是列表的常用操作,在循环中经常被用到。下列代码给出了列表元素添加的方法。

```
jack = ['10000', 'Jack Ma', 47]
jack.append("CEO")
print("jack list after append:", jack)
jack.insert(2,'male')
print("jack list after insert at position 2:",jack)
```

执行结果:

```
jack list after append: ['10000', 'Jack Ma', 47, 'CEO']
jack list after insert at position 2: ['10000', 'Jack Ma', 'male', 47, 'CEO']
```

上述代码中,append()函数向列表尾部添加元素。insert()函数在指定的列表中索引位置插入元素。字段 jack.insert(2,'male')将"male"插入列表中的索引 2 位置,原索引 2 位置及之后的元素依次后移。append()和 insert()的使用方式类似,是向列表中添加元素的基本方法。

4.4 列表元素的删除

将列表中的元素删除也是列表的常用操作,在循环和数据更新的过程中经常被使用。下列代码给出了列表元素删除的方法。

```
jack = ['10000', 'Jack Ma', 'male', 47, 'CEO']
del jack[2]
print("jack list after del:",jack)
sTitle = jack.pop()
print("jack list after pop:",jack)
print("The popped element is:",sTitle)
```

执行结果:

```
jack list after del: ['10000', 'Jack Ma', 47, 'CEO']
jack list after pop: ['10000', 'Jack Ma', 47]
The popped element is: CEO
```

上述代码中,字段 del jack[2] 删除了位置 2 的元素。pop()函数将列表视为一个栈-stack,列表尾部视为栈顶。pop()函数的执行导致两个结果:a.列表尾部元素被弹出(删除);b.被弹出的元素作为函数的返回值返回,在本例中,返回值被赋值给了 sTitle 变量。此外,还可以使用 remove()方法实现列表元素的删除,如下列代码所示。

```
jack = ['10000', 'Jack Ma', 'male', 47, 47, 'CEO', 47]
sGender = jack.pop(2)
print("jack list after pop(2):",jack)
print("The popped element is:",sGender)
jack.remove(47)
print("jack list after remove(47):",jack)
```

执行结果:

```
jack list after pop(2): ['10000', 'Jack Ma', 47, 47, 'CEO', 47]
The popped element is: male
jack list after remove(47): ['10000', 'Jack Ma', 47, 'CEO', 47]
```

需要注意的是,pop()函数可以指定弹出元素的下标,在本例中,2 号下标的"male"被弹出;remove()函数从列表中移除遇到的第一个指定值的元素。在本例中,只有第一个 47 被移除。接下来将继续介绍列表元素的嵌套。

4.5 列表元素的嵌套

Python 中的列表使用非常灵活,列表元素的类型没有任何限制,可以容纳任何类型的元素,当然也可以容纳一个类型为列表的元素。下列代码给出了列表嵌套的例子。

```
jack = ['10000', 'Jack Ma', 'male', 47, 'CEO']
mary = ['10001', 'Mary Lee', 'female', 25, 'Secretary']
tom = ['10002', 'Tom Henry', 'male', 28, 'Engineer']
dora = ['10003', 'Dora Chen', 'female', 32, 'Sales']
employees = [jack,mary,tom]
employees.append(dora)
print(employees[2])
print(employees[2][1])
```

执行结果:

```
['10002', 'Tom Henry', 'male', 28, 'Engineer']
Tom Henry
```

上面的代码用嵌套列表的方式给出了某个办公室员工的基础信息。办公室里有 4 位员工,分别是 jack、mary、tom 和 dora。这里为每个员工建立一个列表依次存储工号、姓名、性别、年龄和职务。然后将这 4 个列表放入一个名为 employees 的列表中。可以看出,employees[2]代表这个列表中的第 2(0 开始数)个元素,这个元素也是一个列表。tom.employees[2][1]则代表 tom 列表中的第 1 个元素,也就是姓名,即 Tom Henry。如果你学习过 C/C++或者 Java 语言,可以把列表看作聪明的数组,而上述嵌套的列表可以视为二维数组。正是因为列表元素可以嵌套,列表的使用显得更加便捷。

4.6　名字绑定规则

Python 中设计了一种巧妙的名字绑定规则,从而达到节约存储资源,提高程序运行速度的目的。下列代码给出了名字绑定规则的例子。

```
person1 = ['10000', 'Jack Ma', 'male', 47, 'CEO']
person2 = person1
person2[1] = "Tom Henry"
print(person1)
print(person2)
```

执行结果:

```
['10000', 'Tom Henry', 'male', 47, 'CEO']
['10000', 'Tom Henry', 'male', 47, 'CEO']
```

上述代码中,最后输出的两个变量 person1 和 person2 都是一样的,结果显示两个人都已经被修改了!第二行,将 person1 赋值给 person2,接下来修改 person2,我们发现,person1 也被修改了!看起来,似乎 person1 和 person2 指向的是同一个列表对象,是的,这是事实。由于列表通常比较大,考虑到效率,Python 将列表从一个变量赋值到另一个变量(或者函数参数)时,并不会拷贝列表的复制品,而是选择将列表关联到另一个变量/名字。如果确实需要对列表进行复制,而不是简单的名字绑定,那么就需要用到 copy( )和 deepcopy( )方法等。在第 5 章中,将详细对名字绑定规则进行解释和说明。

4.7 元素排序

在第 3 章的习题中,有一个关于排序的问题。事实上,排序是在编程过程中常用的操作,Python 也给出了许多排序函数,能实现数值型、字符型变量的排序。排序分为顺序和倒序,下面将分别进行说明。

4.7.1 顺序排序

顺序排序是最常见的排序方法,包含数值的从小到大排序,字符串的字母排序等。下列代码给出了排序用的常用函数。

```
names = ['jack','mary','tom','dorothy','peter']
names.sort()
print(names)
names.sort(key=len)
print("sort by len:", names)
scores = [82, 66, 66, 93, 24, 15, 77.8]
scores.sort(reverse=True)
print(scores)
```

执行结果:

```
['dorothy', 'jack', 'mary', 'peter', 'tom']
sort by len: ['tom', 'jack', 'mary', 'peter', 'dorothy']
[93, 82, 77.8, 66, 66, 24, 15]
```

sort( )函数是 Python 中的主要排序函数,通常可以用列表成员函数的方式来实现排序。上述代码的说明如下所示。

①sort( )函数将列表内的元素按递增(非递减)排序;如果加上参数 reverse=True,则按递减(非递增)排序;

②字符串之间的大小比较按照字符的 ASCII 码逐一比较,首先比较第 1 个字母的 ASCII 码值,大者胜出,如果相同,则比较第 2 个字母;

③key=len 参数告诉 sort( )函数排序时不要将元素直接比较大小,而是应用 len 函数对每个元素生成一个键值,按键值的大小比较结果对元素进行排序,可以从结果中看出,排序是以 len 返回的字符串长度为基础进行的。

需要注意的是,sort( )函数中的 key 参数也可以指向一个自定义函数,这是非常重要的。例如,列表中存放了班上的所有同学,每个同学对象/元素通过其属性存储了各科成绩,如果希望对同学按照平均分排序,则可以自定义一个函数,这个自定义函数接收一个同学对象作为参数,计算并返回这个同学的各科平均分。在 sort( )时,将 key 参数指向该自定义函数即可达到目的。除了 sort( )函数外,sorted( )也能实现排序功能,但是用法上和 sort( )有区别,如下列代码所示。

```
names = ['jack','mary','tom','dorothy','peter']
namesSorted = sorted(names)
print("names: ", names)
print("namesSorted: ", namesSorted)
```

执行结果：

```
names: ['jack', 'mary', 'tom', 'dorothy', 'peter']
namesSorted: ['dorothy', 'jack', 'mary', 'peter', 'tom']
```

names.sort() 会导致 names 内元素的顺序被改变；如果希望对一个列表排序的同时不改变原列表，那么可以使用 sorted() 函数，这个函数将返回排好序的新列表，同时保持原列表不变。sorted() 函数也可以使用 reverse 及 key 参数。

4.7.2 倒序排序

在有些特定场合，有可能需要用到倒序排序。事实上，在使用 sort() 函数排序时，只要将参数 reverse 设置为 True，则能实现逆序排序。这里说的倒序不是逆序，所谓倒序，是指将原有的顺序进行颠倒，如下列代码所示。

```
names = ['jack','mary','tom','dorothy','peter']
names.reverse()
print(names)
```

执行结果：

```
['peter', 'dorothy', 'tom', 'mary', 'jack']
```

需要特别注意的是，names.reverse() 函数并不排序，只是将原有的列表内元素顺序倒过来。下列代码给出了按照倒序输出列表元素和类型的方法。

```
dummy = ['jack', 5, False, 3.1415926, 'mary', ["A","B"]]
dummy.reverse()
for x in dummy:
  print(x)
  print(type(x))
print("This done does not belong to for loop.")
```

执行结果：

```
['A', 'B']
<class 'list'>
mary
<class 'str'>
3.1415926
<class 'float'>
False
```

```
<class 'bool'>
5
<class 'int'>
jack
<class 'str'>
This done does not belong to for loop.
```

上述代码中,就利用了倒序函数。代码中还给出了一个循环的例子。循环 loop 是让计算机自动完成重复工作的常见方法之一。上述 for 循环将 dummy 列表视为一个集合,集合内有多少个元素,循环体就重复多少次。每次循环体执行,x 都将取值为列表中的对应元素。变量 x 的取值顺序与列表内的元素的排列顺序相同。第 5 行代码是左顶格的,不属于 for 循环体,所以该行代码只执行一次。

4.8　数值列表

数据分析的很大一部分工作是对数值型数据进行的分析,所以有必要对数值列表进行说明。Python 中数值列表也称为数组,下面对其进行简要介绍。

4.8.1　range(x)、range(x,y)

Python 自带的数组函数中,最常用的是 range( )函数,该函数能直接生成数组,如下列代码所示。

```
print("output of range(5):")
for i in range(5):
  print(i)
print("output of range(2,5):")
for x in range(2,5):
  print(x)
```

执行结果:

```
output of range(5):
0
1
2
3
4
output of range(2,5):
2
3
4
```

上述代码中,range( )函数有两种使用方式:range(5)和 range(2,5)。range(x,y)函数从 x

开始计数,到 y-1 停止,产生一个整数集合。range(2,5)产生了数值列表[2,3,4](4,即5-1),而 range(5)等效于 range(0,5)。注意,range(x,y)在解释器内部并不是一个严格意义上的列表,而是一个称为 range 的不常用的数据类型,如下列代码所示。

```
x = range(5)
print(x[2])
print(x)
print(type(x))
```

执行结果:

```
2
range(0, 5)
<class 'range'>
```

从输出结果来看,生成的数据类型为"range"。如果真的需要把 range 转换成列表,可以通过类型转换实现,如下列代码所示。

```
x = range(5)
x = list(x)
print(type(x),x)
```

执行结果:

```
<class 'list'> [0, 1, 2, 3, 4]
```

4.8.2　range(x,y,z)

事实上,range()函数还有第三个参数,代表更加复杂的调用格式,如下列代码所示。

```
fours = list(range(0,17,4))
print(fours)
```

执行结果:

```
[0, 4, 8, 12, 16]
```

上述代码生成了一个初始值为0、步长为4、终止值不超过17的等差数列。关于 range()函数的参数设置,说明如下:

①range(0,17,4)从 0 开始计数,每计数 1 次,计数值加 4,直到计数值≥17 为止。但需要注意的是,仅那些小于 17 的计数值会被输出。

②range(x,y)等价于 range(x,y,1)。

③range(x)等价于 range(0,x,1)。

4.9　列表统计

在 Python 中定义了一些函数,可以直接作用在列表上,实现对列表数据的统计。这样的函数有最大值函数、最小值函数、方差函数、标准差函数等,下列代码给出了其中的几个函数。

```
scores = [36, 44, 87, 79, 66, 89]
print(max(scores))
print(min(scores))
print(sum(scores))
print("average =", sum(scores)/len(scores))
```

执行结果:

```
89
36
401
average = 66.83333333333333
```

上述代码中,max( ),min( ),sum( )函数分别对列表内的元素进行取最大、最小和求和运算。将和再除以通过 len( )函数获得的元素个数可以简单地求出平均数。

4.10　快速创建列表

创建列表是利用 Python 进行数据分析的常用操作,快速创建所需的列表是完成数据分析任务的基本要求。如果想获得整数 1~10 的全部平方值再加上 20,在 C 语言中可能要写很多行代码,但在 Python 中只要一行代码就能实现,如下列代码所示。

```
cubes = [x**2+20 for x in range(1,11)]
print(cubes)
```

执行结果:

```
[21, 24, 29, 36, 45, 56, 69, 84, 101, 120]
```

上述代码在列表中嵌套了一个简单的循环语句,从而实现了列表的快速创建。如果想要生成一个 5 行 8 列的列表(矩阵),则可以用下列简单代码来实现。

```
matrix = [[0] * 8] * 5
print(matrix)
```

执行结果:

```
[[0,0,0,0,0,0,0,0],
 [0,0,0,0,0,0,0,0],
 [0,0,0,0,0,0,0,0],
 [0,0,0,0,0,0,0,0],
 [0,0,0,0,0,0,0,0]]
```

上述代码中,利用乘号直接实现了相同元素的复制,显得非常简单和直接。如果期望矩形的元素值初始化为行号乘以列号,那么就会稍微复杂一些,如下列代码所示。

```
matrix = [[r * c for c in range(8)] for r in range(5)]
print(matrix)
```

执行结果：

```
[[0,0,0,0,0,0,0,0],
 [0,1,2,3,4,5,6,7],
 [0,2,4,6,8,10,12,14],
 [0,3,6,9,12,15,18,21],
 [0, 4, 8, 12, 16, 20, 24, 28]]
```

上述代码用双层循环的方式创建了所需要的矩阵,需要注意的是,在使用这个方法创建列表时,默认格式是行乘以列。上述列表生成过程中的 for 循环还可以配合 if 语句使用,见下列代码。

```
values = [x * x for x in range(10) if x % 3 == 0]
print(values)
```

执行结果：

```
[0, 9, 36, 81]
```

上述代码在循环中加入了一个判断条件,即能被 3 整除的数才能执行计算的命令。如果稍微对代码进行修改,在第一个 x 外面添加一对中括号,输出结果则会不一样,如下列代码所示。

```
values = [[x] * x for x in range(10) if x % 3 == 0]
print(values)
```

执行结果：

```
[[],
 [3,3,3],
 [6,6,6,6,6,6],
 [9,9,9,9,9,9,9,9,9]]
```

上述代码之所以输出的结果有显著的不同,是因为代码中的[x]已经是一个单元素的列表,所以最后输出的是一个具有两层结构的复杂列表,其中[]表示空列表。另外,上述代码中的 for 循环语句还可以多层嵌套使用,如下列代码所示。

```
values = [x+y for x in "abc" for y in "012"]
print(values)
```

执行结果：

```
['a0', 'a1', 'a2', 'b0', 'b1', 'b2', 'c0', 'c1', 'c2']
```

上述代码中实现了两个字符串的双层嵌套循环,在循环过程中,Python 其实是将字符串看作一种特殊的列表来处理的。上述代码如果写复杂一点,则等价于下列代码。

```
values = []
```

```
for x in "abc":
  for y in "012":
    values.append(x+y)
    print(values)
```

4.11 列表运算

Python 中定义了列表的运算,从而能快速地实现列表的一些操作。列表的运算主要有列表的拼接、元素的重复等,下列代码给出了一些示例。

```
lans = ["C", "C++", "MATLAB"]
print(["Python", "Ruby", "R", "Scala"] + lans)
print([1,3,5] * 2)
print('python' * 5)
```

执行结果:

```
['Python', 'Ruby', 'R', 'Scala', 'C', 'C++', 'MATLAB']
[1, 3, 5, 1, 3, 5]
pythonpythonpythonpythonpython
```

从上述代码可以看出,与字符串相加类似,列表与列表相加,等于将两个列表拼接成一个新的列表。列表乘以数字 n,则会生成一个新列表,新列表是由原列表元素重复 n 次而得到的。同样的,字符串乘以数字 n,也会生成一个新字符串,其中,新字符串是由原字符串重复 n 次得到的。显然,列表的运算和字符串的运算是一样的。

列表还有另一种运算,判断元素是否属于列表。in 和 not in 是两个函数,用来判断操作值是否为列表的元素。下列代码给出了两个函数的使用方式。

```
print('a' in 'string', 'tri' in 'string')
print('bob' not in ['bob','mary','tom'])
```

执行结果:

```
False True
False
```

in 操作符会返回一个布尔值,表明操作值是否在列表中。字符串可以看作一种特殊列表,因此,也可以用这两个函数来判断字符串中是否包含操作值。not in 操作符刚好和 in 操作符相反,表明操作值是否不在序列中。

4.12 成员函数

Python 针对列表开发了很多功能性函数,这些函数称为成员函数。除了已经介绍过的

append( )函数、insert( )函数和 pop( )函数外,列表还有很多成员函数。下列代码给出了一些成员函数的例子。

```
dummy = ['bob', 'henry', 'mary', 'bob', 'bob']
print("there are % d 'bob' in list."% (dummy.count('bob')))
dummy.clear()
print("list after clear:", dummy)
dummy.append('bob')
dummy.extend(['henry','mary'])
print("henry is found at index:", dummy.index('henry'))
dummy.remove('henry')
print("list after remove:", dummy)
```

执行结果:

```
there are 3 'bob' in list.
list after clear: []
henry is found at index: 1
list after remove: ['bob', 'mary']
```

上述代码中涉及的成员函数的说明如下所示。

①count( )函数返回列表中某个特定值出现的次数。

②clear( )函数除列表内的全部元素外,执行后列表为空。

③extend( )函数将参数中的列表拼接在被执行该成员函数的列表尾部,这种操作和"列表+列表"所不同的是,"列表+列表"会创建一个新列表,而 extend( )会改变原列表,不会创建新列表。

④index( )函数会返回参数值在列表中第一次出现的下标。

⑤remove( )函数会搜索列表,并删除第一个与参数值相等的元素。

4.13 列表的复制

因为 Python 中巧妙地设置了名字绑定规则,所以列表的复制需要特别说明。正如前文所述,只接使用赋值符号(=)并不会生成一个列表的副本,而只是将列表与一个新的变量绑定。要完成列表实际上的复制,需要借助其 copy 成员函数或切片方法。列表复制方法如下列代码所示。

```
names = ['jack','mary','tom','dorothy','peter']
namesAssigned = names
namesCopy = names.copy()
namesCopy[1] = "FORD"
print("id:",id(names),"names:",names)
print("id:",id(namesAssigned),"namesAssigned:",namesAssigned)
print("id:",id(namesCopy), "namesCopy:",namesCopy)
```

执行结果：

```
id: 1849157054592   names:['jack','mary','tom','dorothy','peter']
id: 1849157054592   namesAssigned:['jack','mary','tom','dorothy','peter']
id: 1849157006848   namesCopy:['jack','FORD','tom','dorothy','peter']
```

上述代码中，用内存地址的方式说明了名字绑定规则和 copy 函数的作用，代码的详细说明如下所示。

①copy()成员函数产生一个列表的复制品并返回。

②id()函数获取变量或者名字的内部 id 号，如果两个变量 id 号相同，则说明两个名字绑定的是同一个对象。注意，不同机器上运行得到的 id 值不同。

③可以看出，namesCopy 借助于 copy()函数复制而得，其 id 号与 names 不同，对 namesCopy 的修改不会影响 names。

④namesAssigned 借助于赋值(=)操作符而得，其 id 号与 names 相同，可以把 names、namesAssigned 看作关联至同一个列表的两个名字。

4.14　列表的切片

Python 中的列表可以理解成一个序列对象，因此，有类似于序列的切片方法。用切片方法可以获取序列的子序列等，如下列代码所示。

```
numbers = [x for x in range(10)]
print("numbers:",numbers)
print("numbers[3:9]:",numbers[3:9])
print("numbers[3:]:",numbers[3:])
print("numbers[:9]:",numbers[:9])
print("numbers[-6:-1]:",numbers[-6:-1])
print("numbers[1:9:2]:",numbers[1:9:2])
print("numbers[-1:1:-2]:",numbers[-1:1:-2])
```

执行结果：

```
numbers:[0, 1, 2, 3, 4, 5, 6, 7, 8, 9]
numbers[3:9]:[3, 4, 5, 6, 7, 8]
numbers[3:]:[3,4,5,6,7,8,9]
numbers[:9]:[0,1,2,3,4,5,6,7,8]
numbers[-6:-1]:[4,5,6,7,8]
numbers[1:9:2]:[1,3,5,7]
numbers[-1:1:-2]:[9, 7, 5, 3]
```

Python 中的切片方式较灵活，只需要理解切片的原理，使用起来就非常便捷。下面给出了上述代码的注释。

①numbers[3:9]表示从下标 3 开始切片，直到下标 8(9-1)。

②numbers[3:]等价于 numbers[3:10]，从下标 3 开始切片，直到末尾，即下标 9(10-1)。

③numbers[:9]等价于 numbers[0:9]，从下标 0 开始切片，直到下标 8(9-1)。

④numbers[-6:-1]等价于 numbers[4:9]，其中 len(numbers)-6=4,len(numbers)-1=9。

⑤numbers[1:9:2]从下标 1 开始切片，每切片 1 个元素，下标增加 2，直到下标达到或超过 9 结束(注意不包括下标为 9 的元素)。

⑥numbers[-1:1:-2]从下标 len(numbers)-1，即下标 9 开始切片，每切片 1 个元素，下标减小 2，直到下标小于或者等于 1 结束(注意不包括下标为 1 的元素)。

综上所述，列表切片的完整形式为：numbers[x:y:z]，其中 z 为步长，缺省值为 1，x 为起始下标，y 为终止下标。当 z>0 时，x 缺省值为 0，包括最左端的元素，y 缺省为 len(numbers)，包括最右端的元素，最右端元素的下标为 len(numbers)-1。注意，当 z 值为负数时，切片方向由从右向左，起始下标 x 应包括最右方(也就是最后一个)元素，故 x 的缺省值为 len(numbers)-1；终止下标 y 则为-1。这有点让人费解，因为如果 y 为 0 的话，列表的下标 0 元素将不会被包括在切片中。更多关于切片的细节，参考下列代码。

```python
numbers = [x for x in range(10)]
numbersCopy = numbers[:]
print("id:", id(numbers), numbers)
print("id:", id(numbersCopy), numbersCopy)
numbersReversed = numbers[::-1]
print("numbersReversed:",numbersReversed)
numbers[3:5] = 77,88
print("numbers:",numbers)
```

执行结果：

```
id: 1849156617856 [0, 1, 2, 3, 4, 5, 6, 7, 8, 9]
id: 1849157064384 [0, 1, 2, 3, 4, 5, 6, 7, 8, 9]
numbersReversed: [9, 8, 7, 6, 5, 4, 3, 2, 1, 0]
numbers: [0, 1, 2, 77, 88, 5, 6, 7, 8, 9]
```

由上述代码及执行结果可以看出，numbers[:]产生了 numbers 的副本，numbers 与 numbersCopy 的 id 值不同，其效果等价于 numbers.copy()。而 numbers[::-1]从尾部往前进行切片，其切片正好将序列倒序。这与 numbers.reverse()有所区别，numbers.reverse()会导致 numbers 列表被改变，且不会返回新列表。而 numbers[::-1]会保持 numbers 列表不变，并生成一个新列表。请注意倒数第二行的代码，对列表的切片还可以用于批量修改列表元素。从结果可以看出，字段"numbers[3:5]=77,88"等价于字段"numbers[3]=77"和"numbers[4]=88."

作为一种序列，字符串也有对应的切片方法。而字符串的切片方法与列表几乎完全相同，如下列代码所示。

```python
numbers = 'abcdefghijk'
print(numbers[2:5])
print(numbers[1:9:2])
print(numbers[:3:-2])
```

执行结果：

cde
bdfh
kige

习 题

1.创建一个以学号为元素的班级人员列表,并实现对该列表的添加和修改等操作。

2.设计一个程序,选出 1000 以内的所有素数做成一个列表。

3.假设已知某个班级高等数学期末成绩,请将成绩存为一个列表,并利用 Python 提供的成员函数,对该班级的高等数学成绩进行统计分析。

4.以 0~99 的 100 个非负整数为元素创建一个列表,利用切片方法正序提取所有能整除 3、5 和 7 的整数,建立 3 个新列表;利用切片方法逆序提取所有能整除 4、6 和 9 的整数,再建立 3 个新列表。

5.任意创建一个列表,实现对列表的复制,并用查询 id 的方式查验是否真正完成复制。

5

数据类型和标签式存储

在前文中,已经讨论过整数(int)、浮点数(float)、布尔型(bool)、字符串(str)、列表(list)这几个数据类型,还有一些数据类型尚待讨论。在本章中,将继续对元组(tuple)、序列等数据类型以及名字绑定规则进行叙述。

5.1 元组的定义

元组(tuple)是只读的列表。所谓只读,是指一个元组创建出来后,其值或者元素可以获取,但不能修改。第 4 章所述的关于列表的嵌套、统计、运算等都适用于元组,也适用于切片。注意切片并不会导致原始列表或者元组被修改,它只会创建一个新列表或者元组。而那些会导致列表发生修改的成员函数,如 remove( )、sort( )则不适用于元组,因为元组是只读的。下列代码给出了元组的基本例子。

```python
patient = ('2012011', 'Eric Zhang', 'male', 77, True, (67,22,78))
print(type(patient), patient)
print(len(patient))
print(patient[1:4])
print(patient.count(True))
print(True in patient)
print(max((1,3,5)))
print((1,2) + (2,3) + (4,))
print((1,2) * 5)
```

执行结果:

```
<class 'tuple'> ('2012011', 'Eric Zhang', 'male', 77, True, (67, 22, 78))
6
('Eric Zhang', 'male', 77)
1
True
```

40

```
5
(1, 2, 2, 3, 4)
(1, 2, 1, 2, 1, 2, 1, 2, 1, 2)
```

从上述代码和执行的结果可以看出,元组使用()表示,和列表一样,元组元素之间使用逗号作为分隔符。上述代码展示了元组的嵌套、len()函数、切片、max()、count()等成员函数,还有拼接、运算等操作,其方法和用途与列表完全相同。请注意上述代码中最后一行这个奇怪的表达"(4,)",这是告知解释器,它是由一个元素构成的元组,而不是加了括号的整数4。下述操作则不适用于元组,因为这些操作预期会改变元组的值,而元组是只读的。

```
patient = ('2012011', 'Eric Zhang', 'male', 77, True, (67,22,78))
#下述代码是发生执行错误
patient[1] = 'NEW VALUE'
patientSort = patient.sort()
patient.remove(77)
patient.clear()
```

元组可以看作只读的列表,因此元组的创建和转换与列表类似,只是表示符号上面有细微的差别。下列代码给出了元组的几种创建和转换方法。

```
numbers = tuple([1,2,3])
print(numbers)
chars = tuple('abc')
print(chars)
digits1 = (x for x in range(9))
print("digits1:", digits1)
digits2 = tuple(x for x in range(9))
print(digits2)
```

执行结果:

```
(1, 2, 3)
('a', 'b', 'c')
digits1: <generator object <genexpr> at 0x000001AE8A5AD820>
(0, 1, 2, 3, 4, 5, 6, 7, 8)
```

从上述代码可以看出,tuple()函数能接受一个列表,字符串或者一个生成者对象(generator object)作为参数,最后返回一个元组。注意,字段"digits1 = (x for x in range(9))"被认为是一个生成者对象(generator object)。

5.2 bytes

本节是介绍性内容,读者若对底层细节不感兴趣,可以略过。在工业应用中,如用Python语言编写工业机器人的控制程序,经常需要跟硬件直接通信。在数字电路中,永远是二进制,所以全部数据类型在计算机内部最终均以二进制形式存储和传输。bytes是只读的"二进制字节流"类型。下列代码给出了 bytes 的例子。

```
buffer = b'abcdefghijklmn'
print(buffer,type(buffer),"len=",len(buffer))
print(buffer[2:9:2])
buffer = b'\x11\xff\x77'
print("%x" % (buffer[1]))
buffer = bytes(i+0x10 for i in range(10))
print(buffer)
```

执行结果:

```
b'abcdefghijklmn' <class 'bytes'> len= 14
b'cegi'
ff
b'\x10\x11\x12\x13\x14\x15\x16\x17\x18\x19'
```

bytes 作为只读的二进制字节流,用法和元组的用法类似。上述代码及执行结果展示了 bytes 的定义、len( )函数、切片等基本操作。bytes( )函数可以把一个生成者对象转换为 bytes 型数据。因为一个字节如果看作无符号整数的话,可以存储 0~255 的任何值。所以 bytes 作为字节流,它的每个字节可以存储任何 0~255 的任意整数,不限于"a"或者"2"这些"可见"字符。更多的关于 bytes 类型数据的说明请自行查找和学习。下列代码给出了 bytes 型数据和其他类型数据之间的转换。

```
x = 65534
bufferLittle = x.to_bytes(2, 'little')
print("little endian:", bufferLittle)
bufferBig = x.to_bytes(2,'big')
print("big endian:", bufferBig)
y = int.from_bytes(b'\xfe\xff','little')
print(y)
```

执行结果:

```
little endian: b'\xfe\xff'
big endian: b'\xff\xfe'
65534
```

如上述代码所示,整数型变量和成员函数"to_bytes( )"将一个整数转换成指定字节长度(示例中为 2)的 bytes,函数的第 2 个参数"little"指明了字节编码顺序。现存的 CPU 在存储和处理数据时,存在"little endian"和"big endian"两种标准,其中,"little endian"高位字节存高地址,"big endian"则正好相反。常用的 Intel x86 CPU(用于 PC 系统)以及 ARM CPU(常见于智能手机及其他嵌入式系统,智能电视之类)都属于前者。整数型变量和成员函数"from_bytes( )"则把 bytes 重新打包成 Python 的整形对象。借助于 struct 模块,可以更方便地把 int、float 和其他数据类型同 bytes 进行相互转换。

5.3　序列和名字绑定

列表（list）、字符串（str）、元组（tuple）和（bytes）都可视作序列类型。其共同点在于：
①可通过下标或索引访问其元素（只读类型只可获取，不得修改）。
②可通过切片操作获取其子序列。

作为序列类型，上述类型的使用方法有很多相通之处。在第 4 章中，我们已经见识了将一个列表从一个变量赋值给另一个变量后的令人疑惑的操作，如下列代码所示。

```
person1 = ['10000', 'Jack Ma', 'male', 47, 'CEO']
person2 = person1
person2[1] = "Tom Henry"
print(person1)
print(person2)
```

执行结果：

```
['10000', 'Tom Henry', 'male', 47, 'CEO']
['10000', 'Tom Henry', 'male', 47, 'CEO']
```

上述代码的执行结果显示，person2 和 person1 指向的是同一个列表实体。因为 person2 被修改后，person1 也跟着改变了。初学者很容易感到疑惑，本节试图从原理层面上讲清楚这个重要问题。

5.3.1　用 id 分析赋值语句

Python 中的赋值语句并不能实现对变量的复制，下列代码从一个简单的赋值语句出发，用变量的内存地址来说明赋值的真正操作。

```
a = 1
print("id:",id(a))
a = 2
print("id:",id(a))
b = a
print("id of a:", id(a), "id of b:",id(b))
a += 1
print("id:",id(a))
```

执行结果：

```
id: 140731879073568
id: 140731879073600
id of a: 140731879073600 id of b: 140731879073600
id: 140731879073632
```

上述代码中，id( )函数返回对象在 Python 解释器内部的编号，每一个对象都是一个唯一的 id 号,可以把 id 号想象成该对象在内存中的地址。可以看出,a 每经过一次赋值,其 id 号是不同的。之前,我们是这样描述"a=1"的:a 是一个变量或者对象,赋值操作符" = "把类型为整数的对象 1 传递给了变量 a,赋值之后 a 是一个类型为整数的变量,其值为 1。这种描述方法是传统习惯,目的是方便初学者在课程前期能够看懂。上述代码中,字段"a=1"的执行过程解释如下。

①值 1 是一个对象(object),它有内存地址(id 号)。

②a 只是一个名字(name),所谓赋值,就是把这个名字绑定在相应的对象上。

同理,字段"a=2"被执行时,解释器会将名字 a 绑定在值为 2 的整数对象上。由于 2 是一个和 1 不同的对象,所以 id(a)会返回不同的地址。请注意,此时,值为 1 的对象仍然存在,但没有名字与其绑定。事实上,对象内部会有专门的引用计数来表明这个对象当前与多少个名字绑定,当对象的引用计数下降到 0 后,Python 解释器会在恰当的时候从内存中销毁这个对象,该机制称为"垃圾回收"。字段"b=a"的执行过程如下所示。

①b=a 中的赋值并没有创建新对象。

②赋值操作只是简单地把名字 b 也绑定到名字 a 绑定的对象上。

③由于 a、b 都绑定了同一个对象,所以 id(a)与 id(b)的值相同。

Python 的这种操作方式有其合理之处,特别是对那些体量比较大的对象,如列表,在赋值时不创建复制品而是简单地执行名字绑定,可以快速地完成形式上的赋值。大多数情况下是没有什么问题的。如上例,虽然名字 a 和名字 b 被绑在同一个值为 2 的对象上,但无论是通过名字 a 还是名字 b 取值,都可得到 2;当其中一个名字,如 b 被赋予不同的新值时,名字 b 又会被绑定到别的对象上,名字 a 不受影响。同理,a+=1 等价于 a=a+1,通过计算后,解释器把名字 a 绑定在值为 3 的另一个对象上,所以我们又看到了新的不同的 id(a)值。

需要注意的是,Python 解释器可能会出于执行速度优化的考虑,倾向于将名字尽可能地绑定在系统已有的对象上,而不是创建新对象,如下列代码所示。

```
a = 3
b = int(a ** 2 /3)
print(a,b)
print(id(a),id(b))
```

执行结果:

```
3 3
140731879073632 140731879073632
```

a 被赋值为 3,b 也被赋值为计算出来的结果 3,与预期不一样,a 和 b 并没有被绑定到两个不同的值为 3 的整数对象,而是被绑定到同一个值为 3 的整数对象。作者相信这是某种形式的解释器优化的结果,解释器试图尽可能快地执行代码。

5.3.2 is 和 = = 的区别

Python 中,"is"和" = ="都有用来作为判断是或否的作用,但是两者之间又有细微的区别,下列代码给出了一个例子。

```
a = 3
```

```
b = 3.0
print("a==b:",a==b)
print("a is b:",a is b)
print(id(a),id(b))
```

执行结果：

```
a==b: True
a is b: False
140731879073632 1849156953584
```

上述代码显示二者的作用是不一样的,二者的区别必须从变量名字绑定的规则说起。每个对象的名字所绑定的对象都至少包括 3 个属性:对象的内存地址(id)、对象的类型(type)、对象的值(value)。字段"a is b"会将 a 的 id 与 b 的 id 作比较,只有二者相同时才返回 True。这里显然 a 和 b 没有绑定到同一个对象,所以"a is b"返回值为 False。字段"a == b"则将两个对象的值进行比较,3 等于 3.0,故返回 True。在实践中,为了避免麻烦,建议尽量使用"=="而不是"is"。

5.3.3　只读数据类型

Python 中的数据类型有很多种,从数据是否能被修改来看,数据类型可分为只读型和可修改型两种数据类型。表 5.1 列出了我们已经讨论过的全部数据类型。

表 5.1　数据类型列表

只读数据类型	可修改数据类型
整数、浮点数、字符串、布尔型、bytes、元组	列表,bytearray

对只读类型数据,编程者完全可以忽略名字绑定这件事,任何赋值操作的最终结果都会跟你的期望一致,下列代码展示了对只读类型数据赋值的例子。

```
values = (3,2,1)
valuesCopy = values
valuesCopy = (1,2,3)
print(values, "-", valuesCopy)
string = "string"
stringCopy = string
stringCopy = "new string"
print(string, "-", stringCopy)
```

执行结果：

```
(3, 2, 1) - (1, 2, 3)
string - new string
```

从上述代码可以看出,valuesCopy 与 values、stringCopy 与 string 都曾经同时绑定到同一个只读类型对象。由于对象是只读的,所以对象无法修改,任何对 valuesCopy 和 stringCopy 的赋值都将创建一个新对象,values 和 string 名字绑定的原有对象不受影响。

5.3.4　可修改数据类型

列表（list）、二进制字节数组（bytearray）属于可修改数据类型，当列表 bytearray 被赋值给了多个名字时，可能会导致意料之外的结果，需要特别小心。

```
person1 = ['10000', 'Jack Ma', 'male', 47, 'CEO']
person2 = person1
person2[1] = "Tom Henry"
print(person1)
print(person2)
```

执行结果：

```
['10000', 'Tom Henry', 'male', 47, 'CEO']
['10000', 'Tom Henry', 'male', 47, 'CEO']
```

请注意，上述代码第 2 行"person2 = person1"之后，两个名字事实上绑定到了同一个列表对象。由于列表是可修改类型，对 person2 的修改事实上是对 person1 和 person2 共同绑定的同一个对象的修改。所以，修改完后，person1 和 person2 打印出来的值相同。事实上，如果打印 id(person1) 和 id(person2)，其结果肯定是一样的。

大多数情况下，将两个名字绑定到同一个列表对象并没有什么不好。例如，当一个列表作为函数实参传递给形参时，这种名字绑定方法可以非常快地完成形式上的参数传递，执行效率高。如果你在函数内部修改了列表的元素值，那么外面这个名字所绑定的列表也会跟着改变（事实上就是同一个），这可能不是你所期望的。为了避免这种情况发生，可以借助于列表的 copy() 成员函数制造一个完全独立的副本，也可以借助列表的切片，例如，可以用 person1[:] 来产生一个全新的副本，还可以借助于 copy 模块的 copy() 函数和 deepcopy() 函数来完成对象复制。下列代码展示了这些方法在 bytearray 和 list 上的应用。

```
import copy
chars = bytearray(b'abcdefghijklmn')
charsCopy = chars.copy()
charsCopy2 = chars[:]
print(id(chars),"-",id(charsCopy),"-",id(charsCopy2))
numbers = [0,1,2,3,4,5,6,7]
numbersCopy = numbers.copy()
numbersCopy2 = numbers[:]
numbersCopy3 = copy.copy(numbers)
numbersCopy4 = copy.deepcopy(numbers)
print(id(numbers),"-",id(numbersCopy),"-",id(numbersCopy2),
"-",id(numbersCopy3),"-",id(numbersCopy4))
```

执行结果：

```
1849156821040 - 1849156823536 - 1849156824752
1849153731648 - 1849153732672 - 1849156957888 - 1849153734272 - 184915373587
```

从上述代码可以看出，上述名字对应对象的 id 值均不相同，是相互独立的对象和名字。当列表有嵌套时，copy( )和 deepcopy( )是有差异的。copy( )只会复制列表本身，复制出来的列表（设名为 b）与原列表（设名为 a）的相同元素位仍可能绑定在一个相同的子列表对象上，此时，修改 a 的这个子列表事实上就是修改 b 的同一个子列表。deepcopy( )会将列表及其嵌套列表完整复制，以避免上述情况。copy( )函数的例子如下列代码所示。

```
a = [1,2,3,[3,2,1]]
b = a.copy()
print(id(a),id(b))
print(id(a[3]),id(b[3]))
b[3][2] = 99
print(a,b)
```

执行结果：

```
1849157103168    1849157072128
1849156617856    1849156617856
[1,2,3,[3,2,99]] [1,2,3,[3,2,99]]
```

从上述代码和执行结果可以看出，通过浅拷贝 copy( )后，a 和 b 绑定的是两个独立的列表对象。但由于列表有子列表[3,2,1]，两个列表对象的下标 3 位置仍然绑定了同一个子列表对象，这从 id(a[3])和 id(b[3])的值可以看出。此时，修改 b[3]的元素值事实上就是在修改 a[3]的对应元素值。借助于"b = copy.deepcopy(a)"，不光列表会被复制，子列表以及子列表的子列表也会被复制，这样 b 与 a 之间不再有任何联系，如下列代码所示。

```
import copy
a = [1,2,3,[3,2,1]]
b = copy.deepcopy(a)
print(id(a),id(b))
print(id(a[3]),id(b[3]))
b[3][2] = 99
print(a,b)
```

执行结果：

```
1849157115840    1849156635520
1849156734720    1849157011776
[1,2,3,[3,2,1]] [1,2,3,[3,2,99]]
```

上述代码和结果表明，列表的任意元素位置也可以看作一个名字，它与具体对象绑定。至此，我们已经了解了名字、对象和绑定这些背后的秘密，在本书的后续部分，有时仍将沿用变量、赋值这些术语。

习　题

1.现在一台计算机 A 要通过串口把下述列表中的数据发送到另一台计算机 B,发送前,计算机 A 需要把数据打包成 bytearray,然后再通过串口发送。计算机 B 收到 bytearray 的原始数据后,需要将原始数据解包成跟发送端一样的列表。请写一个程序,将列表内容打包成 bytearray,然后再还原成列表。列表数据如下:['2018993','Andy Hu',26,'male',True,175.3,78,[12,99,77]]。

2.CPU 通过一个 8 位 IO 口读取 1 个字节的内容,现在存储在一个 bytes 对象里,示例:value=b'\x45';这 8 位分别代表了车间里 8 个阀门的当前状态,1 表示该阀门通,0 表示该阀门断。请设计一个程序,从 value 对象解析出 8 个阀门的当前状态,True 表示通,False 表示断。这 8 个状态应组织在一个列表中,其中,第 i 个元素对应 value 的第 i 位。输出格式示例:[True,False,False,True,True,True,False,False]。

3.叙述列表与元组的区别,并举例说明。

4.创建一个以元组为元素的列表,尝试对该列表元素的提取、复制和修改等操作,体会只读型数据和可修改数据的区别。

6

条件语句和循环语句

条件语句和循环语句是编程语言最核心的部分,条件语句能将复杂的问题转化为一系列的二值问题,而循环语句能使计算机实现大量重复性的工作,从而能完成复杂计算。Python 设计了简便、灵活的条件语句和循环语句,使用十分方便。本章将从条件语句、循环语句和特殊控制函数 3 个方面进行介绍。

6.1 条件语句

几乎所有的单个程序中都会包含条件语句,在 Python 中,赋值语句也可以认为是一种特殊的条件语句,具有强大的功能。接下来介绍赋值语句。

6.1.1 赋值的威力

Python 具有强大的赋值功能,仔细体会后就能感受到这些功能的强大。下列代码给出了一个简单的赋值例子。

```
x,y,z = 'x','y','z'
print(x,y,z)
```

执行结果:

```
x y z
```

上述代码展示的神奇操作称为序列解包,它将一个序列的值拆开,同时赋值给一系列的变量。除了序列解包外,Python 赋值语句还有其他很多炫酷的特效,如下列代码所示。

```
x,y = 'x','y'
x,y = y,x
print(x,y)
numbers = 1,2,3
print(type(numbers),numbers)
a,b,c = numbers
```

```
print(a,b,c)
d,e,f = [4,5,6]
print(d,e,f)
g,h,i = '789'
print(g,h,i)
j,k,l = b'\x10\x20\x30'
print(j,k,l)
```

执行结果：

```
y x
<class 'tuple'> (1, 2, 3)
1 2 3
4 5 6
7 8 9
16 32 48
```

上述代码和执行的结果解释如下所示。

①x,y=y,x 可以将两个变量的值互换。

②赋值等号的左边如果是一个名字,右边是多个名字,那么解释器将把右边的多个名字打包成一个元组并赋值给左边。

③赋值等号的左边如果是多个名字,右边是一个任意序列类型的对象名字,解释器会将序列中的元素拆开,分别赋值给左边的多个名字。

上述代码演示了元组、列表、字符串、二进制字节流等类型对象被拆分赋值的情形。在上述序列解包过程中,等号左边的名字个数必须等于右边序列内的元素个数,否则会发生错误。如果只需获取序列内某些特定位置的值,那么可以借助"＊"号来吸收多余的值,如下列代码所示。

```
x,y,*rest = [1,2,3,4,5]
print(x,y,rest)
first,*middle,last = "Leonardo di ser Piero Da Vinci".split()
print(first, "-", middle, "-", last)
```

执行结果：

```
1 2 [3, 4, 5]
Leonardo - ['di', 'ser', 'Piero', 'Da'] - Vinci
```

从上述代码和执行结果可以看出,带"＊"号的名字会吸收多个元素,并能最终以列表的形式存在。split()函数是 str 类型的成员函数,它把字符串按空格拆分成多个子串。Python 中还有一种赋值操作,被称为链式赋值。所谓的链式赋值,是指在同一字段中,连续使用多个赋值符号对多个变量进行赋值。如字段"x＝y＝2",这就是一个链式赋值语句,这个语句同时将对象 2 绑定到 x 和 y 两个名字。这行代码等价于下列代码。

```
y = 2
x = y
```

6.1.2 非零即真,非空即真

在前文中,已经提及条件语句中的非零即真原则。事实上,当使用非布尔型的数据类型当作布尔型使用或转换成布尔型时,还有一个非空即真的原则。非空即真的例子如下列代码所示。

```
print(bool(None))
print(bool(()), bool((1,2)))
print(bool([]), bool([1,2]))
print(bool(""), bool("not empty"))
print(bool({}), bool({'name':"Jude", 'age':12}))
```

执行结果:

```
False
False True
False True
False True
False True
```

从上述代码的执行结果可以看出,任何不包括任何元素的空序列对象都会被认为是False,有元素的则是True。None 是一种特殊数据类型(None Type),它表明一个名字已创建,但尚未绑定一个真实的对象。代码最后一行的花括号{}所括起的对象,是后续章节将要讨论的另一种重要数据类型,即字典(dict)。

6.1.3 if,else 语句

if else 这种简单的条件语句在前面章节已经讨论过,下列代码给出了一个简单的例子。

```
iAge = int(input("Hey, boy, how old are you? "))
if iAge >= 22:
  print("You are legal to be married.")
else:
  print("You are still too young.")
```

执行结果:

```
Hey, boy, how old are you? 90
You are legal to be married.
```

上述代码中,if 等价于自然语言的如果,后面跟随的应该是布尔型,如果不是布尔型,解释器会尝试将其转换成布尔型。当逻辑判断成立时,if 行冒号后的下级缩进程序块就会被执行,否则将执行 else 行冒号下方的下级缩进程序块。

6.1.4 elif 语句

还有一种常用的条件语句,elif,它是英文 else if 的缩写。它也是用来做判断的语句。下列代码给出了 if else 和 elif 使用的例子。

```
iAge = int(input("How old are you?"))
sGender = input("Are you a boy or girl(boy/girl)? ")
if sGender == "boy":
    if iAge >= 22:
      print("You are legal to get marry.")
    else:
      print("You are still too young.")
  elif sGender == "girl":
    if iAge >= 20:
      print("You are legal to get marry.")
    else:
      print("You are still too young.")
  else:
    print("Unrecognized gender, it should be 'boy' or 'girl'.")
```

执行结果:(输入为 15,boy)

```
How old are you? 15
Are you a boy or girl(boy/girl)? boy
You are still too young.
```

从上述代码可以看出,代码首先判断性别是否为"boy",如果是,执行下级代码;如果不是,再判断(elif)性别是否为"girl",如果是,执行下级代码;如果不是,执行 else 后面的下级代码。elif 还可以多级嵌套,如下列代码所示。

```
sMonthName = input("Please input month name: ")
sMonthName = sMonthName.strip().title()
if sMonthName in
    ['January','March','May','July','August','October','December ']:
  print("There are 31 days in the designated month.")
elif sMonthName in ['April', 'June','September', 'November']:
  print("There are 30 days in the designated month.")
elif sMonthName == "February" or sMonthName.startswith("Feb"):
  print("There are 28 or 29 days in the designated month.")
else:
  print("Unrecognized month name.")
```

执行结果(输入 February):

```
Please input month name: February
There are 28 or 29 days in the designated month.
```

上述代码可以在输入月份后,输出对应月份的天数,代码就是利用两个 elif 来对月份进行分类的。elif 可以连写无数个,前一个逻辑判断不成立,解释器会接着判断接下来的一个。代码中 startswith() 是 str 的成员函数,判断字符串是否以参数字符串开头,此外 endswith() 也是成员函数。下列代码还给出了一个单行的条件语句。

```
sGender = input("Are you a boy or girl? (boy/girl):")
sGender = sGender.strip().lower()
iMarryAge = 22 if sGender == 'boy' else 20
print("Your legal marry age is:", iMarryAge, "in Mainland China.")
```

执行结果（输入 boy）：

```
Are you a boy or girl? (boy/girl):boy
Your legal marry age is: 22 in Mainland China.
```

上述代码第三行的"22 if sGender == 'boy' else 20"就是一个条件语句，如果逻辑判断成立，取值为 22，否则取值为 20。这里的 22 和 20 在语法上可以是任何合法的表达式。

出于效率的考虑，Python 解释器有时会"偷懒"，而"懒惰，有时是人类进步的阶梯"。下面的例子说明了 Python 解释器是如何"偷懒"的。假设有这样的字段："a and b and c"，如果表达式 a 为假，则整个表达式肯定是假，所以表达式 b 和 c 自动被解释器所忽略。同理，对于字段"a or b"，如果表达式 a 为真，则整个表达式肯定为真，解释器会忽略表达式 b，只有当 a 为假时，表达式 b 才会被评估。解释器的这种行为有时是可以利用的，如下列代码所示。"name = input('What's your name? ') or 'Unknown'"如果操作者输入了姓名，input() 函数会返回这个字符串，非空即真，or 后面部分不会被考虑。如果操作者直接按下回车，input() 函数会返回一个空字符串，空即为假，此时 or 之后的将为返回作为整个表达式的值。读者可自行验证。

6.2　断言和 Python 之禅

在程序设计过程中，程序员可能会对某些变量的取值存在假设，并以这些假设为前提设计后续程序。例如，下列代码定义了一个函数，该函数接受 1 个包含全年级同学某门课成绩的分数列表，计算并返回其平均分。

```
scores = [78,90,29,76,64,67]
def compAvergageScore(scores):
  assert len(scores) > 0
  assert max(scores) <= 100
  assert min(scores) >= 0
  return sum(scores) /len(scores)
print(compAvergageScore(scores))
```

执行结果：

```
67.33333333333333
```

根据程序员的构想，保证 scores 列表的合法性（至少 1 个元素，分数值为 0~100）是外部程序的任务。函数内部应假设 scores 参数的合法性没有问题。但要是外部程序有缺陷，传递进来不合法的列表参数呢？在函数内部，我们可以通过断言 assert 进行检查，assert 后的逻辑判断不成立，程序就会报错并停止。用断言有助于帮助程序员发现程序错误。

有经验的程序员都知道，缺陷不可怕，最可怕的是缺陷未被发现，或者不知道导致缺陷的确切位置。在程序的恰当位置合理使用断言,可以减少这种可怕的情况发生。Python 程序开发员总结了很多在编程时的感慨,当执行代码"import this"时,将得到下列"心灵鸡汤",也称为"Python 之禅"。

The Zen of Python,by Tim Peters

- Beautiful is better than ugly.
- Explicit is better than implicit.
- Simple is better than complex.
- Complex is better than complicated.
- Flat is better than nested.
- Sparse is better than dense.
- Readability counts.
- Special cases aren't special enough to break the rules.
- Although practicality beats purity.
- Errors should never pass silently.
- Unless explicitly silenced.
- In the face of ambiguity,refuse the temptation to guess.
- There should be one-and preferably only one -obvious way to do it.
- Although that way may not be obvious at first unless you are Dutch.
- Now is better than never.
- Although never is often better than * right * now.
- If the implementation is hard to explain,it's a bad idea.
- If the implementation is easy to explain,it may be a good idea.
- Namespaces are one honking great idea—let's do more of those!

6.3 循环语句

循环语句和循环相关的操作是程序设计中必不可少的部分,Python 有多种循环结构,如 for 循环、while 循环等,下面将对其进行详细介绍。

6.3.1 for 循环

在前文中,已介绍过 for 循环。for 循环可以遍历任意可迭代的对象,目前已讨论过的可迭代对象包括序列(字符串、列表、bytes、bytesarray、元组)和数值列表。下列代码给出了利用 for 语句对数值和字符进行循环的简单例子。

```
s = ""
for x in 'abcdefg':
s = s + x + " - "
print(s)
s = ""
```

```
for x in [2,3,2,2]:
  s = s + str(x) + " - "
print(s)
s = []
for x in range(2,20,4):
  s.append(x)
print(s)
```

执行结果：

```
a - b - c - d - e - f - g -
2 - 3 - 2 - 2 -
[2, 6, 10, 14, 18]
```

for 循环将可迭代对象视为一个集合，逐一列举集合中的元素（即将上述代码中的 x 等于被列举元素），然后执行循环体下级代码。集合中有多少元素，循环就将执行多少次，元素被列举的顺序与元素在集合中的原始顺序相同。

6.3.2　while 循环

while 循环和 for 循环的实现方式有所不同，while 循环由条件来控制循环是否执行。将 1 加到 100 是我们小学时常玩的游戏，下面的代码给出了如何用 while 循环实现这个问题。

```
sum = i = 0
while i <=100:
  sum += i
  i+=1
print("sum of (1,2,...,100)= ", sum)
```

执行结果：

```
sum of (1,2,...,100)= 5050
```

while 关键字跟随的是一个循环条件判断，其执行过程大致可用自然语言描述如下：解释器首先判断 while 循环条件是否成立；如成立，执行循环体下级代码，执行完毕后再次判断循环条件是否成立，如成立，再次执行循环体代码，直到循环条件不成立，退出循环。请注意 while 循环是先判断、后执行，所以存在特定条件下，循环体一次也不被执行的可能。

编程者必须确保在循环体内部适时修改相关变量，如上述代码中的 i+=1，使循环条件不再成立；或者借助于 break 语句结束循环。否则，就会产生一个可怕的后果：死循环。读者可以删除 i+=1 行，然后执行代码试试死循环的后果。读者可能注意到，上述代码的功能用 for 循环也可以实现，甚至更简洁，且一般没有死循环的风险。

在那个只有键盘、没有鼠标和图形界面的古老年代，应用程序通常会使用一个 while 循环来获取操作者的命令并执行，直到操作者敲下退出命令为止，如下列代码所示。

```
sMessage = ""
while sMessage ! = "q":
  sMessage = input("I am a parrot, say something to me( q to quit):")
```

```
print("Parrot says:", sMessage)
```

执行结果：

```
I am a parrot, say something to me( q to quit):d
Parrot says: d
I am a parrot, say something to me( q to quit):quit
Parrot says: quit
I am a parrot, say something to me( q to quit):q
Parrot says: q
```

6.3.3 break 跳出循环

break 为跳出循环语句。在循环体内部，通过执行 break 语句，可直接跳出循环。break 语句通常与 if 语句联用，因为循环结束通常与某个特定的条件满足有关，如循环预期要完成的任务完成了。下述代码试图在列表中找到第一个姓 Henry 的人。

```
names = ['Peter Anderson', 'Frank Bush', 'Tom Henry','Jack Lee','Dorothy
    Henry']
sName = "NOTFOUND"
for x in names:
  if x.endswith("Henry"):
    sName = x
    break
  print(x, "not ends with 'Henry'.")
print("I found a Henry:", sName)
```

执行结果：

```
Peter Anderson not ends with 'Henry'.
Frank Bush not ends with 'Henry'.
I found a Henry: Tom Henry
```

显然，当第一个 Henry 被找到时，任务即完成，后续的循环没有继续进行的必要。break 语句将跳出循环，解释器接下来将执行 print("I found a Henry:", sName) 这一行。break 语句同样适用于 while 循环，下列代码给出了相关的例子。

```
while True:
sMessage = input("I am a parrot, say something to me( q to quit):")
  if sMessage == "q":
    break
  print("Parrot says:", sMessage)
```

执行结果：

```
I am a parrot, say something to me( q to quit):w
Parrot says: w
I am a parrot, say something to me( q to quit):q
```

6.3.4　continue 结束当次迭代

不同于 break 语句,continue 语句不会导致整个循环结束。continue 只是忽略当次迭代的后续代码,直接进入循环的下次迭代。需要注意的是,循环将继续。下列代码试图在列表中找到所有姓 Henry 的人,并向他们问好,同时将所有 Henry 家的组织在一个列表中。

```
names = ['Peter Anderson', 'Frank Bush', 'Tom Henry', 'Jack Lee', 'Dorothy
    Henry']
i = 0
henrys = []
while i < len(names):
  sName = names[i]
  i += 1
  if not sName.endswith("Henry"):
    continue
  print("Hi,", sName)
  henrys.append(sName)
print("We found following henry:", henrys)
```

执行结果:

```
Hi, Tom Henry
Hi, Dorothy Henry
We found following henry: ['Tom Henry', 'Dorothy Henry']
```

为了让初学者理解 continue 语句到底做了什么,下面作详细推导。第一轮迭代时,i=0,此时 sName 取值"Peter Anderson",接下来 i=0+1=1,由于 sName 不以"Henry"结尾,所以判断条件成立(注意取逻辑非)。执行 continue 语句,本轮迭代的剩余代码将会被跳过,程序会直接跳转到下一轮迭代。此时,i=1<len(names),循环继续,sName 取值"Frank Bush",以此类推,直到循环终止。

本例中,使用 for 循环会比 while 循环更加简洁,作者故意使用 while 循环实现,以便让读者明白,continue 同时适用于 for 循环和 while 循环。

6.3.5　循环 else 子句

循环语句经常会和条件语句配合使用,从而完成复杂的任务。因此,循环中经常会有 else 子句,下列代码给出了相关的例子。

```
names = ['Peter Anderson', 'Frank Bush', 'Tom Henry','Jack Lee', 'Dorothy
    Henry']
for x in names:
  if x.endswith("Bach"):
    print("I found a Bach:",x)
    break
  else:
```

```
          print(x, "not ends with 'Bach'.")
  print("No Bach been found.")
```

执行结果：

```
Peter Anderson not ends with 'Bach'.
Frank Bush not ends with 'Bach'.
Tom Henry not ends with 'Bach'.
Jack Lee not ends with 'Bach'.
Dorothy Henry not ends with 'Bach'.
No Bach been found.
```

for 循环和 while 循环都可以添加一条 else 子句，else 子句仅当循环体内部的 break 未被调用时（没有找到 Bach）才会被执行。作者出于内容完整性的考虑才介绍循环 else 子句，因为在其他程序设计语言中，这种用法非常少见。它的使用，可能会让代码变得难以读懂。

6.3.6 双重循环

双重循环是计算机的常规操作，如计算两个矩阵的乘积，给一张图片调整对比度（图像就是由一系列像素点构成的矩阵），对一个列表内的数进入插入排序，都需要使用双重循环。下列代码给出了一个双重循环的简单例子。

```
matrix = [[x+1+y+1 for x in range(5)] for y in range(6)]
for r in range(6):
  for c in range(5):
    matrix[r][c] *= 2
for r in matrix:
  print(r)
```

执行结果：

```
[4, 6, 8, 10, 12]
[6, 8, 10, 12, 14]
[8, 10, 12, 14, 16]
[10, 12, 14, 16, 18]
[12, 14, 16, 18, 20]
[14, 16, 18, 20, 22]
```

上述代码先初始化了一个 6 行 5 列的矩阵（嵌套的列表），元素值等于行号加上列号。然后使用一个双重循环把全部元素的值乘以 2。最后再用一重循环的方式将矩阵按行打印出来。仔细体会代码中几种循环的实现方式，能加深对多重循环实现方式的理解。

6.3.7 序列缝合与循环解包

在编程过程中，有时可能需要将来自两个不同列表的信息同时提取出来，如下列例子所示。列表 names 存储了员工姓名，salarys 列表的对应位置存储了员工的周薪。下列代码希望同时遍历两个列表，打印出每位员工的周薪。

```
names = ['Tom', 'Andy', 'Alex', 'Dorothy']
salarys = [1200, 1050, 1600, 2010]
for i in range(len(names)):
print(names[i]+"'s salary/week:",salarys[i])
```

执行结果：

```
Tom's salary/week: 1200
Andy's salary/week: 1050
Alex's salary/week: 1600
Dorothy's salary/week: 2010
```

上述代码采用的是 for 循环的方法来解决问题。由于信息的分散，for 循环不得不使用 i 循环变量。事实上，zip( )函数（缝合函数）可以将两个序列"缝合"起来，并返回一个由元组构成的序列。zip( )函数的返回值是一个可迭代对象，想查看其内容，可以使用 list( )函数将其转换成列表。下列代码采用 zip( )函数可以再次实现上面的例子。

```
names = ['Tom', 'Andy', 'Alex', 'Dorothy']
salarys = [1200, 1050, 1600, 2010]
zipped = zip(names,salarys)
print(zipped)
print(list(zipped))
```

执行结果：

```
<zip object at 0x000001EBED70B480>
[('Tom', 1200), ('Andy', 1050), ('Alex', 1600), ('Dorothy', 2010)]
```

上述代码执行结果显示，zip( )函数直接将两个序列"缝合"在一起，返回一个新的元组，不需要使用循环语句。"缝合"后，可以在循环中将元组（序列的一种）解包，这样做的原因是，代码会变得更加简洁，如下列代码所示。

```
names = ['Tom', 'Andy', 'Alex', 'Dorothy']
salarys = [1200, 1050, 1600, 2010]
for name, salary in zip(names,salarys):
  print(name+"'s salary/week:",salary)
```

执行结果：

```
Tom's salary/week: 1200
Andy's salary/week: 1050
Alex's salary/week: 1600
Dorothy's salary/week: 2010
```

zip( )函数可以"缝合"任意序列类型，如字符串、bytes、元组和列表。当被缝合的序列长度不一样时，zip( )函数将在最短序列用完后停止"缝合"。zip( )函数也可以缝合 3 个、4 个甚至更多个序列。熟练使用 zip( )函数，必将使程序变得更加简洁。

6.3.8 带下标的遍历

enumerate( )函数和 zip( )函数类似，也有类似于"缝合"的效果。enumerate( )函数可以理解为一种特殊形式的"缝合"，它将序列的元素加上元素所在的下标缝合成一个元组。有时，这个多出来的下标是非常有用的。下列代码给出了 enumerate( )函数的应用例子。

```
names = ['Tom', 'Andy', 'Alex', 'Dorothy']
print(list(enumerate(names)))
for idx, name in enumerate(names):
  print(name, "is at index", idx, "in the list.")
```

执行结果：

```
[(0, 'Tom'), (1, 'Andy'), (2, 'Alex'), (3, 'Dorothy')]
Tom is at index 0 in the list.
Andy is at index 1 in the list.
Alex is at index 2 in the list.
Dorothy is at index 3 in the list.
```

enumerate( )函数在需要同时调用序列值和下标的循环中使用起来非常方便。除了 enumerate( )函数外，还有另一个函数，reversed( )，能实现反向遍历，具体例子如下列代码所示。

```
names = ['Tom', 'Andy', 'Alex', 'Dorothy']
for x in reversed(names):
print(x)
```

执行结果：

```
Dorothy
Alex
Andy
Tom
```

reversed( )函数接受一个序列作为参数，返回一个可迭代对象，这个可迭代对象内的元素顺序跟原序列相反。借助于这个可迭代对象，我们可以反向遍历一个序列。

6.4 几个特殊函数

在 Python 中，还有几个特殊函数，如 del、exec、eval 等，这些函数都有一些特殊的作用，能使程序更加简洁。接下来将详细对这几个函数进行介绍。

6.4.1 del 函数

del 函数的作用顾名思义就是删除对象的作用。下列代码给出了使用 del 函数删除变量的例子。

```
x = "Anything"
y = x
del y
print(y)
```

根据上述代码和在第 5 章中讨论的名字绑定规则，x 和 y 是两个变量的名字，这两个名字通过赋值都绑定到了一个值为"Anything"的字符串对象上。字段 del y 操作将删除名字 y 和名字 y 与对象的绑定。此时，再执行字段 print(y)将导致如下所示的错误。

```
File "<ipython-input-24-7f7c36821d21>", line 4, in <module>
print(y)
NameError: name 'y' is not defined
```

此时，"Anything"对象仍然与名字 x 绑定，如果执行字段 del x 则删除名字 x，或者通过给 x 赋值的方式解除名字与"Anything"对象的绑定，程序将失去再次访问"Anything"对象的可能性。因为此时，没有任何名字与该对象绑定。这个对象对于程序而言，失去了作用，Python 解释器会在恰当的时候从计算机中清除它以回收内存，这个过程称为"垃圾回收"。

事实上，在第 4 章中，也曾通过 del 删除指定位置的列表元素，如下列代码所示。

```
jack = ['10000', 'Jack Ma', 'male', 47, 'CEO']
del jack[2]
print("jack list after del:",jack)
```

上述代码显示，del 也可以删除列表中的元素。这是因为列表内的元素位也可以看作一个名字，字段 del jack[2]就是删除这个名字及其绑定。

6.4.2 exec 函数

当 Python 读取来自键盘的输入信息时，这些信息都是用字符串表示的，所以，有时需要把字符串转换为代码字段，而 exec()函数能实现这个操作。exec()函数接受一个字符串作为参数，然后将字符串的内容当作 Python 代码来执行。下列代码给出了一个例子。

```
exec("print('This string was print in exec function.')")
```

执行结果：

```
This string was print in exec function.
```

exec()函数提供了执行动态代码的能力，这些代码不是由原创程序员在开发阶段编写的，而是在运行时根据操作者的操作动态决定的。这样做便利与风险并存，特别是在网络应用中，攻击者容易通过这些动态代码实施攻击行为。

exec()函数还能接受第二个参数，这个参数为字符串中代码的执行指定一个名字空间（如 namespace、作用域、scope）。exec()函数中动态代码内定义和使用的名字均在该指定的名字空间下，不会污染全局名字空间或与其他正常代码的名字冲突。下列代码给出了相关的例子。

```
scopeTemp = {}
scopeTemp['x'] = 30
```

```
scopeTemp['y'] = 20
exec("sum = x + y",scopeTemp)
print("sum =", scopeTemp['sum'])
```

执行结果：

```
sum = 50
```

上述代码在调用 exec( )函数时，还设置了 scopeTemp 参数，代码的详细解释如下：

①这里所述的名字空间，其实际数据类型称为字典（dict），这是后续章节要讨论的内容。

②在 exec( )函数执行前，可以在名字空间下先增加一些名字和值供参数字符串内的代码使用。

③参数字符串内代码执行时新增的名称，如此例中的 sum，均在指定的名字空间下。

6.4.3　eval 函数

eval( )函数和 exec( )函数类似，也能将字符串转化为程序代码，但是二者有细微的差别。eval( )函数接受一个字符串及一个名字空间作为参数，执行参数字符串中的 Python 代码并返回结果。也就是说，eval( )函数与 exec( )的主要区别是 eval( )函数可以将参数字符串当作一个表达式，计算并返回其值，而 exec( )函数没有返回值。下列代码给出了 eval( )函数使用的例子。

```
eval("print('This string was print in eval function.')")
r = eval("3 + 2 - 5")
print(r)
```

执行结果：

```
This string was print in eval function.
0
```

上述代码的第一行 eval( )函数的功用与 exec( )函数相同；第 2、3 行则评估（evaluate）了一个表达式并返回其计算结果。eval( )函数的第二个参数，当名字空间没有提供时，函数默认在全局名字空间下工作。

习　题

1.折半查找。假设 1 个列表中存储了 20 个子列表，各子列表内存储了学生的学号和姓名两个变量，这两个变量都是字符串类型。现已知该 20 名学生子列表已按学号递增排好序。请设计一个程序，使用折半查找算法找到指定学号的学生，如果没有，报告未找到。

数据示例：[['201801',' 张三 '],['201822','Andy Lee'],...,['20189X','Austin Hu']]。

折半查找算法简介：先将被查找值与序列中间位置的元素进行比较，如果相等表示已找到。如果查找值小于中位元素，这说明查找值在中位元素的左边，如果查找值大于中位元素，则说明查找值在中位元素的右边。每进行一次比较，大概可以将查找范围缩小一半。这种同中位元素进行比较的方法可以一直持续下去,直到找到或者发现找不到为止。

2.设计一个程序,对输入的整数判断其是否为水仙花数。所谓水仙花数,是指这些三位整数:各位数字的立方和等于该数本身,如 $153 = 1+27+125$。

3.设计一个程序,随机产生一个三位整数,将它的十位数变为 2,并输出。例如,生成随机数为 245,则应输出 225。

4.设计一个程序,输入 x,y 和 z,如果 $x^2+y^2+z^2 > 1000$,则输出 $x^2+y^2+z^2$ 千位及其以上的数字,否则输出 $x^2+y^2+z^2$。

5.设地球表面 A 点的经纬度分别为 x_1 和 y_1,B 点的经纬度分别为 x_2 和 y_2,编写一个计算并输出 A、B 两点大圆弧距离的程序。其中,地球半径 $R = 6370$ km,大圆弧距离公式为:

$$d = R * \arccos\left[\cos(x_1-x_2)\cos(y_1)\cos(y_2)+\sin(y_1)\sin(y_2)\right].$$

7 字 典

在现实生活中,经常需要通过一些信息去查询相关信息。比如,通过书号查书,通过工号找到雇员资料,通过身份证号找人。下列代码中,我们把员工信息以子列表形式存储在 employees 列表中,如果查找工号为"10003"的员工,就需要动用 for 循环这种费时费力的操作。

```python
jack = ['10000', 'Jack Ma', 'male', 47, 'CEO']
mary = ['10001', 'Mary Lee', 'female', 25, 'Secretary']
tom = ['10002', 'Tom Henry', 'male', 28, 'Engineer']
dora = ['10003', 'Dora Chen', 'female', 32, 'Sales']
employees = [jack,mary,tom,dora]
for e in employees:
  if e[0] == '10003':
    print("The designated employee have been found:", e)
    break
```

执行结果:

```
The designated employee have been found: ['10003', 'Dora Chen', 'female', 32, 'Sales']
```

上述代码采用 for 循环的方式查找出了某个员工信息,事实上,这种操作在现实中是无法进行的,因为效率太低。想象一下大学图书馆,藏书可能高达数百万册,如果为了找一本书,翻遍整个图书列表,速度一定不比蜗牛快多少。在这里,我们把搜索值,如书号、工号称为键(key),把与这个键相关的对应对象(可能是列表或数值,也很可能是一个自定义类型的对象)称为值(value),一个键加上一个对应的值,称为键值对(key value pair),也称为项(item)。

在其他编程语言中,人们为了解决在序列中高效检索的问题,发明了哈希(Hash)算法,简单地说,就是根据键值直接计算出这个键对应的对象在序列中的存储位置,如下标。在 C++或者 Java 语言中,这种数据结构称为映射,从键到值对象的映射。在 Python 语言中,专门有一种数据类型用于容纳这种键值对,并自动实现非常高效的键到值的映射,这种数据结构就是字典(dict)。

补充一下,在海量的数据中检索的问题,通常是通过关系数据库(如 Oracle、MySql 之类)来解决。但对于计算机内存中的序列数据,哈希映射不可或缺。

7.1　字典的创建

字典作为 Python 中的一种非常重要的数据类型,有其特定的格式。事实上,在前文中已经给出了几个字典的例子。下列代码直接定义了一个字典。

```
phoneBook = {'Alex':'6511-2002', 'Betty':"6512-7252", 'Dora':"6546-2708",
    'Peter':'6716-4203'}
phoneBook["Dorothy"] = '6557-7272'
print("Dora's call number is:", phoneBook["Dora"])
print(type(phoneBook))
print(phoneBook)
```

执行结果:

```
Dora's call number is: 6546-2708
<class 'dict'>
{'Alex': '6511-2002', 'Betty': '6512-7252', 'Dora': '6546-2708', 'Peter':
    '6716-4203', 'Dorothy': '6557-7272'}
```

上述代码直接创建了一个字典,并展示了如何提取字典的元素,代码说明如下:

①字典以一对大括号{ }包裹,键值对用“,”分隔,键值之间用“:”分隔。

②为字典添加新的键值对,直接用“字典名[键]=值即可”,见上述代码中的字段“phone-Book['Dorothy']='6557-7272'”。

③要获取给定键对应的值,直接用“字典名[键]”即可。

④字典中的键值对没有先后顺序的概念,因为在字典中,键值对的存储位置是根据键的 Hash 值计算而来的。所以字典不能像序列那样用下标获取键值对,故字典不属于序列类型。

⑤值可以是任意数据类型,如列表、元组、整数等,甚至还可以是另一个字典;键必须是所谓的可哈希数据类型,也就是说,哈希算法必须知道如何把键的值转换成一个散列分布的整数。列表、字典不是可哈希类型,整数、浮点数、字符串、元组等是可哈希类型。

字典与其他类型数据的关键区别在于,在一个普通的序列类型中,如果想找到特定元素,只有通过循环进行查找,在最坏的情况下,序列有多少元素,就需要多少次比较。而在字典内部,Python 解释器实现了高效的 Hash 算法及键值映射。有了字典,通过键找值的过程非常迅速。例如,上述 phoneBook["Dora"],可以想象出这么一个查找过程,字典的 Hash 算法根据“Dora”键计算出一个内部地址(简单理解为下标),然后直接去这个下标找到对应值。当然,有时 Hash 算法计算的下标地址可能会有冲突,就是多个不同键计算出相同的下标地址的情形,此时,上述查找过程就要多重复几次,但是绝大多数情况下,字典都能保证我们能闪电般地找到对应对象。

7.2　dict 函数

除了直接用定义的方式创建字典外,还可以用 dict 函数将其他形式的数据转化为字典。

下列代码给出了一个用 dict 函数将列表数据转化为字典数据的例子。

```
items = [('name', 'Dorothy'),('id', '10003'),('age', 26)]
dorothy = dict(items)
print(dorothy)
```

执行结果：

{'name': 'Dorothy', 'id': '10003', 'age': 26}

上述代码将元组键值对构成的列表直接转换成字典。事实上，dict()函数可将由元组键值对构成的列表或元组转换成字典。除此之外，dict()函数也可以直接生成字典数据，如下列代码所示。

```
dorothy = dict(name='Dorothy', id='10003', age=26)
print(dorothy)
```

执行结果：

{'name': 'Dorothy', 'id': '10003', 'age': 26}

一般来说，使用 dict()函数能快速实现直接创建，或者将其他类型的数据转化为字典型数据，这里很少会用定义的方式直接创建字典型数据。

7.3　字典的基本操作

字典作为一种重要的数据类型，和其他序列型的数据一样，也需要定义基本的操作，如元素访问、提取、查找和修改。下列代码给出了一个字典，同时也给出了一些基本操作。

```
dorothy = dict(name='Dorothy', id='10003', age=26)
print(len(dorothy))
print(dorothy["id"])
dorothy["gender"] = 'female'
del dorothy["id"]
print("dict after del:", dorothy)
if "age" in dorothy:
print("Key age exists in dict dorothy.")
```

执行结果：

```
3
10003
dict after del: {'name': 'Dorothy', 'age': 26, 'gender': 'female'}
Key age exists in dict dorothy.
```

代码说明如下：

①len()函数返回字典内键值对的总数。

②dorothy["id"]返回键值"id"对应的值对象，如果对应的键在字典中不存在，解释器会

报错并停止运行。

③dorothy["gender"]='female' 是在字典中增加了"gender"："female"键值对，如果对应的键已经存在，则该操作修改该键值对中的值；从这里可以看出，字典中不可能有重复的键；这种键值对的直接添加方式不同于列表。

④del dorothy["id"] 从字典中删除指定键的键值对；当试图删除一个不存在的键值对时，解释器会报错并停止运行。

⑤字段"'age' in dorothy"是一个逻辑判断，它判断"age"是否为字典中存在的键，注意，这里是键，而不是值。

⑥字典是可修改的数据类型，这一点跟列表、bytearray 相同。

上述代码段给出了字典的基本操作，更多的操作可以查看 Python 的官方文档。字典型数据的数据量比较大，而且在需要执行很多查询任务的具体问题中经常被使用。

7.4 字典的嵌套

前述已经提到过，键值对中的值可以是任何数据类型，当然也包括字典。当字典数据中的值为新的字典时，称为字典的嵌套。下述示例展现了这个有意思的字典运用方法。

```
jack = {'id':'10000', 'name':'Jack Ma', 'gender':'male',
    'age':47, 'title':'CEO'}
mary = {'id':'10001', 'name':'Mary
    Lee', 'gender':'female', 'age':25, 'title':'Secretary'}
tom = {'id':'10002', 'name':'Tom
    Henry','gender':'male', 'age':28, 'title':'Engineer'}
dora = {'id':'10003', 'name':'Dora
    Chen','gender':'female', 'age':32, 'title':'Sales'}
employees = {'10000':jack, '10001':mary, '10002':tom, '10003':dora}
sId = input("Please input the employee id:")
if sId not in employees:
  print("The ID does not exist.")
else:
  e = employees[sId]
  print("The employee's information is listed blow:")
  print("ID:\t",e["id"])
  print("name:\t",e["name"\])
  print("gender:\t",e["gender"])
  print("age:\t",e["age"])
  print("title:\t",e["title"])
```

执行结果(10003)：

```
Please input the employee id:10003
The employee's information is listed blow:
```

```
ID: 10003
name: Dora Chen
gender: female
age:32
title:Sales
```

代码说明：

①employees 是字典，其键值对的键为工号字符串，值为字典。该字典又以键值对的形式存储了员工的工号、姓名、年龄等信息。

②得到需要查询的工号后，先确保工号是否在 employees 键中存在，如果不存在，报错；否则，则从员工字典中查询打细信息细节。

字典的嵌套是字典操作的一种灵活运用，在存储数据结构比较复杂的数据时经常被使用。在下一节中，将对字符串映射进行简单介绍。

7.5　字符串映射替换

本节内容略有超前，因为涉及一些后续章节的内容。字符串有一个 format( )成员函数，通过应用该函数，可以完成字符串内字段的替换，下列代码给出了一个示例。

```
sText = "Mary have {} lambs, they are {n1}, {n2} and " "{}.".format(3,'cot',n
    1 ='happy',n2 ='nauty')
print(sText)
```

执行结果：

```
Mary have 3 lambs, they are happy, nauty and cot.
```

代码说明：

①"{}"、"{n1}"等字段被称为替换字段，{}是匿名替换字段，{n1}有指定名称。

②format( )函数是字符串类型的成员函数，它将参数值替换字符串内的替换对象。

③有名的替换字段用指定名称的有名实参替换，无名的替换字段根据从左至右的顺序用无名实参替换。

从上述代码可以看出，这个 format( )函数实现的功能可以用前述学过的通配符来实现，但是 format( )函数的功能要强大得多，如下列代码所示。

```
import os
dora = {'id':'10003', 'name':'Dora
    Chen','gender':'female', 'age':32, 'title':'Sales'}
sHtml = """
<html>
<head>
  <title>Employee {name}'s information</title>
</head>
<body>
```

```
<h1>Employee {name}'s Information</h1>
<hr>
<table border=1 width="100%">
  <tr>
    <td>ID:</td>
    <td>{id}</td>
    <td>Name:</td>
    <td>{name}</td>
    <td>Age:</td>
    <td>{age}</td>
  </tr>
  <tr>
    <td>Gender:</td>
    <td>{gender}</td>
    <td>Title:</td>
    <td colspan=3>{title}</td>
  </tr>
</table>
</body>
</html>
"""
f = open('dora.htm','w')
f.write(sHtml.format_map(dora))
f.close()
os.system("explorer dora.htm")
```

输出结果如图 7.1 所示。

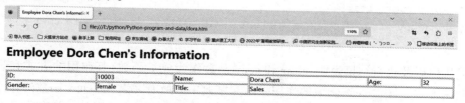

图 7.1 字典数据渲染出的简单网页

代码说明:

①sHtml 是一个字符串,其内容为用""" """包起来的多行文本,"""可以用于包裹多行文本。

②format_map()也是字符串的一个成员函数,其参数应为一个映射类型,例如,dora 是一个字典,是一种映射类型。

③format_map()函数从字典 dora 中逐一查询替换字段,如 name 所指定的键,然后用查得的值替换字段,最终得到一段完整的文本。

④字段 f=open("dora.htm","w")是写文件的方式创建了一个名为"dora.htm"的文件,该文件位于与当前被编辑的.py 文件的相同目录下。

⑤f.write( )函数将 sHtml.format_map(dora)的结果字符串写入文件。

⑥f.close( )关闭这个文件。

⑦os. system（"explorer dora. htm"）运行一个外部程序浏览器，并用浏览器打开文件 dora.htm。

需要注意的是，如果操作系统不是 Windows，该行代码无法成功执行，因为在其他操作系统中，浏览器的可执行文件名称可能不是"explorer"。

7.6　成员函数

和列表一样，为了便捷地使用字典型数据，Python 针对字典型数据开发了很多成员函数。接下来将对其成员函数进行详细介绍。

7.6.1　clear 和 copy 函数

clear 和 copy 函数，顾名思义，其作用是对字典进行清除和复制操作的函数。下列代码给出了相关的例子。

```
dora = {'id':'10003', 'name':'Dora
    Chen','gender':'female', 'age':32, 'title ':'Sales'}
doraCopy = dora.copy( )
dora.clear( )
print("dict dora after clear:", dora)
print("dict doraCopy after dict dora's clear:", doraCopy)
```

执行结果：

```
dict dora after clear: {}
dict doraCopy after dict dora's clear: {'id': '10003', 'name': 'Dora Chen',
    'gender': 'female', 'age': 32, 'title': 'Sales'}
```

上述代码以及执行结果说明，clear 和 copy 函数作为成员函数，其调用的方式和列表成员函数的调用方式一样。clear 函数的作用是清除字典中的所有元素，而 copy 函数的作用是对字典进行复制。这两个函数是两个最简单的字典成员函数。接下来将继续介绍其他函数。

7.6.2　get 函数

get 函数也是字典型数据的常用成员函数之一，它和数据库中的 get 函数类似，表示提取的对应数据。下列代码给出了 get 函数应用的例子。

```
dora = {'id':'10003', 'name':'Dora
    Chen','gender':'female', 'age':32, 'title ':'Sales'}
print("Title:",dora.get("title"))
print("Salary:",dora.get("salary","N/A"))
```

执行结果：

```
Title: Sales
Salary: N/A
```

代码说明：

①get( )函数以参数中的给定键查询字典中的值对象。如果该键在字典中不存在，以第二个参数为默认返回值，如果第二个参数被忽略，则返回 None。

②代码中，如果字典中有"title"键，那么 get("title")返回相应值"Sales"；如果字典中没有"salary"键，那么则返回指定默认值"N/A"。

③字段"dora.get(key)"相较于字段"dora[key]"是有区别的，当 key 存在时，两者都可以获得相关值对象。但如果 key 不存在，那么 get 函数将返回指定的默认值，而 dora[key]则会直接报错停止。

在上述代码中，如果增加一行代码 print(dora["salary"])则会报错，请读者自行尝试并找出报错的原因。

7.6.3　pop 和 popitem 函数

pop 和 popitem 函数是表示删除元素的函数，与 clear 函数将所有的元素清空不同，这两个函数可以删除指定的元素。

```
dora = {'id':'10003', 'name':'Dora Chen','gender':'female', 'age':32, 'title ':'Sales'}
sTitle = dora.pop('title')
print("value of the poppped item:", sTitle)
dora.popitem()
print("dict dora: ", dora)
```

执行结果：

```
value of the poppped item: Sales
dict dora: {'id': '10003', 'name': 'Dora Chen', 'gender': 'female'}
```

代码说明：

①pop( )函数从字母中删除指定键的键值对，并返回值。如 dora.pop('title')导致"title"："Sales"键值对从字典中被删除，同时，"Sales"将作为函数返回值被返回。

②popitem( )函数将从字典中删除一个键值对，由于字典内的元素没有顺序可言，究竟是哪个键值对被删除，是无法确定的。

在实际编程过程中，通常使用 pop 函数来删除字典的元素，popitem 函数使用的比较少，只有在某些特定的场所才会用到。

7.6.4　setdefault 函数

setdefault 函数也是字典的常用成员函数之一，可以用来对字典的键值进行设定或者修改。下列代码对 setdefault 函数的使用情况进行了介绍。

```
dora = {}
dora.setdefault('id','N/A')
dora.setdefault('name','N/A')
```

```
dora.setdefault('gender','male')
dora.setdefault('age',0)
dora['age'] = 26
dora['name'] = 'Dora Chen'
print(dora)
```

执行结果：

{'id': 'N/A', 'name': 'Dora Chen', 'gender': 'male', 'age': 26}

代码说明：

①setdefault()函数为键指定默认值,其中,第一个参数为键,第二个参数为默认值。

②当键的对应值被实际设定后,如上述的 dora['age'] = 26,键的对应值为实际设定值;如果键的对应值没有被实际设定,此时按键查询,则返回 setdefault()设定的默认值。

setdefault 函数顾名思义,有点"默认设置"的意思,输入两个参数,分别用来指定键和值的取值。setdefault 函数在对字典的少数元素进行修改时经常被用到。

7.6.5　update 函数

update 函数也是字典常用成员函数之一,它能对字典进行更新,指用一个字典来更新另一个字典。下列代码给出了 update 函数是如何应用的。

```
dora = {'id':'10003', 'age':32, 'title':'Sales'}
dora2 = {'name':'Dora Chen','gender':'female', 'age':32, 'title':'CEO'}
dora.update(dora2)
print(dora)
```

执行结果：

{'id': '10003', 'age': 32, 'title': 'CEO', 'name': 'Dora Chen', 'gender': ' female'}

从上述代码和执行结果可以看出,字段"dora.update(dora2)"将字典 dora2 合并更新到字典 dora 中。dora2 中包含的 dora 中没有的键值对,将会加入字典 dora 中,如上述"name":"Dora Chen"。两者皆有的键值对的值,将会被更新为 dora2 中的值,如上述的"title":"CEO"。

7.7　字典的遍历

字典型数据也能带入循环中进行遍历,只是遍历时,以键值对为单个元素进行遍历。下列代码展示了字典是如何遍历的。

```
dora = {'id':'10003', 'name':'Dora
    Chen','gender':'female', 'age':32, 'title':'Sales'}
sText = "keys: "
for x in dora:
  sText += (str(x) + " - ")
```

```
print(sText)
print("dora.keys():", dora.keys())
print("type of dora.keys():",type(dora.keys()))
print("dora.values():", dora.values())
print("type of dora.values():",type(dora.values())) print("key-value pairs:")
for k,v in dora.items():
    print(" \t", k, "correspond to", v)
print("type of dora.items():", type(dora.items()))
```

执行结果：

```
keys: id – name – gender – age – title –
dora.keys(): dict_keys(['id', 'name', 'gender', 'age', 'title'])
type of dora.keys(): <class 'dict_keys'>
dora.values(): dict_values(['10003', 'Dora Chen', 'female', 32, 'Sales'])
type of dora.values(): <class 'dict_values'>
key-value pairs:
id correspond to 10003
name correspond to Dora Chen
gender correspond to female
age correspond to 32
title correspond to Sales
type of dora.items(): <class 'dict_items'>
```

代码说明：

①字段"for x in dora"直接遍历字典,事实上遍历的只是字典的键集合。按照"明示比暗示好"的"Python 之禅",尽可能地不要直接遍历字典,而应写成"for x in dora.keys( )"。

②keys( ) 函数返回一个称为 dict_keys 的特殊数据类型对象,该对象看起来像一个列表,它包括字典内的全部键。必要时,该数据类型可以通过 list( ) 函数转换为列表。

③values( ) 函数返一个称为 dict_values( ) 的特殊数据类型对象,该对象看起来像一个列表,它包括字典内的全部值。必要时,该数据类型可以通过 list( ) 函数转换为列表。

④items( ) 函数返回一个称为 dict_items 的特殊数据类型对象,该对象看起来像一个列表,它包括字典的全部键值对,每一个键值对表现为一个元组。必要时,该数据类型可以通过 list( ) 函数转换为列表。

⑤字段"for k,v in dora.items( )"这里就是在遍历 dora.items( ) 的返回集合,只不过,遍历过程中伴随着序列解包,键对应 k,值对应 v。

⑥再次强调,字典内的键值对没有先后顺序,不能以 keys( )、values( )、items( ) 函数返回的集合内元素的相对顺序做任何假设。

习　题

1.已知字典 dic = {'k1':'v1','k2':'v2','k3':'v3'},完成下列操作:遍历字典 dic 中所有的 key;遍历字典 dic 中所有的 value;循环遍历字典 dic 中所有的 key 和 value;添加一个键值对"k4"和"v4",输出添加后的字典 dic;删除字典 dic 中的键值对"k1"和"v1",并输出删除后的字典 dic;删除字典 dic 中"k5"对应的值,若不存在,使其不报错,并返回 None;获取字典 dic 中"k2"对应的值。

2.已知列表 list1 = [11,22,11,33,44,55,66,55,66],统计列表中每个元素出现的次数,生成一个字典,结果为{11:2,22:1....}。

3.已知如下列表 students,在列表中保存了 6 名学生的信息,students = [{'name':'小花','age':19,'score':90,'gender':'女','tel':'15300022839'},{'name':'明明','age':20,'score':40,'gender':'男','tel':'15300022838'},{'name':'华仔','age':18,'score':90,'gender':'女','tel':'15300022839'},{'name':'静静','age':16,'score':90,'gender':'不明','tel':'15300022428'},{'name':'Tom','age':17,'score':59,'gender':'不明','tel':'15300022839'},{'name':'Bob','age':18,'score':90,'gender':'男','tel':'15300022839'}],完成下列问题:统计不及格学生的个数;统计未成年学生的个数;打印手机尾号是 8 的学生名字;打印最高分和对应的学生名字;删除性别不明的所有学生;将列表按学生成绩从高到低排序。

8

函　数

〰〰〰〰〰〰〰〰〰〰〰〰〰〰〰〰〰〰〰〰〰〰〰〰〰〰〰〰〰〰〰〰〰〰〰〰

数学中对函数的定义是定义在某个空间到实数上的映射。映射和函数都是一种抽象，从众多现象中抽象出一般规律。本章主要讨论函数的定义和使用。而函数是结构化编程的核心，同时也是面向对象编程的基础。Python 中的函数包含内置函数和第三方模块函数，对于这些现成的函数，用户可以直接使用。另外有一类函数是用户自己定义的，称为自定义函数。

8.1　自定义函数

前文中已经定义并使用过个函数，下列代码也给出了一个类似的函数。

```
def costCompute(iStart, iEnd):
    iConsume = iEnd - iStart
    return iConsume * 0.8
fElecFee1 = costCompute(2201,2275)
fElecFee2 = costCompute(2222,2387)
print("Electronic Power Cost of Mr Zhang:",fElecFee1)
print("Electronic Power Cost of Mr Lee: ",fElecFee2)
```

上述代码给出了一个简单计算电费的函数，将函数定义和函数调用的方法展现出来。上述代码中，"def"字段是用于定义函数的标识符，其后接的字段"costCompute"是函数名，括号内的"iStart, iEnd"是函数的形式参数，return 语句用于向函数调用者返回执行结果。函数定义的作用在于向解释器介绍这个函数的名称、参数和执行内容，定义本身不会导致函数的实际执行。上述代码中，字段"costCompute(2201, 2275)"这一行称为函数调用，它实际执行了该函数。

8.1.1　函数的可执行性

Python 中函数的定义有固定的格式，将函数定义完成后，函数是否可执行，需要进行判断。Python 中提供了一个用来对函数的可执行进行判断的函数，如下列代码所示。

```
from math import sqrt
```

```
def add(x,y):
    return x+y
tmp = 1
print("sqrt callable:",callable(sqrt))
print("add callable:",callable(add))
print("tmp callable:",callable(tmp))
```

执行结果：

```
sqrt callable: True
add callable: True
tmp callable: False
```

上述代码中的 callable()函数可以用来判断一个函数是否可执行。从上述代码的执行结果来看，无论是从模块导入的函数还是自定义函数都是可执行的。而 tmp 是常量，无法执行。

8.1.2 函数文档

在定义函数时，对函数的定义或者功能进行详细的解释是非常必要的，这样能提升函数的可读性。当然可以在函数代码段中添加注释对函数来说是有帮助的，但函数文档还有更好的书写形式。下列代码给出了 Python 中常见的函数文档的写法和提取方式。

```
def add(x,y):
    "Calculate the sum of two numbers. \nThe Numbers could be integer or float."
    return x+y
print(add.__doc__)
```

执行结果：

```
Calculate the sum of two numbers.
The Numbers could be integer or float.
```

上述代码中从第二行开始的独立字符串称为文档字符串(docstring)，这个字符串最终将作为函数的属性存在，这个属性就是__doc__，属性名中的双下画线表明这是一个特殊属性。如果在解释器控制台中执行 help(sqrt)，就可以调出 sqrt 函数的文档字符串，读者可以自行运行该字段用来查看 sqrt 函数或者其他函数的属性。

8.2　函数参数

Python 中大多数的函数都设置有参数，参数通常可以分为形式参数、默认参数、可变参数和关键字参数等。接下来将对这些参数进行说明。

8.2.1 参数默认值和修改方法

大多数函数在定义时会设置默认参数，默认参数能使得函数的调用更简单，而程序员又能对默认参数进行修改，使用起来非常方便。下列代码通过一个例子，介绍了函数中默认参数的设置方法。

```
def greeting(n, gender='male'):
  n = n.title()
  s = "Mr" if gender=='male' else 'Miss'
  print("Hi,",s,n)
  return
sName = "alan turing"
greeting(sName)
print("sName after function call:",sName)
```

执行结果：

```
Hi, Mr Alan Turing
sName after function call: alan turing
```

代码说明：

①函数定义时的参数 n,gender='male' 称为形式参数,简称形参。

②函数调用时提供的参数,如上述倒数第二行的 sName,称为实际参数,简称实参。

③字段 gender='male' 给参数指定了一个默认值,函数调用时,如果忽略了该参数,函数内部该参数取默认值。这种带默认值的参数通常位于参数列表的尾部,如果是在中间,当多个参数被忽略时,解释器无法将实参与形参一一对应。

④形参到实参的传递等于同变量赋值,n=sName,两个名字经过赋值,将绑定到同一个字符串的对象上。

⑤由于字符串是只读类型,所以在函数内部修改参数 n 时,n=n.title(),名字 n 通过赋值被绑定到了 title() 函数产生的新的字符串对象上。而外部 sName 所绑定的字符串对象没有改变。因此,此处对参数 n 的“修改”不会影响外部的实参。上例执行结果可以证实,sName 的值在函数调用后没有发生改变。

⑥对于只读类型的参数,如果希望函数内部对参数的修改可以改变外部实参,可以玩点小花样,例如,当参数放在列表、字典这样的可修改类型中进行传递时,具体内容,请参见下一节。

⑦这个函数不符合数学中关于函数的定义,因为它没有任何返回值,return 字段后面什么都没写,这个 return 只通知解释器,函数要做的事情已经做完,可以回去了。事实上,这行 return 也可以省略不写。

⑧如果函数需要 return 多个值,一个比较简便的办法是把这多个值放在一个列表或者元组中返回。与那些强类型语言(如 C++、Java)不同,Python 函数可以返回任意类型对象,甚至还可以根据参数或其他条件,有时返回这个类型的对象,有时返回另一个类型的对象。这给程序设计带来了极大的便利,同时也带来了挑战。

8.2.2　非只读类型参数

函数的参数又可分为只读类型参数和可变类型参数,下列代码给出了一个初始化员工信息的函数,函数传入参数,将员工的信息最后存为一个字典型数据,被传入的参数可以进行修改,是可变类型参数。

```
def initPerson(person,id,name,age,gender,title):
  assert type(person)= =dict
  person["id"] = id
  person["name"] = name
  person["gender"] = gender
  person["age"] = age
  person["title"] = title
  person["salary"] = []
dora = {}
initPerson(dora,"10001","Dora Chen",26,'female','Sales')
print("dict dora after function call:\n",dora)
```

执行结果：

```
dict dora after function call:
{'id': '10001', 'name': 'Dora Chen', 'gender': 'female', 'age': 26, 'title': 'Sales',
'salary':[]}
```

代码说明：

①initPerson()函数的第一个参数为字典，请注意，函数的第一行代码专门使用 assert 断言来确认 person 参数为一个字典。

②程序先建立了一个空字典 dora，然后调用 initPerson()函数，借助于函数初始化这个字典。

③这个函数没有返回值，但借助于字典参数，变相实现了函数执行成果的"返回"。请注意，dora 字典在函数执行后，其值发生了变化。

④看起来，函数内部对参数的修改，改变了外部调用函数的实参。当实参 dora 通过函数调用传递给形参 person 时，其实质是变量赋值，dora 和 person 两个名字被绑定到了同一个字典对象。由于字典对象是可修改的，当通过名字 person 修改字典内容时，被修改的对象就是 dora 绑定的字典对象。通过列表、bytearray 等可修改类型，效果类似。

⑤列表、bytearray、字典等都是可修改类型，当把这些类型的变量作为实参传递给函数时，要留意函数内部有没有修改形参。如果有修改，则实参也会被修改！如果不确定函数有没有修改参数，或者不希望实参在函数调用时被改变，可以先创造一个对象副本，然后把对象副本作为实参传递给函数。方法包括列表、字典的 copy 函数、列表、bytearray 的切片、copy 模块的 deepcopy 深拷贝等。

⑥不要滥用列表等可修改对象的拷贝功能，因为每一次 copy 都会导致运行代价，因为这些可修改类型的对象通常比较大。而 Python 默认的名字绑定方法，形式上传递一个整数跟传递一个几兆字节的列表，速度是一样的。

⑦这里的 initPerson()函数是为了说明问题，实际的字典初始化，使用 dict()函数及其关键字参数更为简便。

8.2.3 关键字参数

关键字参数是函数参数的另一种形式，在编程过程中采用关键字的形式给出参数，能提高程序的可读性,如下列代码所示。

```
def greeting(name, gender):
  name = name.title()
  s = "Mr" if gender=='male' else 'Miss'
  print("Hi,",s,name)
greeting('turing','male')
```

执行结果:

```
Hi, Mr Turing
```

在上述程序中,实参按顺序传递给对应的形参,name 对应"turing",gender 对应"male",这种参数也称为位置参数。有时,当参数值本身不具备自描述特性的时候,会让程序阅读者对参数的意义产生疑惑。此时,在函数调用时将形参名写出来是个不错的主意,如下列代码所示。

```
greeting(gender='male', name='turing')
```

这个字段的输出结果和之前程序的输出结果一样。此时,实参的顺序已不重要,因为实参和形参的对应靠关键字进行区分。这种参数称为关键字参数。这样做也有益于程序的易读性,因为这些关键字能很好地解释参数的内容。但现在的集成开发环境通常带有自动参照和补全的功能,增强的工作量并不大。实际上,位置参数和关键字参数还可以混合着用,但一定要把位置参数放在前面,关键字参数放在后面,以避免解释器弄不清实参与形参的对应关系。

8.2.4 任意数量的参数

当函数的参数比较多时,逐一输入参数无疑是非常麻烦的。Python 中设计了简化这个事情的方法。在前文中,已经多次用过 print() 函数,事实上,print() 函数的参数可以接受任意数量的参数。下列代码在 print() 函数的基础上进行了修改,给出了一种输入任意数量参数的简便方法。

```
def myprint(title, *contents):
  print(title,":")
  for x in contents:
    print("\t",x)
myprint("Read-only data types", "int", "float", "str", "tuple", "bytes", "...")
```

执行结果:

```
Read-only data types:
int
float
str
tuple
bytes
...
```

代码说明:

①字段"＊contents"可以吸收任意数量的参数,这些参数被组织成一个元组(tuple),然后传递给 contents。

②带＊号的形参还可以放在参数列表的中间,如 myprint(title、＊contents、comment),此时,将第一个实参传递给 title,最后一个实参传递给 comment,中间的实参全部打包成一个元组传递给 contents。事实上,在介绍序列解包时,我们使用过类似的＊号变量。

上述代码中,带一个＊号的形参是不能吸收关键字参数,如果想吸收关键字参数,可以使用带两个＊号的形式参数,示例如下。

```
def myprint(title, **contents):
  print(title,":")
  for k,v in contents.items():
    print("\t", k+":\t", v)
  print(type(contents))
myprint("Dora's Information", name="Dora Chen", age=26, salary=3200)
```

执行结果:

```
Dora's Information:
name: Dora Chen
age:26
salary: 3200
<class 'dict'>
```

代码说明:

①"＊＊"跟随的形参只能吸收关键字参数,不能吸收其他形式的参数。

②contents 在函数内表现为一个字典,其中,关键字为键,实参为值。上述输出的最后一行 <class'dict'>证实了 contents 的数据类型。

在函数的定义中,"＊＊"跟随的形参只能吸收关键字参数,"＊"跟随的形参能吸收其他形式的参数,两者配合使用,能满足绝大部分的要求。

8.2.5 参数的分配

在函数形参的定义中,打上一个或两个星号,可以用于吸收参数。同样地,也可以在函数调用时给实参打上星号,用以分配参数。下列给出了实参带"＊"号的例子。

```
def myprint(title,name,gender,age,salary):
  print(title,":")
  print("\tname:\t",name)
  print("\tage:\t",age)
  print("\tsalary:\t",salary)
  dora = ("Dora's Info",'Dora Chen','female',26,3200)
myprint(*dora)
dora2 = dict(name="Dora Chen", age=26, gender='female',salary=3200)
myprint("Dora's Info", **dora2)
```

执行结果:

```
Dora's Info：
  name: Dora Chen
  age：26
  salary: 3200
Dora's Info：
  name: Dora Chen
  age：26
  salary: 3200
```

代码说明：

①在调用函数时，实参前面添加了一个星号"＊"，表明该实参事实上是一个元组，元组内的元组将逐一分配给位置形参。如果是列表，打一个星号行吗？建议读者自行尝试。

②在调用函数时，实参前面添加了两个星号"＊＊"，表明该实参事实上是一个字典，字典内的键值对将按名分配给形参，形参名即为字典内的键。

8.3　作用域

读者可能很早有疑惑，i、x、n 这些常用变量名到处都是，比如在函数外部使用了 n，函数内部也使用了 n，此"n"跟彼"n"有没有关系？他们会"打架"吗？本节将解答此问题。

8.3.1　看不见的字典

在 Python 中，有一个"看不见的字典"，通过下列代码，能将这个字典打印出来。

```
x = 1
s = "Hahaha"
scope = vars()
print(scope)
scope["x"] = 2
print("x:",x)
```

执行结果：

```
{'__name__': '__main__', '__doc__': 'Automatically created module for IPython inter-
active environment', '__package__': None, '__loader__': None, '__spec__': None,
'__builtin__': <module 'builtins' (built-in)>, '__builtins__': <module 'builtins'
(built-in)>, '_ih': ['', 'eval("print( \'This string was print in eval function.\')")\
r\nr = eval( "3 + 2 - 5") \r \nprint ( r)','jack = [ \'10000 \', \'Jack Ma \', \'male \',
47 ...................
```

代码说明：

①vars() 函数是一个 Python 内置函数，它返回了那个"看不见的字典"。vars() 函数的名称应该来源于英文 Variables，表示变量。

②在这个看不见的字典里，我们看到了一些奇怪的键值对。然后，还有刚刚定义并赋值的

变量 x 和 s,甚至还有 scope。而 scope 本身就绑定在那个"看不见的字典"对象上,这是字典内的值对字典自身的引用。如果一直打印下去,就成了无穷尽的递归,我们高兴地看到,Python 解释器能很好地处理这个问题,用…简略代表了 scope。

③通过字段 scope["x"]=2,我们在这行里直接修改了这个看不见的字典,然后再打印 x 变量,可以发现对字典的修改同时也改变了变量值。

这个看不见的字典称为名字空间(namespace)或者作用域(scope)。Python 程序中,首先有一个全局作用域,然后每次函数调用都将单独创建一个临时作用域。正是因为有指定的不同的作用域,函数外面的变量名即使与函数里面的变量名相同,也不会相互影响。

8.3.2 函数的作用域

先看下列代码,代码中给出了在函数外部和函数内部名字相同的变量,但是这两个变量事实上并不会指向同一个值,这就是作用域的功能实现的。

```python
def func():
    x = 77
    print("x inside func:", x)
    print("y inside func:", y)
x = 1
y = 2
func()
print("x outside func:", x)
print("y outside func:", y)
```

执行结果:

```
x inside func: 77
y inside func: 2
x outside func: 1
y outside func: 2
```

代码说明:

①字段"x=1"在全局作用域中添加了一个名为 x 的变量并赋值;字段"y=2"在全局作用域中添加了一个名为 y 的变量并赋值,这两个变量都称为全局变量。

②函数内部的字段"x=77"在函数的局部作用域中添加了一个变量并赋值,这个变量称为局部变量。输出结果证明,局部变量的 x 被赋值完全不影响全局的 x 值,两者是相互独立的。

③在函数内部,访问某个名字时,会先在局部作用域中查找,如果有,使用局部作用域中的;如果没有,则尝试在全局作用域中找。如本例中的字段 print("y inside func:",y),如果找不到 y,就报错。

④如果在函数内部添加一行 y=88 会怎样? 它会导致全局变量 y 的改变吗? 出乎你的意料,这只会在函数内部局部作用域中增加一个新的名为 y 的变量并赋值,正如同 x=77 一样。

⑤特别需要注意的是,函数的形参也属于局部作用域。

⑥虽然在函数内部可以访问全局变量,但是最好不要这么做,函数执行任务所需的全部信息都应通过参数"明示"地传递进来,因为明示比暗示好! 在函数内访问全局变量是众多 bug

的来源。

如果某个变量是可修改的数据类型,如列表,那么可以在函数内部实现全局变量的修改吗? 如果某个全局变量是只读类型,如整数,这就需要在函数内部修改这个全局变量,该怎么办? 要回答上述问题,可以参考下列代码。

```
def func():
  global x
  y[1] = 99
  x = 77
  print("x inside func:", x)
  print("y inside func:", y)
x = 1
y = [3,2,1]
func()
print("x outside func:", x)
print("y outside func:", y)
```

执行结果:

```
x inside func: 77
y inside func: [3, 99, 1]
x outside func: 77
y outside func: [3, 99, 1]
```

代码说明:

①全局变量 y 是一个列表,在函数内部对 y 的修改就是对全局变量的修改。为什么函数内部对全局只读类型变量的赋值不会改变全局变量? 例如,前一个例子中的 x＝77,那是因为在函数内部对变量的赋值操作,默认为局部变量。

②本例中,字段"global x"告诉解释器,在函数内部如果再提到名字 x,是指全局的 x。接下来,字段"x＝77"的赋值并没有在局部作用域中新增变量,而是把全局的名字 x 同一个值为77 的整数对象相绑定。这样,就实现了函数内部对全局变量的修改。

③高能警告:除非有特定用途和详细注释说明,不要在函数内修改全局变量! 这是无数前辈总结出来的经验。

8.3.3　globals( )函数

如果函数的参数或者局部变量与全局变量同名,你又想同时访问这两个变量,那么该怎么办? 要知道,在函数内部,直接访问名字,默认的都是局部变量。在这种情况下,就可以使用globals( )函数,具体方法见下列代码。

```
def func():
  x = 77
  print("local x:",x)
  print("global x:",globals()["x"])
x = 1
```

```
func( )
```

执行结果：

```
local x: 77
global x: 1
```

代码说明：

①globals( )函数返回一个包含全部全局变量的字典，这样一来，局部变量和全局变量都被输出出来。

②globals( )["x"]以"x"为键访问其值，即全部变量 x。

③实际上，很少有人会使用这个方法。当局部变量的名字与全局变量的名字冲突且两个都需要使用时，正确方法是把局部变量换个名字，而不是使用 globals( )函数和全局作用域字典这样比较隐蔽的方式。因为"Python 之禅"告诉我们：Simple is better than complex。

8.4 递 归

中学数学里我们学过阶乘函数，如下所示。

$n! = n*(n-1)*(n-2)*...*2*1 = n*((n-1)*(n-2)*...*2*1) = n*(n-1)!$

如果我们定义了一个函数 factorial(n)可以求出 n 的阶乘，那么理论上，factorial(n)也可以求出 n-1 的阶乘。数学上，通过函数自身来定义的函数称为递归函数。到程序设计领域，函数自己调用自己称为递归，递归是编程中的一种技巧性比较高的手段。

下列代码用递归的方法定义了阶乘函数，并用 print 函数展示出了计算过程。通过这个代码就能体会递归是如何实现的，理解透彻后你会发现，递归函数有点像等差数列，定义清楚首项和公差，整个数列也就定义清楚了。

```python
def factorial(n):
  print("factorial(% d) is called."% (n))
  if n==1:
    return 1
  r = n*factorial(n-1)
  return r
print("6! =",factorial(6))
```

执行结果：

```
factorial(6) is called.
factorial(5) is called.
factorial(4) is called.
factorial(3) is called.
factorial(2) is called.
factorial(1) is called.
6! = 720
```

代码说明：

①factorial( )函数内部调用了 factorial( )函数自身,这是递归函数所特有的。

②如果 n=1,此时,问题足够简单,我们知道其结果,直接返回结果 1。事实上,进一步求解 factorial(n−1)即 factorial(0)没有实际价值,甚至更进一步,还可能违反阶乘原始的数学定义。此处,称 n==1 为递归的边界条件,这个边界条件保证了对合法的 n 值,这个递归函数一定会运行结束,因为其有合理的边界。

③factorial(6)的执行过程可以这样理解:为了求 6 的阶乘,函数调用自身求 5 的阶乘,为了求 5 的阶乘,函数调用自身求 4 的阶乘,……,函数调用自身求 1 的阶乘,1 的阶乘满足边界条件,返回结果 1。得到了 1 的阶乘,factorial(2)通过 r=2 * 1=2 得到了 2 的阶乘并返回。得到了 2 的阶乘,factorial(3)通过 r=3 * 2=6 得到了 3 的阶乘并返回,……然后得到了 5 的阶乘为 120,factorial(6)通过 r=6 * 5! =6 * 120=720 得到 6 的阶乘,并返回给外部调用者。

④可以想象,在 factorial(1)函数被执行时,整个解释器内实际上有 6 个 factorial( )函数正在执行,分别是 factorial(6)－>factorial(5)－>factorial(4)－>factorial(3)－>factorial(2)－>factorial(1)。factorial(1)执行完毕,返回值到 factorial(2),factorial(2)得到 factorial(1)的返回值,计算后返回 factorial(3),……,最终 factorial(6)在得到 factorial(5)的返回值后,再行计算返回给外部调用者。

特别需要注意的是,不要在大型问题中使用递归。每次函数调用都将产生作用域,也就是一个字典;当函数返回后,该临时作用域会被解释器销毁。但不难看出,当上述 factorial(1)函数在执行时,事实上有 6 个 factorial( )函数处于执行中,这 6 个函数的作用域字典都会占用内存。更为糟糕的是,这些作用域是嵌套的,factorial(n-1)的作用域字典是 factorial(n)的作用域字典的子字典。当 n 比较小时,计算机内存尚可应付,如果 n 很大,比如 10000000000000,估计还没有运行到 factorial(1),数量众多的作用域字典就会撑破内存,程序出错。除了内存空间的占用,每次函数调用也会产生额外的运行代码。控制执行的跳转、参数传递、作用域字典的准备和回收。海量次数的函数调用将产生海量的额外运算代价。所以,在实践中递归只能解决规模很小的问题(本例中,即 n 不能太大)。大多数有实际价值的算法和程序,都是非递归的。即便刚开始设计成递归,最终也要想办法将其转换成非递归。

现实世界中的很多问题,天生就是递归的。例如,100 个数排序,先把 100 个数分成两堆,各 50 个。两堆数分别排序,然后再顺序合并成 100 个有序的数。50 个数排序同 100 个数排序,都是排序,性质相同,其区别仅在于问题的规模不同(100 比 50)。因为这种天然的递归属性,所以我们用递归函数来描述算法,用递归程序来实现递归算法非常简单和易于理解。还有很多问题,简单的如折半或者二分查找,复杂的如 01 背包,都适合用递归来描述。但要牢记的是,描述算法和理解算法时可以用递归,但如果想得到实用的程序,则要先消去递归。消去递归的方法超出了本书的范围,这里不作赘述。

8.5　存函数于模块

大多数实用的应用程序都有数千到数万甚至是更多的代码,不可能把全部代码都放到同一个 py 文件中,而模块是组织代码的常见方式。例如,8.3 节中的 factorial 函数的代码,可以把它存在文件 fac.py 中。此时,如果有另一个 py 文件,如 main.py,需要使用 factorial 函数,我们可以这样写代码(假设两个文件处于同一目录下)。

```
import fac
f6 = fac.factorial(6)
```

或者可以这样写代码:

```
from fac import factorial
f6 = factorial(6)
```

如果 fac.py 位于 main.py 所属目录的某个下级子目录,如 Compute 子目录,那么上述代码需要做点小调整。

```
from Compute import fac
f6 = fac.factorial(6)
```

通过这种方法,就能把各种不同的函数组织成一个庞大的函数体系,只要知道函数之间的层级关系,就能轻松调用。Python 中的 Numpy 模块、pandas 模块等几乎所有的模块都是这样集成的。

习　题

1.写函数,传入 n 个数,返回字典{'max':最大值,'min':最小值}。

2.分别写函数,计算三角形、圆形、长方形和平行四边形的面积。

3.有列表 li = ['alex','egon','smith','pizza','alen'],请将以字母"a"开头的元素的首字母改为大写字母。

4.有名为 poetry.txt 的文件,其内容如下:

昔人已乘黄鹤去,此地空余黄鹤楼。

黄鹤一去不复返,白云千载空悠悠。

晴川历历汉阳树,芳草萋萋鹦鹉洲。

日暮乡关何处是? 烟波江上使人愁。

请编写函数,读入诗词,并删除第三行。

5.写一个摇骰子的游戏,要求用户压大小,赔率一赔一。要求:3 个骰子,每个骰子的值从 1~6,摇大小,每次打印摇出来的 3 个骰子的值。注:中间数是 3,3 个 3 就是 9,比 9 大或等于 9 就是大,比 9 小就是小。

9

数值计算基础——NumPy

NumPy 是用于数据科学计算的基础模块，不仅能完成科学计算的一般任务，还能作为高效的多维数据容器，可以用于存储和处理大型矩阵。NumPy 的数据容器能够保存任意类型的数据，这使得 NumPy 可以无缝快速地整合各种数据。NumPy 本身并没有提供很多高级的数据分析功能。理解 NumPy 数组和数组计算有助于更加高效地使用诸如 pandas 等数据处理工具。本章将依次介绍多种 NumPy 中多维数组的创建、NumPy 中随机数的生成方法、NumPy 中数组的索引与变换、NumPy 中数组和矩阵的运算，以及通用函数的基本使用方法和 NumPy 中读写文件的方法和常用的统计分析函数。

9.1 NumPy 中的数组对象 ndarray

NumPy 中提供了一个 array 模块。array 和 list 不同，NumPy 直接保存数值，和 C 语言的一维数组比较类似。但是由于 Python 中的 array 模块不支持多维情形，也没有各种运算函数，因此也不合适做数值运算。NumPy 的诞生弥补了这些不足。NumPy 中提供了一种存储单一数据类型的多维数组—ndarray。

9.1.1 数组对象的创建

NumPy 中提供了两种基本对象：ndarray（N-dimensional Array Object） 和 ufunc（Universal Function Object）。ndarray（以下简称"数组"）是存储单一数据类型的多维数组，而 ufunc 则是能够对数组进行处理的函数。

1）数组属性

在创建数组前，有必要对数组的基本属性进行详细的了解。数组的属性及说明见表 9.1。

表 9.1　数组的属性及说明

属性	说明
ndim	返回 int，表示数组的维数
shape	返回 tuple，表示数组的尺寸，对 n 行 m 列的矩阵，形状为（n,m）

续表

属性	说明
size	返回 int,表示数组的元素总数,等于数组形状的乘积
dtype	返回 data-type,描述数组中元素的类型
itemsize	返回 int,表示数组的每个元素的大小(以字节为单位)

2) 数组创建

NumPy 提供的 array 函数可以创建一维或多维数组,基本使用语法如下:

```
import numpy as np
np.array
```

执行结果:

```
array(object, dtype=None, copy=True, order='K', subok=False, ndmin=0)
```

第一句程序表示导入 NumPy 库,并简记为 np,通常来说,我们都会采用这样的简记方法。第二句程序是查询函数 np.array,Python 会给出函数的调用格式、详细解释和举例。np.array 函数的主要参数及说明,见表 9.2。

表 9.2　np.array 函数的主要参数及说明

参数	说明
object	接收 array,表示想要创建的数组,无默认
dtype	接收 data-type,表示数组所需的数据类型
ndmin	接收 int,指定生成数组应具有的最小维数

如下列代码所示,展示了创建一维数组与多维数组并查看数组属性的过程。

```
arr1 = np.array([1, 1, 1, 1]) # 创建一维数组
print("创建的数组为:",arr1)
arr2 = np.array([[1,1,1,1],[2,2,2,2],[3,3,3,3],[4,4,4,4],[5,5,5,5]]) # 创建二维
数组
print("创建的数组为:\n",arr2)
print("数组的维数为:",arr2.shape) # 查看数组结构
print("数组的类型为:",arr2.dtype) # 查看数组元素个数
print("数组的元素个数为:",arr2.size) # 查看数组类型
print("数组每个元素的大小为:",arr2.itemsize) # 查看数组结构
```

执行结果:

```
创建的数组为:
[[1 1 1 1]
[2 2 2 2]
[3 3 3 3]
[4 4 4 4]
```

```
[5 5 5 5]]
数组的维数为：(5,4)
数组的类型为：int32
数组的元素个数为：20
数组每个元素的大小为：4
```

数组 arr1 只有一行元素，它是一维数组。而数组 arr2 有 5 行 4 列元素，因此它是一个二维数组，其中，第 0 轴的长度为 5（即行数），第 1 轴的长度为 4（即列数）。Python 中的多维数组是以一维数组为元素扩展而来的，而且行比列更优先，这种设置刚好和 MATLAB 相反。还可以通过修改数组的 shape 属性，在保持数组元素个数不变的情况下改变数组的每个轴的长度。下列代码将数组 arr2 的 shape 改为(4,5)。需要注意的是，从(5,4)到(4,5)并不是对数组进行转置，而只是改变每个轴的大小，数组元素的顺序并没有改变。

```
arr2.shape = 4,5 # 重新设置 shape
print("重新设置 shape 后的 arr2:\n",arr2)
```

执行结果：

```
重新设置 shape 后的 arr2:
[[1 1 1 1 2]
 [2 2 2 3 3]
 [3 3 4 4 4]
 [4 5 5 5 5]]
```

比较上述两段代码可以发现，重新设置 shape 后，只是改变了数组的维数，数据序列并没有发生改变。

上述例子都是先创建一个 Python 序列，然后通过 array 函数将其转换为数组，这样做的效率显然不高。因此，NumPy 提供了很多专门用来创建数组的函数，例如，arange、linspace 和 logspace。arange 函数类似于 Python 自带的函数 range，通过制定初始值、终值和步长来创建一维数组，创建的数组不含终值。linspace 函数通过指定开始值、终值和元素的个数来创建一维数组，默认设置包含终值，这个和 arange 函数是不同的。logspace 函数和 linspace 函数类似，但是它创建的是等比数列。

```
print("使用 arange 函数创建的数组为:", np.arange(0,5,1))
print("使用 linspace 函数创建的数组为:", np.linspace(0,5,5))
print("使用 logspace 函数创建的数组为:", np.logspace(0,1,4))
```

执行结果：

```
使用 arange 函数创建的数组为:[0 1 2 3 4]
使用 linspace 函数创建的数组为:[0. 1.25 2.5 3.75 5.]
使用 logspace 函数创建的数组为:[ 1.    2.15443469 4.64158883 10.   ]
```

需要注意的是，np.logspace(0,5,5)生成的是从 10^0 到 10^5 的 5 个元素的等比数列，因此在生成一般的等比数列时，还要用到 np.log() 函数。

NumPy 还提供了其他函数来创建特殊的数组，如 zero、eye、diag 和 ones 等。

```
print("使用 zero 函数创建的数组为:\n", np.zeros([2,4]))
print("使用 eye 函数创建的数组为:\n", np.eye(4))
print("使用 diag 函数创建的数组为:\n", np.diag([1,1,1,1]))
print("使用 ones 函数创建的数组为:\n", np.ones((5,3)))
```

执行结果:

```
使用 zero 函数创建的数组为:
[[0.0.0.0.]
 [0.0.0.0.]]
使用 eye 函数创建的数组为:
[[1.0.0.0.]
 [0.1.0.0.]
 [0.0.1.0.]
 [0.0.0.1.]]
使用 diag 函数创建的数组为:
[[1 0 0 0]
 [0 1 0 0]
 [0 0 1 0]
 [0 0 0 1]]
使用 ones 函数创建的数组为:
[[1.1.1.]
 [1.1.1.]
 [1.1.1.]
 [1.1.1.]
 [1.1.1.]]
```

代码说明:

①np.zeros( )函数接收的参数是单个数值或者数组,表示生成数组的维数。

②np.eye( )函数生成的是单位矩阵(方阵),接受的参数是矩阵的阶数,不能是数组。

③np.diag( )函数接受的参数既可以是一维数组,也可以是矩阵,而这两种情况的计算是相反的。

④np.ones( )函数和 np.zeros( )函数很相似,接受的参数是单个数值或者数组,表示生成数组的维数。

3) 数组数据类型

在实际的数据处理中,为了精确计算出结果,需要使用不同精度的数据类型。NumPy 极大地扩充了 Python 原生的数据类型,其中大部分数据类型是以数字结尾的,这个数字表示其在内存中占有的位数。同时需要强调的是,在 NumPy 中,所有数组的数据类型是同质的,也就是说,数组中的所有元素类型必须一致。这样做的好处是,更容易确定该数组所需要的存储空间。

Python 中数组的数据类型有整数型、浮点型、布尔型等,每一种数据类型都有对应的转换函数(转换函数和数据类型同名),见下列代码。

```
print("转换结果为:", np.float64(88))
```

```
print("转换结果为:", np.int8(88.0))
print("转换结果为:", np.bool(88))
print("转换结果为:", np.float(False))
print("转换结果为:", np.float(True))
```

执行结果:

```
转换结果为: 88.0
转换结果为: 88
转换结果为: True
转换结果为: 0.0
转换结果为: 1.0
```

表 9.3 还给出了 NumPy 的基本数据类型及其取值范围。

表 9.3 NumPy 的基本数据类型及其取值范围

类型	描述
bool	用于存储布尔类型(True 或 False)
inti	由所在的平台决定精度的整数
int8	整数,范围为 $-128 \sim 127$
int16	整数,范围为 $-32768 \sim 32767$
int32	整数,范围为 $-2^{31} \sim 2^{32}-1$
int64	整数,范围为 $-2^{63} \sim 2^{64}-1$
uint8	无符号整数,范围为 $0 \sim 255$
uint16	无符号整数,范围为 $0 \sim 65535$
uint32	无符号整数,范围为 $0 \sim 2^{32}-1$
uint64	无符号整数,范围为 $0 \sim 2^{64}-1$
float16	半精度浮点数,1 位表示正负,5 位表示指数,10 位表示尾数
float32	半精度浮点数,1 位表示正负,8 位表示指数,23 位表示尾数
float64 或 float	半精度浮点数,1 位表示正负,11 位表示指数,52 位表示尾数
complex64	复数,分别用两个 32 位浮点数表示实部和虚部
complex128 或 complex	复数,分别用两个 64 位浮点数表示实部和虚部

9.1.2 随机数的生成

手动创建数组通常达不到要求,NumPy 提供了强大的生成随机数的功能。然而,真正的随机数很难获得,实际中使用的往往是伪随机数。大部分情况下,伪随机数就能满足需求。当然,除某些特殊情况外,如果进行高精度的模拟实验。对 NumPy,与随机数相关的函数都在 random 模块中,其中包括了可以生成服从多种概率分布随机数的函数。以下是一些常见的随机数生成方法。

```
print("生成的随机数为:\n", np.random.random([2,5]))
print("生成的随机数为:\n", np.random.rand(2,5))
print("生成的随机数为:\n", np.random.randn(2,5))
print("生成的随机数为:\n", np.random.randint(2,10,size=[2,5]))
```

执行结果:

```
生成的随机数为:
[[0.94285359 0.60965443 0.34522829 0.15080488 0.59814179]
 [0.62591574 0.39080797 0.62809805 0.10655833 0.80259599]]
生成的随机数为:
[[0.82287968 0.43340272 0.64557985 0.2532762 0.22655751]
 [0.42890731 0.55001733 0.949623 0.97004489 0.41759214]]
生成的随机数为:
[[-0.40031001 1.43386546 -1.46954261 -0.7192069 0.30104289]
 [-0.52986194 0.33842482 -0.16811876 1.00543976 0.85985106]]
生成的随机数为:
[[8 5 4 4 6]
 [8 5 9 8 7]]
```

random 函数是最常见的生成随机数的方法,np.random.random([2,5])生成了 10 个服从 0~1 均匀分布的随机数。接受的参数可以是数,也可以是数组。此外,np.random.rand(2,5)也生成了 10 个服从 0~1 均匀分布的随机数,两者的差别仅在于参数的引用格式。

np.random.randn(2,5)则生成了 10 个标准正态分布的随机数,一般正态分布的随机数,需要用其他函数。np.random.randint(2,10,size=[2,5])则表示从 2 到 10 之间随机的选取 10 个随机整数做成一个二维数组,数组的维数为(2,5)。但是需要注意的是,上一个例子中,随机选择整数不包括 10。random 模块常用于生成随机数的函数,见表 9.4。

表 9.4   random 模块常用于生成随机数的函数

函数	说明
seed	确定随机数生成器的种子
permutation	返回一个序列的随机排列或者返回随机排列的范围
Shuffle	对一个序列进行随机排序
binomial	产生二项分布的随机数
normal	产生正态分布的随机数
beta	产生 beta 分布的随机数
chisquare	产生卡方分布的随机数
gamma	产生 gamma 分布的随机数
uniform	产生[0,1]均匀分布的随机数

9.1.3　数组访问

NumPy 以提供高效率的数组著称,这主要归功于索引的易用性。下面主要介绍一维数组和多维数组的索引方式。

1）一维数组的索引

一维数组的索引方式很简单,与Python中list的索引方法一致,需要特别注意的是,索引从0开始。

```
arr = np.arange(9)
print("索引的结果为:", arr[4])
print("索引的结果为:", arr[2:7])
print("索引的结果为:", arr[:6])
print("索引的结果为:", arr[-1])
arr[2:4] = 20 , 30
print("索引的结果为:", arr)
print("索引的结果为:", arr[5:-1:1])
print("索引的结果为:", arr[8:1:-2])
print("索引的结果为:", arr[::-1])
```

执行结果:

```
索引的结果为:4
索引的结果为:[2 3 4 5 6]
索引的结果为:[0 1 2 3 4 5]
索引的结果为:8
索引的结果为:[ 0 1 20 30 4 5 6 7 8]
索引的结果为:[5 6 7]
索引的结果为:[8 6 4 20]
索引的结果为:[ 8 7 6 5 4 30 20 1 0]
```

arr[a:b:c]表示从索引a开始到索引b结束,以c为步长的方式提取元素的值,而arr[::-1]则表示按照逆序将数组的值逐一取出来。

2）多维数组的索引

多维数组的每一个维度都有索引,各个维度之间的索引用逗号隔开,下列代码中给出了一些二维数组索引的使用例子。

```
arr = np.array([[1,2,4,6,8],[1,3,5,7,9],[2,4,6,8,10]])
print("创建的二维数组为: \n", arr)
print("索引的结果为:", arr[0,2:4]) # 索引第0行中第2列和第3列元素
print("索引的结果为:\n", arr[1:,4:]) # 索引2,3行中第5列元素
print("索引的结果为:", arr[:,2]) # 索引第2列元素
print("索引的结果为:", arr[[(0,1,2),(1,2,3)]]) # 索引 arr[0,1],arr[1,2],arr[2,3]
print("索引的结果为:\n", arr[1:,(0,2,3)])
mask = np.array([1,0,1],dtype=np.bool)
print("索引的结果为:", arr[mask,2])
```

执行结果:

创建的二维数组为:

```
[[ 1 2 4 6 8]
 [ 1 3 5 7 9]
 [ 2 4 6 8 10]]
索引的结果为:[4 6]
索引的结果为:
[[9]
 [10]]
索引的结果为:[4 5 6]
索引的结果为:[2 5 8]
索引的结果为:
[[1 5 7]
 [2 6 8]]
索引的结果为:[4 6]
```

3)改变数组的形态

在对数组进行操作时,经常要改变数组的维度。在 NumPy 中,常用 reshape 函数改变数组的"形状",也就是改变数组的维度。reshape 函数的参数是一个正整数的元组,分别指定数组在每个维度上的大小。reshape 函数在改变原始数据的形状的同时不改变原始数据的值。如果指定的维度和数组元素的个数不吻合,就会报出异常。基本用法见下列代码。

```
arr = np.arange(20)
print("创建的一维数组为:", arr)
print("新的一维数组为:\n", arr.reshape(4,5))
print("新的数组维度为:", arr.reshape(4,5).ndim)
```

执行结果:

```
创建的一维数组为:[ 0 1 2 3 4 5 6 7 8 9 10 11 12 13 14 15 16 17 18 19]
新的一维数组为:
[[ 0 1 2 3 4]
 [ 5 6 7 8 9]
 [10 11 12 13 14]
 [15 16 17 18 19]]
新的数组维度为:2
```

在 NumPy 中,改变数组形状的还有 ravel 和 flatten 函数,这两个函数都可以将数组展平。其区别在于,ravel 函数只能对数组进行横向展平,但是 flatten 函数则可以横向或者纵向展平。这两个函数的基本用法见下列代码。

```
arr = np.arange(15).reshape(3,5)
print("创建的二维数组为:\n", arr)
print("展平后的二维数组为:\n", arr.ravel())
print("展平后的二维数组为:\n", arr.flatten())   # 默认横向展平
print("展平后的二维数组为:\n", arr.flatten('F'))   # 默认横向展平
```

执行结果:

创建的二维数组为：

[[0 1 2 3 4]

[5 6 7 8 9]

[10 11 12 13 14]]

展平后的二维数组为：

[0 1 2 3 4 5 6 7 8 9 10 11 12 13 14]

展平后的二维数组为：

[0 1 2 3 4 5 6 7 8 9 10 11 12 13 14]

展平后的二维数组为：

[0 5 10 1 6 11 2 7 12 3 8 13 4 9 14]

注意，尽管三维或者三维以上数组的展平比较复杂，但是这两个函数仍然能对数组进行展平，通过下列代码可以找到展平多维数组的规律，当然，查看函数使用说明会了解得更清楚。

```
arr = np.arange(27).reshape(3,3,3)
print("创建的三维数组为:\n", arr)
print("展平后的三维数组为:\n", arr.ravel())
print("展平后的三维数组为:\n", arr.flatten()) # 默认横向展平
print("展平后的三维数组为:\n", arr.flatten('F')) # 默认横向展平
```

执行结果：

创建的三维数组为：

[[[0 1 2]

[3 4 5]

[6 7 8]]

[[9 10 11]

[12 13 14]

[15 16 17]]

[[18 19 20]

[21 22 23]

[24 25 26]]]

展平后的三维数组为：

[0 1 2 3 4 5 6 7 8 9 10 11 12 13 14 15 16 17 18 19 20 21 22 23 24 25 26]

展平后的三维数组为：

[0 1 2 3 4 5 6 7 8 9 10 11 12 13 14 15 16 17 18 19 20 21 22 23 24 25 26]

展平后的三维数组为：

[0 9 18 3 12 21 6 15 24 1 10 19 4 13 22 7 16 25 2 11 20 5 14 23 8 17 26]

NumPy 除了可以改变数组的形状外，也可以对数组进行组合。数组的组合类似于线性代数中矩阵的分块或者聚合。数组的组合主要有横向组合和纵向组合。NumPy 中用于数组组合的函数有 hstack 函数、vstack 函数和 concatenate 函数。

hstack 函数用于横向组合数组(有很多函数以 h 开头，都是表示横向的)，是将 ndarray 对

象构成的元组作为参数,传递给 hastack 函数,从而实现数组合并的目的,如下列代码所示。

```
arr1 = np.arange(20).reshape(4,5)
print("创建的二维数组 1 为:\n", arr1)
arr2 = arr1 * 3
print("创建的二维数组 2 为:\n", arr2)
print("横向合并后为:\n", np.hstack((arr1,arr2)))
```

执行结果:

创建的二维数组 1 为:

[[0 1 2 3 4]

[5 6 7 8 9]

[10 11 12 13 14]

[15 16 17 18 19]]

创建的二维数组 2 为:

[[0 3 6 9 12]

[15 18 21 24 27]

[30 33 36 39 42]

[45 48 51 54 57]]

横向合并后为:

[[0 1 2 3 4 0 3 6 9 12]

[5 6 7 8 9 15 18 21 24 27]

[10 11 12 13 14 30 33 36 39 42]

[15 16 17 18 19 45 48 51 54 57]]

纵向合并和横向合并类似,也是将 ndarray 对象构成的元组作为参数传递给 vastack 函数,从而实现数组合并的目的,如下列代码所示。

```
arr1 = np.arange(20).reshape(4,5)
print("创建的二维数组 1 为:\n", arr1)
arr2 = arr1 * 3
print("创建的二维数组 2 为:\n", arr2)
print("纵向合并后为:\n", np.vstack((arr1,arr2)))
```

执行结果:

创建的二维数组 1 为:

[[0 1 2 3 4]

[5 6 7 8 9]

[10 11 12 13 14]

[15 16 17 18 19]]

创建的二维数组 2 为:

[[0 3 6 9 12]

[15 18 21 24 27]

[30 33 36 39 42]

[45 48 51 54 57]]

纵向合并后为：

```
[[ 0 1 2 3 4]
 [ 5 6 7 8 9]
 [10 11 12 13 14]
 [15 16 17 18 19]
 [ 0 3 6 9 12]
 [15 18 21 24 27]
 [30 33 36 39 42]
 [45 48 51 54 57]]
```

concatenate 函数可以实现横向合并或纵向合并，其中，控制参数为 axis，当 axis＝1 时，按照横向合并数组，当 axis＝0 时，按照纵向合并数组。NumPy 中的很多函数都有 axis 参数，大多数情形都是用它来控制横向或者纵向的，当 axis＝1 时，代表横向，当 axis＝0 时，代表纵向。concatenate 函数的例子见下列代码所示。

```
print("横向合并后为:\n", np.concatenate((arr1,arr2),axis=1))
print("横向合并后为:\n", np.concatenate((arr1,arr2),axis=0))
```

执行结果：

横向合并后为：

```
[[ 0 1 2 3 4 0 3 6 9 12]
 [ 5 6 7 8 9 15 18 21 24 27]
 [10 11 12 13 14 30 33 36 39 42]
 [15 16 17 18 19 45 48 51 54 57]]
```

纵向合并后为：

```
[[ 0 1 2 3 4]
 [ 5 6 7 8 9]
 [10 11 12 13 14]
 [15 16 17 18 19]
 [ 0 3 6 9 12]
 [15 18 21 24 27]
 [30 33 36 39 42]
 [45 48 51 54 57]]
```

需要注意的是，无论横向合并还是纵向合并，数组的维数都必须统一，当维数有冲突时，函数就会报错。

上面介绍了对数组进行横向合并或者纵向合并的方法。除此之外，还可以对数组进行分割。NumPy 中提供了 hsplit、vsplit、dsplit 和 split 函数，可以将数组分割成相同大小的子数组，也可以指定原数组中需要分割的位置。使用 hsplit 和 vsplit 函数可以分别实现对数组的横向和纵向分割，如下列代码所示。

```
arr = np.arange(36).reshape(6,6)
print("创建的二维数组为:\n", arr)
print("横向分割为:\n", np.hsplit(arr,2))
print("纵向分割为:\n", np.vsplit(arr,6))
```

执行结果：

创建的二维数组为：
```
[[ 0  1  2  3  4  5]
 [ 6  7  8  9 10 11]
 [12 13 14 15 16 17]
 [18 19 20 21 22 23]
 [24 25 26 27 28 29]
 [30 31 32 33 34 35]]
```
横向分割为：
```
[array([[ 0, 1, 2],
 [ 6,7,8],
 [12,13,14],
 [18,19,20],
 [24,25,26],
 [30,31,32]]),array([[3,4,5],
 [ 9,10,11],
 [15,16,17],
 [21,22,23],
 [27,28,29],
 [33,34,35]]))]
```
纵向分割为：
```
[array([[0, 1, 2, 3, 4, 5]]), array([[ 6, 7, 8, 9, 10, 11]]), array([[12,13, 14, 15,
16, 17]]), array([[18, 19, 20, 21, 22, 23]]), array([[24,25, 26, 27, 28, 29]]),
array([[30, 31, 32, 33, 34, 35]])]
```

split 函数同样可以对数组进行分割。在参数 axis = 1 时,进行横向分割;在参数 axis = 0 时,进行纵向分割,如下列代码所示。

```
print("横向分割为:\n", np.split(arr,2,axis=1))
print("纵向分割为:\n", np.split(arr,4,axis=0))
```

执行结果：

横向分割为：
```
[array([[ 0, 1, 2],
 [ 6,7,8],
 [12,13,14],
 [18,19,20],
 [24,25,26],
 [30,31,32]]),array([[ 3,4,5],
 [ 9,10,11],
 [15,16,17],
 [21,22,23],
 [27, 28, 29],
 [33, 34, 35]]))]
```

纵向分割为:

```
[array([[0, 1, 2, 3, 4, 5]]), array([[ 6, 7, 8, 9, 10, 11]]), array([[12,13, 14, 15,
16,17]]), array([[18, 19, 20, 21, 22, 23]]), array([[24,25, 26, 27, 28, 29]]),
array([[30, 31, 32, 33, 34, 35]])]
```

9.2 NumPy 矩阵与通用函数

矩阵运算是各种程序语言都必须具备的基本功能。NumPy 中也有对多维数组的运算,默认情况下并不是进行矩阵运算,如果需要对数组进行矩阵运算,则应该调用相应的函数。本节主要介绍 NumPy 中矩阵的创建方法以及计算方法、常用的数组通用函数。

9.2.1 创建 NumPy 矩阵

在 NumPy 中,矩阵是 ndarray 的子类,数组和矩阵有重要的区别。NumPy 中提供了两个基本对象:N 维数组对象和通用函数对象。其他对象都是在它们的基础上建立的。矩阵是继承自 NumPy 数组对象的二维数组对象。与数学概念中的矩阵一样,NumPy 中的矩阵也是二维的。常用来创建矩阵的函数有 mat、matrix 以及 bmat 函数。

使用 mat 函数创建矩阵时,如果输入 matrix 或者 ndarray 对象,则不会为它们创建副本(参考 Python 中变量的复制)。调用 mat 函数和 matrix(data,copy=False)等价,如下列代码所示。

```
matr1 = np.mat("1 1 1;2 2 2;3 3 3") #矩阵的行用分号隔开,列用空格隔开
print("创建的矩阵为:\n", matr1)
matr2 = np.matrix([[1,1,1],[2,2,2],[3,3,3]]) #接受的数据为数组格式
print("创建的矩阵为:\n", matr2)
```

执行结果:

```
创建的矩阵为:
[[1 1 1]
[2 2 2]
[3 3 3]]
创建的矩阵为:
[[1 1 1]
[2 2 2]
[3 3 3]]
```

需要注意的是,上述代码中,两个函数接受的数据格式是有区别的,事实上,这两个函数都能接受这两个数据的格式。

很多时候,会根据小矩阵创建大矩阵,即将小矩阵合成大矩阵。在 NumPy 中,可以使用 bmat 分块矩阵(block matrix)函数实现,如下列代码所示。

```
arr1 = np.eye(4)
print("创建的数组为:\n", arr1)
arr2 = arr1 * 4
```

```
print("创建的数组为:\n", arr2)
print("创建的矩阵为:\n", np.bmat("arr1,arr2;arr1,arr2"))
```

执行结果:

```
创建的数组为:
[[1.0.0.0.]
 [0.1.0.0.]
 [0.0.1.0.]
 [0.0.0.1.]]
创建的数组为:
[[4.0.0.0.]
 [0.4.0.0.]
 [0.0.4.0.]
 [0.0.0.4.]]
创建的矩阵为:
[[1.0.0.0.4.0.0.0.]
 [0.1.0.0.0.4.0.0.]
 [0.0.1.0.0.0.4.0.]
 [0.0.0.1.0.0.0.4.]
 [1.0.0.0.4.0.0.0.]
 [0.1.0.0.0.4.0.0.]
 [0.0.1.0.0.0.4.0.]
 [0.0.0.1.0.0.0.4.]]
```

在 NumPy 中,矩阵计算是针对整个矩阵中的每个元素进行的。与使用 for 循环相比,其在运算速度上更快,如下列代码所示。

```
matr1 = np.mat("2 3 4; 5 6 7; 8 9 10") #创建矩阵
print("创建的矩阵为:\n", matr1)
matr2 = 3 * matr1   #矩阵与数相乘
print("创建的矩阵为:\n", matr2)
print("矩阵相加的结果为:\n", matr1+matr2)
print("矩阵相减的结果为:\n", matr1-matr2)
print("矩阵相乘的结果为:\n", matr1 * matr2)
print("矩阵对应元素相乘的结果为:\n", np.multiply(matr1,matr2))
```

执行结果:

```
创建的矩阵为:
[[ 2 3 4]
 [ 5 6 7]
 [ 8 9 10]]
创建的矩阵为:
[[ 6 9 12]
 [15 18 21]
```

```
 [24 27 30]]
```
矩阵相加的结果为:
```
[[ 8 12 16]
 [20 24 28]
 [32 36 40]]
```
矩阵相减的结果为:
```
[[ -4 -6 -8]
 [-10 -12 -14]
 [-16 -18 -20]]
```
矩阵相乘的结果为:
```
[[153 180 207]
 [288 342 396]
 [423 504 585]]
```
矩阵对应元素相乘的结果为:
```
[[ 12 27 48]
 [ 75 108 147]
 [192 243 300]]
```

需要注意的是,数组的乘法和矩阵的乘法是有区别的,如果需要对数组进行矩阵乘法运算,用的乘法符号是"@",而一般的"＊"代表的是元素的乘法。除了能够实现各类运算外,矩阵还有其特有的性质,见表9.5。

表 9.5　矩阵的属性及说明

属性	说明
T	返回矩阵的转置
H	返回矩阵的共轭转置
I	返回矩阵的逆矩阵
A	以数组格式返回矩阵数据

9.2.2　掌握 ufunc 函数

ufunc 函数的全称为通用函数,是一种能够对数组中所有元素进行的操作函数。ufunc 函数是针对数组进行的操作,并且都以 NumPy 数组作为输出,因此,不需要对数组的每一个元素都进行操作。对一个数组进行重复运算时,使用 ufunc 函数比使用 math 库中的函数效率要高得多。

1)常用的 ufunc 函数运算
常用的 ufunc 函数运算有四则运算、比较运算和逻辑运算。ufunc 函数支持全部的四则运算,并且保留习惯的运算符号,和数组运算的使用方式一样,但需要注意的是,操作的对象是数组。数组间的四则运算表示对每个数组中的元素分别进行四则运算,所以进行四则运算的两个数组的形状必须相同,如下列代码所示。

```
x = np.array([1,2,3,4])
y = np.array([5,6,7,8])
print('数组相加结果为:',x + y)   #数组相加
print('数组相减结果为:',x - y)   #数组相减
print('数组相乘结果为:',x * y)   #数组相乘
print('数组相除结果为:',x /y)   #数组相除
print('数组幂运算结果为:',x ** y) #数组幂运算
```

执行结果：

数组相加结果为：[6 8 10 12]

数组相减结果为：[-4 -4 -4 -4]

数组相乘结果为：[5 12 21 32]

数组相除结果为：[0.2 0.33333333 0.42857143 0.5]

数组幂运算结果为：[1 64 2187 65536]

此外，ufunc 中的函数也可以用完整的比较运算：<,>,==,<=,>=,!=。比较运算的返回结果是一个 bool 数组，它的每个元素为数组对应元素的比较结果，如下列代码所示。

```
x = np.array([2,6,7])
y = np.array([7,6,3])
print('数组比较结果为:',x < y)
print('数组比较结果为:',x > y)
print('数组比较结果为:',x == y)
print('数组比较结果为:',x >= y)
print('数组比较结果为:',x <= y)
print('数组比较结果为:',x ! = y)
```

执行结果：

数组比较结果为：[True False False]

数组比较结果为：[False False True]

数组比较结果为：[False True False]

数组比较结果为：[False True True]

数组比较结果为：[True True False]

数组比较结果为：[True False True]

在 NumPy 的逻辑运算中，np.all 函数表示逻辑 and，np.any 函数表示逻辑 or，如下列代码所示。

```
print('数组逻辑运算结果为:',np.all(x == y)) #np.all()表示逻辑 and
print('数组逻辑运算结果为:',np.any(x == y)) #np.any()表示逻辑 or
```

执行结果：

数组逻辑运算结果为：False

数组逻辑运算结果为：True

2) ufunc 函数的广播机制

广播（Broadcasting）是指不同形状的数组之间执行算术运算的方式。当使用 ufunc 函数进

102

行数组计算时,ufunc 函数会对两个数组的对应元素进行计算。进行这种计算的前提是两个数组的形状一致。若两个数组的形状不一致,则 NumPy 会实行广播机制。NumPy 中的广播机制比较复杂,尤其是数组的维数比较高时。数组运算的广播机制需要遵循以下几个原则:

①让所有的输入数组向其中 shape 最长的数组看齐,shape 不足的部分通过在前面加 1 补齐。

②输出数组的 shape 是输入数组 shape 各个轴上的最大值。

③如果输入数组的某个轴和输出数组的对应轴的长度或者其长度为 1,则这个数组能用来计算,否则出错。

④当输入数组的某个轴的长度为 1 时,沿着此轴运算时使用此轴上的第一组值。

一维数组的广播机制如下列代码所示。

```
arr1 = np.array([[1,2,3,4],[1,2,3,4],[1,2,3,4],[1,2,3,4]])
print('创建的数组 1 为:\n',arr1)
print('数组 1 的 shape 为:',arr1.shape)
arr2 = np.array([1,2,3,4])
print('创建的数组 2 为:',arr2)
print('数组 2 的 shape 为:',arr2.shape)
print('数组相加结果为:\n',arr1 + arr2)
```

执行结果:

```
创建的数组 1 为:
[[1 2 3 4]
 [1 2 3 4]
 [1 2 3 4]
 [1 2 3 4]]
数组 1 的 shape 为: (4, 4)
创建的数组 2 为: [1 2 3 4]
数组 2 的 shape 为: (4,)
数组相加结果为:
[[2 4 6 8]
 [2 4 6 8]
 [2 4 6 8]
 [2 4 6 8]]
```

如图 9.1 所示为两个数组的计算过程,可以帮助理解上述代码原理。

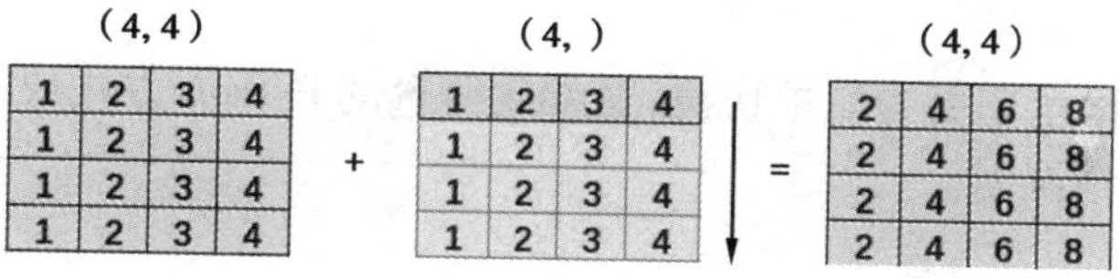

图 9.1 一维数组的广播机制原理

类似地,二维数组的广播机制可以通过下列代码和图 9.2 来理解。

```
arr1 = np.array([[0,0,0],[1,1,1],[2,2,2],[3,3,3]])
```

```
print('创建的数组 1 为:\n',arr1)
print('数组 1 的 shape 为:',arr1.shape)
arr2 = np.array([1,2,3,4]).reshape((4,1))
print('创建的数组 2 为:\n',arr2)
print('数组 2 的 shape 为:',arr2.shape)
print('数组相加结果为:\n',arr1 + arr2)
```

执行结果：

```
创建的数组 1 为:
[[0 0 0]
[1 1 1]
[2 2 2]
[3 3 3]]
数组 1 的 shape 为:(4,3)
创建的数组 2 为:
[[1]
[2]
[3]
[4]]
数组 2 的 shape 为:(4,1)
数组相加结果为:
[[1 1 1]
[3 3 3]
[5 5 5]
[7 7 7]]
```

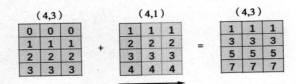

图 9.2　二维数组的广播机制原理

9.3　利用 NumPy 进行统计分析

在 NumPy 中，数据运算更为简单快捷，通常比等价的 Python 方式快几倍，特别是在处理数组统计计算与分析的情况时。

9.3.1　读取和存储文件

Python 具有良好的兼容性，能读取大部分格式的数据或者文件，Python 有多种读取文件的方式，NumPy 也有读取和存储文件的函数。NumPy 的文件读写主要有二进制文件的读写和文件列表形式的数据读写两种，学会文件的读写是利用 NumPy 进行数据处理与分析的基础。

NumPy 提供了若干函数,可以把结果保存到二进制文件或文本文件中。除此之外,NumPy 还提供了许多从文件读取数据并将其转换为数组的方法。

NumPy 中主要用 save 函数以二进制的格式保存数据,用 load 函数从二进制文件中读取数据。save 函数的语法格式为:np.save(file,arr,allow_pickle = True,fix_imports = True)。参数 file 为要保存的文件名称,需要指定文件保存的路径,如果没有指定,就会保存在当前的工作路径之下。参数 arr 为需要保存的数组。函数的作用就是将 arr 数组保存到文件名为 file 的文件中,保存文件的扩展名为 file.npy。扩展名是系统自动添加的,表示 NumPy 保存单个数组数据文件的固定格式。具体的例子如下列代码所示。

```
import numpy as np #导入 NumPy 库
arr = np.arange(40).reshape(4,10)        # 创建一个数组
np.save(r"E:\python\book\chapter9\save_arr",arr) # 保存数组
print('保存的数组为:\n',arr)
np.save("data001",arr) # 保存数组,可以是默认的路径
np.load("data001.npy")
```

执行结果:

```
保存的数组为:
[[ 0 1 2 3 4 5 6 7 8 9]
[10 11 12 13 14 15 16 17 18 19]
[20 21 22 23 24 25 26 27 28 29]
[30 31 32 33 34 35 36 37 38 39]]
Out[15]:
array([[ 0, 1, 2, 3, 4, 5, 6, 7, 8, 9],
[10, 11, 12, 13, 14, 15, 16, 17, 18, 19],
[20, 21, 22, 23, 24, 25, 26, 27, 28, 29],
[30, 31, 32, 33, 34, 35, 36, 37, 38, 39]])
```

如果要将多个数组保存到一个文件中,则可以使用 savez 函数,其文件的扩展名为.npz,如下列代码所示。

```
arr1 = np.array([[1 1 1],[2 2 2]])
arr2 = np.arange(0,2.0,0.2)
np.savez(r"E:\python\book\chapter9\savez_arr",arr1,arr2)
np.savez(r"E:\python\book\chapter9\data002",arr1,arr2)
print('保存的数组 1 为:\n',arr1)
print('保存的数组 2 为:\n',arr2)
```

执行结果:

```
保存的数组 1 为:
[[1 1 1]
[2 2 2]]
保存的数组 2 为:
[0. 0.2 0.4 0.6 0.8 1. 1.2 1.4 1.6 1.8]
```

需要读取二进制文件时可以使用 load 函数，用文件名为参数，如下列代码所示。

```
loaded_data = np.load(r"E:\python\book\chapter9\save_arr.npy")
#读取含有单个数组的文件
print('读取的数组为:\n',loaded_data)
loaded_data1 = np.load(r"E:\python\book\chapter9\data002.npz")
#读取含有多个数组的文件,这个赋值是不会用变量的形式保存在变量空间中的
loaded_data1.files #查找数据集中的变量名称,查询出变量名称才能提取出数据
print('读取的数组 1 为:\n',loaded_data1['arr_0'])
print('读取的数组 2 为:',loaded_data1['arr_1'])
```

执行结果：

```
读取的数组为:
[[ 0 1 2 3 4 5 6 7 8 9]
[10 11 12 13 14 15 16 17 18 19]
[20 21 22 23 24 25 26 27 28 29]
[30 31 32 33 34 35 36 37 38 39]]
读取的数组 1 为:
[[1 2 3]
[4 5 6]]
读取的数组 2 为: [0. 0.1 0.2 0.3 0.4 0.5 0.6 0.7 0.8 0.9].
```

需要特别注意的是，存储数据时可以省略文件扩展名，但是读取时不能省略扩展名。

在实际的数据分析任务中，更多的是使用文本数据格式，如 txt 或者 csv 格式的数据，因此经常使用 savetxt 函数、loadtxt 函数和 getfromtxt 函数执行对文本格式数据的读取任务。savetxt 函数可以将数组写到以某种分隔符隔开的文本文件中，语法格式为：np.savetxt(fname, X, fmt = '%.18e', delimiter = '', header = '', footer = '', comments = '#', encod-ing = None)。第一个参数是表示文件名"fname"，第二个参数 X 为数据数组，参数 delimiter 用来设定数据的分隔符。loadtxt 函数执行相反的操作，即把数据文件加载到一个二维数组中，如下列代码所示。

```
arr = np.arange(1,11,0.5).reshape(4,-1) # -1 为什么-1 可以?
print('创建的数组为:\n',arr)
np.savetxt("arr.txt", arr, fmt = "% d", delimiter = ",")
#fmt = "% d"指定保存为整数
loaded_data = np.loadtxt("arr.txt",delimiter = ",")
#读时也需要指定逗号分隔
print('读取的数组为:\n',loaded_data)
```

执行结果：

```
创建的数组为:
[[ 1. 1.5 2. 2.5 3.]
[ 3.5 4. 4.5 5. 5.5]
[ 6. 6.5 7. 7.5 8.]
[ 8.5 9. 9.5 10. 10.5]]
```

读取的数组为:
```
[[ 1.1.2.2.3.]
 [ 3.4.4.5.5.]
 [ 6.6.7.7.8.]
 [ 8.9.9.10.10.]]
```

getfromtxt 函数和 loadtxt 函数相似,不过它面向的是结构化数组和缺失数据。它通常使用的参数有 3 个,即存放数据的文件名字参数"fname",用于分割的字符参数"delimiter"和是否含有标签的列标题参数"names",如下列代码所示。

```
loaded_data = np.genfromtxt("arr.txt", delimiter = ",")
print('读取的数组为:\n',loaded_data)
```

执行结果:

读取的数组为:
```
[[ 1.1.2.2.3.]
 [ 3.4.4.5.5.]
 [ 6.6.7.7.8.]
 [ 8.9.9.10.10.]]
```

上述代码显示,输出是一组结构化的数据,数据从第二行开始,这是因为 names 参数默认为第一行是数据的列名。

9.3.2　使用函数进行简单的统计分析

描述性分析是将一系列复杂的数据减少到几个能起到描述性作用的关键数字,是对已有数据集的一个整体情况描述,如描述数据的整体分布情况、波动情况、数据异常情况。在本节中,将介绍一些基本的统计分析方法,如排序、去重和一些常用的统计函数,对数据进行基本的统计分析。

1)排序

NumPy 的排序方式主要可以概括为直接排序和间接排序两种。直接排序是对数值直接进行排序;间接排序是根据一个或者多个键对数据集进行排序。在 NumPy 中,直接排序经常使用 sort 函数,间接排序经常使用 argsort 函数和 lexsort 函数。

sort 函数是最常用的排序方法,无返回值,表示对数组按数值从小到大排序。如果目标是一个视图,则原始数据将会被修改。使用 sort 函数排序可以指定一个 axis 参数,可以沿着指定的轴对数据进行排序,如下列代码所示。

```
np.random.seed(45)                    #设置随机种子
arr = np.random.randint(2,20,size = 10) #生成随机数
print('创建的数组为:',arr)
arr.sort()                 #直接排序所谓直接排序,直接改变原序列的顺序
print('排序后数组为:',arr)
arr = np.random.randint(1,15,size = (3,5)) #生成 3 行 3 列的随机数
print('创建的数组为:\n',arr)
arr.sort(axis = 1)                 #沿着横轴排序
```

```
print('排序后数组为:\n',arr)
arr.sort(axis = 0)                          #沿着纵轴排序
print('排序后数组为:\n',arr)
```

执行结果:

```
创建的数组为:[13 5 2 5 6 17 3 16 10 16]
排序后数组为:[ 2 3 5 5 6 10 13 16 16 17]
创建的数组为:
[[ 9 6 13 3 13]
 [9 13 2 7 5]
 [9 11 5 7 5]]
排序后数组为:
[[ 3 6 9 13 13]
 [2 5 7 9 13]
 [5 5 7 9 11]]
排序后数组为:
[[ 2 5 7 9 11]
 [ 3 5 7 9 13]
 [ 5 6 9 13 13]]
```

很明显,sort 函数的排序是纯粹的对数值的排序,相比于在 Excel 中能实现的扩展排序来说,功能一般。在 pandas 中会介绍扩展排序的方法。

使用 argsort 函数和 lexsort 函数,可以在给定一个或者多个键时,得到一个有整数构成的索引数组,索引数组表示在新的序列中的位置。使用 argsort 函数排序,如下列代码所示。

```
arr = np.random.randint(2,20,size = 10)
print('创建的数组为:',arr)
print('排序后的数组为:',arr.argsort()) #返回值为重新排序值的下标
arr1 = arr.argsort()
print('用 argsort 函数间接排序后的数组为:',arr[arr1])
print('用 sort 函数直接排序后的数组为:',np.sort(arr))
```

执行结果:

```
创建的数组为: [17 19 8 14 12 13 10 10 19 15]
排序后的数组为: [2 6 7 4 5 3 9 0 1 8]
用 argsort 函数间接排序后的数组为: [ 8 10 10 12 13 14 15 17 19 19]
用 sort 函数直接排序后的数组为:[ 8 10 10 12 13 14 15 17 19 19]
```

lexsort 函数可以一次性地对满足多个键的数组执行间接排序。使用 lexsort 函数排序,如下列代码所示。

```
a = np.array([1,2,9,7,5])
b = np.array([16,42,23,33,75])
c = np.array([111,333,666,119,240])
d = np.lexsort((a,b,c)) #lexsort 函数只接受一个参数,即(a,b,c)
```

```
#多个键值排序是按照最后一个传入数据计算的
print('排序后数组为:',list(zip(a[d],b[d],c[d])))
# zip 缝合函数,将数组进行缝合
```

执行结果:

排序后数组为:[(1, 16, 111), (7, 33, 119), (5, 75, 240), (2, 42, 333), (9,23, 666)]

上述代码有扩展排序的意思,需特别注意,排序是按照最后一个参数的大小顺序来排序的。

2)去重与去重复数

在统计分析工作中,难免会出现错漏或者重复的数据,这种数据通常被称为"脏"数据,针对这种数据,需要进行"清洗"。重复数据是常见的"脏"数据之一。如果手动一条一条的删除重复数据,则耗时费力,效率低下。在 NumPy 中,可以通过 unique 函数找出数组中唯一的值,并返回已经排序的结果,如下列代码所示。

```
names = np.array(['小猫','小黄','小花','小猫','小花','小红','小白'])
print('创建的数组为:',names)
print('去重后的数组为:',np.unique(names))
#跟 np.unique 等价的 Python 代码实现过程
print('去重后的数组为:',sorted(set(names)))
# set 代表集合,集合的元素具有唯一性,因此可以去重
ints = np.array([1,2,3,4,4,5,6,6,7,8,8,9,10]) #创建数值型数据
print('创建的数组为:',ints)
print('去重后的数组为:',np.unique(ints))
```

执行结果:

创建的数组为:['小猫' '小黄' '小花' '小猫' '小花' '小红' '小白']
去重后的数组为:['小猫' '小白' '小红' '小花' '小黄']
去重后的数组为:['小猫', '小白', '小红', '小花', '小黄']
创建的数组为:[1 2 3 4 4 5 6 6 7 8 8 9 10]
去重后的数组为:[1 2 3 4 5 6 7 8 9 10]

上述代码中,有 set 函数,这个函数的意义是根据对象建立一个集合。由于集合元素具有唯一性,所以利用该函数也能实现对数组的去重。

在统计分析中,有时也需要将一个数据重复若干次。在 NumPy 中,可以使用 tile 函数和 repeat 函数实现这个操作。tile 函数的主要格式为:numpy.tile(A , reps)。在两个主要的参数中,"A"是指定重复的数组元素,"reps"是指定重复的次数,示例代码如下。

```
arr = np.arange(3)
print('创建的数组为:',arr)
print('重复后的数组为:',np.tile(arr,4)) #对数组进行重复
```

执行结果:

创建的数组为:[0 1 2]
重复后的数组为:[0 1 2 0 1 2 0 1 2 0 1 2]

repeat 函数的主要格式为: numpy.repeat(a, repeats, axis = None), 其中, 主要参数有 3 个, 参数"a"指定需要重复的数组元素, 参数"repeats"指定重复的次数, 参数"axis"指定沿哪个轴进行重复, 如下列代码所示。

```python
np.random.seed(45) #设置随机种子
arr = np.random.randint(2,20,size = (4,4))
print('创建的数组为:\n',arr)
print('重复后的数组为:\n',arr.repeat(2, axis = 0)) #按行进行元素重复
print('重复后的数组为:\n',arr.repeat(2, axis = 1)) #按列进行元素重复
```

执行结果:

```
创建的数组为:
[[13 5 2 5]
 [ 6 17 3 16]
 [10 16 10 14]
 [ 4 14 19 8]]
重复后的数组为:
[[13 5 2 5]
 [13 5 2 5]
 [ 6 17 3 16]
 [ 6 17 3 16]
 [10 16 10 14]
 [10 16 10 14]
 [ 4 14 19 8]
 [ 4 14 19 8]]
重复后的数组为:
[[13 13 5 5 2 2 5 5]
 [ 6 6 17 17 3 3 16 16]
 [10 10 16 16 10 10 14 14]
 [ 4 4 14 14 19 19 8 8]]
```

这两个函数都能进行重复, 它们的主要区别在于 tile 函数是对数组进行重复操作的, repea 函数是对数组中的每个元素进行重复操作的, 需要特别注意的是, 这两种不同的重复方法之间的区别。

3) 常用的统计函数

在 numpy 中, 有许多可以用于统计分析的函数。常用的统计函数有 sum, mean, std, var, min 和 max 等。几乎所有的统计函数在针对二维数组计算时, 都需要注意轴的概念。轴是由参数 axis 控制的, 当 axis 的值为 1 时, 表示沿着横轴进行计算, 当 axis 的值为 0 时, 表示沿着纵轴进行计算。在默认情况下, 函数并不沿着任意轴向计算, 而是针对数组的所有数值进行计算, 因此, 这时只会返回一个值。常用的统计函数的使用, 见下列代码。

```python
arr = np.arange(16).reshape(4,4)
print('创建的数组为:\n',arr)
print('数组的和为:',np.sum(arr))        #计算数组的和
```

```
print('数组横轴的和为:',arr.sum(axis = 0))      #沿着横轴计算求和
print('数组纵轴的和为:',arr.sum(axis = 1))       #沿着纵轴计算求和
print('数组的均值为:',np.mean(arr))    #计算数组均值
print('数组横轴的均值为:',arr.mean(axis = 0))   #沿着横轴计算数组均值
print('数组纵轴的均值为:',arr.mean(axis = 1))   #沿着纵轴计算数组均值
print('数组的标准差为:',np.std(arr))   #计算数组标准差
print('数组的方差为:',np.var(arr))    #计算数组方差
print('数组的最小值为:',np.min(arr))     #计算数组最小值
print('数组的最大值为:',np.max(arr))     #计算数组最大值
print('数组的最小元素为:',np.argmin(arr)) #返回数组最小元素的索引
print('数组的最大元素为:',np.argmax(arr)) #返回数组最大元素的索引
```

执行结果:

```
创建的数组为:
[[ 0 1 2 3]
 [ 4 5 6 7]
 [ 8 9 10 11]
 [12 13 14 15]]
数组的和为:120
数组横轴的和为:[24 28 32 36]
数组纵轴的和为:[ 6 22 38 54]
数组的均值为:7.5
数组横轴的均值为:[6.7.8.9.]
数组纵轴的均值为:[ 2.7.12.17.]
数组的标准差为:4.6097722286464435
数组的方差为:21.25
数组的最小值为:0
数组的最大值为:15
数组的最小元素为:0
数组的最大元素为:15
```

上述代码中还介绍了两个特殊的函数:np.argmax 和 np.argmin。这两个函数能返回最大值或者最小值的地址(索引),这在编程中是非常实用的函数,用起来比较方便。此外,上述代码所给出的函数都是聚合计算,会直接显示出最终的结果。在 NumPy 中,cumsum 函数和 cumprod 函数采用不聚合计算,会产生一个由中间结果组成的数组,如下列代码所示。

```
arr = np.arange(2,10)
print('创建的数组为:',arr)
print('数组元素的累计和为:',np.cumsum(arr)) #计算所有元素的累计和
print('数组元素的累计积为:',np.cumprod(arr)) #计算所有元素的累计积
```

执行结果:

```
创建的数组为:[2 3 4 5 6 7 8 9]
数组元素的累计和为:[ 2 5 9 14 20 27 35 44]
```

数组元素的累计积为：[2 6 24 120 720 5040 40320 362880]

上述代码中，在计算累计和累计积的乘积中，每步的计算过程都显示出来了。

4) 统计分析示例 – Fisher 的鸢尾花数据集

Fisher 是英国的著名统计学家，也是统计学的奠基人之一，他在统计学中的地位无人可以替代。他长时间从事统计研究工作，有很多著名的研究案例仍然被大家广泛使用，如用回归的方法来分析子代身高的例子。鸢尾花数据（iris）是 Fisher 统计的一组关于鸢尾花花萼数据长度的数据（鸢尾花图片见图 9.3），在很多统计学的教材或者机器学习、数据挖掘的教材中仍用这个数据来作为分析的素材。本节将利用该数据来展示 NumPy 的数据分析功能。

图 9.3　鸢尾花

在 Python 的 scikit-lern 模块中，存有该数据集，可以从 Python 中直接调取这个数据集，如下列代码所示：

```python
from sklearn.datasets import load_iris
iris_dataset = load_iris()
# load_iris 返回的 iris 对象是一个 Bunch 对象，与字典非常相似，里面包含键和值
iris = iris_dataset['data'] # 提取数据
```

执行结果：

```
dict_keys(['data', 'target', 'frame', 'target_names', 'DESCR', 'feature_names',
'filename'])
```

在 Spyder 的变量窗口就能看到数据集 iris_dataset 和提取出来的数据矩阵 iris。图 9.4 给出了在 Spyder 的变量窗口查看到 iris 的样子，这是一个复杂的数据对象，数据有很多属性，读者可自行去了解其意义。

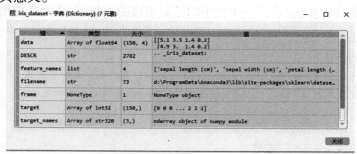

图 9.4　Python 中自带的鸢尾花数据集 iris_dataset

鸢尾花数据集 iris_dataset 是一个 Bunch 对象（也可以理解成数据类型，Python 中有很多数据类型），与字典非常相似，里面包含键和值。数据提取的方式和提取字典中的值类似。提取出的 iris 数据矩阵是一个 150 * 4 的矩阵，四列数据分别是花萼长度、花萼宽度、花瓣长度、花瓣宽度。150 个样本来自对 setosa、versicolor 或 virginica 3 种鸢尾花的观测（每种 50 个样本）。这是一组真实的观测数据，因此，在很多机器学习的教材中，常用这个数据来作为对算法的检测。图 9.5 展示了从 Spyder 变量界面中查看到的鸢尾花数据集。下面对这个数据进行基本的统计分析，首先提取花萼长度数据，并排序输出。

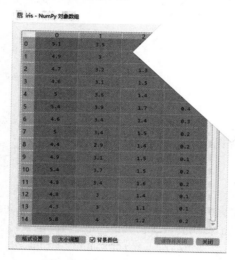

图 9.5　鸢尾花数据矩阵-iris

```
x = iris[:,0]
print('花萼长度数据为：\n',x)
x.sort() #对数据进行排序
print('排序后的花萼长度表为:',x)
```

执行结果：

花萼长度数据为：

[0.1 0.1 0.1 0.1 0.1 0.2 0.2 0.2 0.2 0.2 0.2 0.2 0.2 0.2 0.2 0.2 0.2 0.2 0.2 0.2 0.2
0.2 0.2 0.2 0.2 0.2 0.2 0.2 0.2 0.2 0.2 0.2 0.3 0.3 0.3 0.3 0.3 0.3 0.3 0.4 0.4 0.4
0.4 0.4 0.4 0.4 0.5 0.6 1. 1. 1.1 1.1 1.1 1.1 1.1 1.2 1.2 1.2 1.2 1.2 1.3 1.3 1.3 1.3
1.3 1.3 1.3 1.3 1.3 1.3 1.3 1.3 1.3 1.3 1.4 1.4 1.4 1.4 1.4 1.4 1.4 1.4 1.5 1.5 1.5 1.5 1.5
1.5 1.5 1.5 1.5 1.5 1.5 1.5 1.6 1.6 1.6 1.6 1.7 1.7 1.8 1.8 1.8 1.8 1.8 1.8 1.8 1.8
1.8 1.8 1.8 1.9 1.9 1.9 1.9 2. 2. 2. 2. 2. 2.1 2.1 2.1 2.1 2.1 2.2 2.2 2.2 2.3 2.3
2.3 2.3 2.3 2.3 2.3 2.3 2.4 2.4 2.4 2.5 2.5 2.5]

排序后的花萼长度表为：

[0.1 0.1 0.1 0.1 0.1 0.2 0.2 0.2 0.2 0.2 0.2 0.2 0.2 0.2 0.2 0.2 0.2 0.2 0.2 0.2 0.2
0.2 0.2 0.2 0.2 0.2 0.2 0.2 0.2 0.2 0.2 0.2 0.3 0.3 0.3 0.3 0.3 0.3 0.3 0.4 0.4 0.4
0.4 0.4 0.4 0.4 0.5 0.6 1. 1. 1.1 1.1 1.1 1.1 1.1 1.2 1.2 1.2 1.2 1.2 1.3 1.3 1.3 1.3
1.3 1.3 1.3 1.3 1.3 1.3 1.3 1.3 1.3 1.3 1.4 1.4 1.4 1.4 1.4 1.4 1.4 1.4 1.5 1.5 1.5 1.5 1.5
1.5 1.5 1.5 1.5 1.5 1.5 1.5 1.6 1.6 1.6 1.6 1.7 1.7 1.8 1.8 1.8 1.8 1.8 1.8 1.8 1.8 1.8

1.8 1.8 1.8 1.9 1.9 1.9 1.9 1.9 2. 2. 2. 2. 2. 2.1 2.1 2.1 2.1 2.1 2.1 2.1 2.2 2.2 2.2 2.2 2.3 2.3
2.3 2.3 2.3 2.3 2.3 2.3 2.3 2.4 2.4 2.4 2.5 2.5 2.5]

有很多鸢尾花花萼长度是一样的,这当然不能看作重复值。这个地方只是为了说明去除重复值的方法,下列代码给出了去重的常用方法。

```
print('去重后的花萼长度为:\n',np.unique(x))
print('花萼长度的总和为:',np.sum(x)) #计算数组总和
```

执行结果:

去重后的花萼长度为:
[0.1 0.2 0.3 0.4 0.5 0.6 1.1 1.1 1.2 1.3 1.4 1.5 1.6 1.7 1.8 1.9 2. 2.1 2.2 2.3 2.4 2.5]
花萼长度的总和为: 179.9

下列代码给出了计算所有元素的累计和的方法。

```
print('花萼长度的累计和为:\n',np.cumsum(x))
print('花萼长度的均值为:',np.mean(x)) #计算数组均值
```

执行结果:

花萼长度的累计和为:
[1.000e-01 2.000e-01 3.000e-01 4.000e-01 5.000e-01 7.000e-01 9.000e-01 1.100e+00 1.300e+00 1.500e+00 1.700e+00 1.900e+00 2.100e+00 2.300e+00

2.500e+00	2.700e+00	2.900e+00	3.100e+00	3.300e+00	3.500e+00	3.700e+00
3.900e+00	4.100e+00	4.300e+00	4.500e+00	4.700e+00	4.900e+00	5.100e+00
5.300e+00	5.500e+00	5.700e+00	5.900e+00	6.100e+00	6.300e+00	6.600e+00
6.900e+00	7.200e+00	7.500e+00	7.800e+00	8.100e+00	8.400e+00	8.800e+00
9.200e+00	9.600e+00	1.000e+01	1.040e+01	1.080e+01	1.120e+01	1.170e+01
1.230e+01	1.330e+01	1.430e+01	1.530e+01	1.630e+01	1.730e+01	1.830e+01
1.930e+01	2.040e+01	2.150e+01	2.260e+01	2.380e+01	2.500e+01	2.620e+01
2.740e+01	2.860e+01	2.990e+01	3.120e+01	3.250e+01	3.380e+01	3.510e+01
3.640e+01	3.770e+01	3.900e+01	4.030e+01	4.160e+01	4.290e+01	4.420e+01
4.550e+01	4.690e+01	4.830e+01	4.970e+01	5.110e+01	5.250e+01	5.390e+01
5.530e+01	5.670e+01	5.820e+01	5.970e+01	6.120e+01	6.270e+01	6.420e+01
6.570e+01	6.720e+01	6.870e+01	7.020e+01	7.170e+01	7.320e+01	7.470e+01
7.630e+01	7.790e+01	7.950e+01	8.110e+01	8.280e+01	8.450e+01	8.630e+01
8.810e+01	8.990e+01	9.170e+01	9.350e+01	9.530e+01	9.710e+01	9.890e+01
1.007e+02	1.025e+02	1.043e+02	1.061e+02	1.080e+02	1.099e+02	1.118e+02
1.137e+02	1.156e+02	1.176e+02	1.196e+02	1.216e+02	1.236e+02	1.256e+02
1.276e+02	1.297e+02	1.318e+02	1.339e+02	1.360e+02	1.381e+02	1.402e+02
1.424e+02	1.446e+02	1.468e+02	1.491e+02	1.514e+02	1.537e+02	1.560e+02
1.583e+02	1.606e+02	1.629e+02	1.652e+02	1.676e+02	1.700e+02	1.724e+02

1.749e+02 1.774e+02 1.799e+02]
花萼长度的均值为:1.1993333333333334

对数据进行分析时,通常先进行一些基本的统计分析。下列代码给出了如何计算花萼长

度的一些基本统计指标。

```
print('花萼长度的标准差为:',np.std(x))
print('花萼长度的方差为:',np.var(x)) #计算数组方差
print('花萼长度的最小值为:',np.min(x)) #计算最小值
print('花萼长度的最大值为:',np.max(x)) #计算最大值
```

执行结果:

```
花萼长度的标准差为: 0.7596926279021595
花萼长度的方差为: 0.577132888888889
花萼长度的最小值为: 0.1
花萼长度的最大值为: 2.5
```

习   题

1.设 a=np.array([1,2,3,2,3,4,3,4,5,6]),b=np.array([7,2,10,2,7,4,9,4,9,8]),获取 a 和 b 元素匹配的位置。

2.随机生成一个形状为(3,7)的二维数组 a,a 的元素是(5,25)中的随机整数,然后从数组 a 中,将大于 20 的替换为 20,小于 10 的替换为 10。

3.随机生成一个(1,15)的数组 a,数组的元素服从均值是 0,标准差是 4 的正态分布,然后获取数组 a 中前 5 个最大值的位置。

4.创建一个 10 * 10 的随机值数组,并找到最大最小值。

5.思考形状为(6,7,8)的数组形状,且第 100 个元素的索引(x,y,z)分别是什么?

6.随机生成一个 10 * 2 的直角坐标矩阵,然后将其转换为极坐标。

7.随机生成一个形状为(20,2)的随机向量,求出这 20 个点之间的欧氏距离。

8.随机生成一个形状为(2,10)的二维数组 a,a 的元素是(5,15)中的随机整数,找出 a 中出现频数最高的值。

10

Matplotlib 数据可视化

数据分析的结果通常需要可视化,漂亮的图表不仅美观,而且有助于对分析结果的理解。因此,对于数据分析而言,统计做图也非常重要。Matplotlib 首发于 2007 年,在函数设计上参考了 MATLAB 中的函数,所以用"Mat"开头,中间的"plot"表示绘图,结尾的"lib"则表示它是很多功能的集合体。Matplotlib 目前已经成为 Python 中应用最广泛的绘图工具之一。Matplotlib 中应用最广的是 matplotlib.pyplot 模块,本章主要介绍该模块中的一些基本绘图功能。

matplotlib.pyplot 是一个命令风格函数的集合,这个和 MATLAB 中的画图函数类似。每个绘图函数都能对函数的图像进行修改,如创建图形、在图形中创建绘图区域、在绘图区域绘制一些线条等。

10.1　pyplot 绘图基本语法与常用函数

学习使用 pyplot 绘制各类图形的基本语法,是绘制统计图形的基本前提。每一幅图的绘制都涉及很多参数,只有恰当地设置好各类参数,才能绘制出漂亮的图形。

10.1.1　pyplot 基本语法

几乎所有的 pyplot 图形绘制都会遵循一个大致的流程:首先创建画布和子图,然后添加画布内容,最后保存与显示图形。

1)创建画布与创建子图

pyplot 画图首先需要创建一张空白画布,这时还可以选择是否将整个画布划分为多个部分,方便在同一幅图上绘制多个图形情况。当只需要绘制一幅简图时,这部分内容可以省略。在 pyplot 中,创建画布以及创建并选中子图的函数,见表 10.1。

表 10.1　pyplot 创建画布与选中子图的常用函数

函数名称	作用
plt.figure	创建一个空白画布,指定画布的大小、像素
figure.add subplot	创建并选定子图,指定子图的行、列及编号

2）添加画布内容

向各个子图中添加图形是绘图的主体部分。其中，添加标题、添加坐标轴的名称、绘制图形等步骤是并列的，没有先后顺序之分。但是添加图例一定要在绘制图形后。pyplot 中添加了各类标签和图例的常用函数，见表10.2。

表 10.2　pyplot 中添加了各类标签和图例的常用函数

函数名称	作用
plt.title	添加标题，可以指定标题的名称、位置、颜色、字体大小等
plt.xlabel	添加 x 轴的名称，可以指定位置、颜色、字体大小等
plt.ylabel	添加 y 轴的名称，可以指定位置、颜色、字体大小等
plt.xlim	指定 x 轴的范围，指定数值区间，不能用字符串标识
plt.ylim	指定 y 轴的范围，指定数值区间，不能用字符串标识
plt.xticks	指定 x 轴刻度的数目与取值
plt.yticks	指定 y 轴刻度的数目与取值
plt.legend	指定图形的图例，可以指定图例的大小、位置和标签

3）保存与显示图形

保存与显示图形的常用函数比较少，通常有两个，而且参数也很少，见表10.3。

表 10.3　pyplot 中保存与显示图形的常用函数

函数名称	作用
plt. savafig	保存绘制的图形，可以指定分辨率、边缘的颜色等
plt. show	在本机中显示图形

最简单的绘图可以省略第一部分画布与子图的创建过程，然后直接在默认的画布上进行绘制，代码和图形如下所示。

```
import numpy as np
import matplotlib.pyplot as plt
# plt.figure()    创建画布的函数
# figure.add_subplot   选择子图的函数
data = np.arange(0,1.01,0.01) ## 等差数列
plt.title('lines')            ## 添加标题
plt.xlabel('x')               ## 添加 x 轴的名称
plt.ylabel('y')               ## 添加 y 轴的名称
plt.xlim((0,1))               ## 确定 x 轴范围
plt.ylim((0,1))               ## 确定 y 轴范围
label1 = ['a','b','c','d','e','f']
plt.xticks([0,0.2,0.4,0.6,0.8,1],label1)  ## 规定 x 轴刻度
plt.yticks([0,0.2,0.4,0.6,0.8,1])         ## 确定 y 轴刻度
plt.plot(data,data,'r*')      ## 添加 y =x 曲线
```

```
plt.plot(data,data**3, 'bo')          ## 添加 y=x^3 曲线 注意颜色和线型
plt.legend(['y=x','y=x^3'])           ## 添加图例
plt.savefig(r'10_1.pdf')              ## 保存图片
plt.show()                ## 在本机中显示图片
```

上述代码是一个简单的不含子图绘制的标准绘制流程的示例,图形如图 10.1 所示。下列例子则展示了如何在同一画布上绘制多个图形。

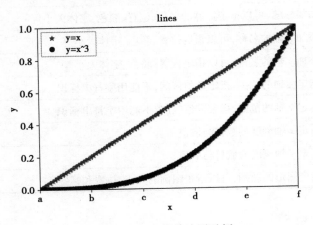

图 10.1　pyplot 简单绘图示例

```
rad = np.arange(0,np.pi*2,0.01) # 设置画图数据的自变量
## 第一幅子图
p1 = plt.figure(figsize=(8,10),dpi=60) # plt.figure 创建名字为 p1 的画布
## figsize 确定画面的比率, dpi 确定分辨率
ax1 = p1.add_subplot(2,1,1)
## 创建一个两行 1 列的子图,并给第一个子图命名为 ax1
plt.title('lines')         ## 添加标题
plt.xlabel('x')            ## 添加 x 轴的名称
plt.ylabel('y')            ## 添加 y 轴的名称
plt.xlim((0,1))            ## 确定 x 轴范围
plt.ylim((0,1))            ## 确定 y 轴范围
plt.xticks([0,0.2,0.4,0.6,0.8,1])   ## 规定 x 轴刻度
plt.yticks([0,0.2,0.4,0.6,0.8,1])   ## 确定 y 轴刻度
plt.plot(rad,rad)          ## 添加 y=x 曲线
plt.plot(rad,rad**3)       ## 添加 y=x^3 曲线
plt.legend(['y=x','y=x^3'])         ## 添加图例
## 第二幅子图
ax2 = p1.add_subplot(2,1,2)         ## 开始绘制第 2 幅
plt.title('cos/sin')       ## 添加标题
plt.xlabel('rad')          ## 添加 x 轴的名称
plt.ylabel('value')        ## 添加 y 轴的名称
plt.xlim((0,np.pi*2))      ## 确定 x 轴范围
plt.ylim((-1,1))           ## 确定 y 轴范围
```

```
plt.xticks([0,np.pi/2,np.pi,np.pi*1.5,np.pi*2])    ## 规定 x 轴刻度
plt.yticks([-1,-0.5,0,0.5,1])         ## 确定 y 轴刻度
plt.plot(rad,np.cos(rad))       ## 添加 cos 曲线
plt.plot(rad,np.sin(rad))       ## 添加 sin 曲线
plt.legend(['cos','sin'])
plt.savefig('10_2.pdf')         ## 保存图片
plt.show()                      ## 在本机中显示图片
```

图 10.2 中,在一张画布上设计了上下两个子图,并在每个子图中分别画出了两条不同的曲线。更多的图形设置请参考动态参数的设置。

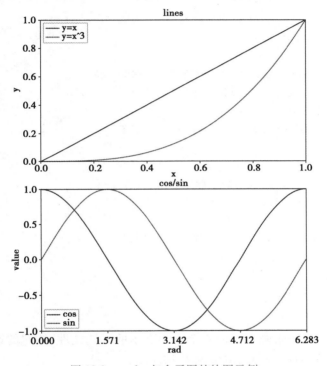

图 10.2 pyplot 包含子图的绘图示例

10.1.2 设置 pyplot 的动态 rc 参数

pyplot 使用 rc 配置文件来定义图形的各种默认属性,因此,被称为 rc 配置或者 rc 参数。在 pyplot 中,几乎所有的默认属性都是可以控制的,如视窗大小、线条宽度、颜色和式样等。默认 rc 参数可以在 Python 交互式环境中动态更改。所有存储在字典变量中的 rc 参数,都被称为 rcParams.rc 参数。在修改后,绘图时使用默认的参数就会发生改变。线条 rc 参数修改前后对比如下列代码所示。

```
import numpy as np
import matplotlib.pyplot as plt
x = np.linspace(0, 4*np.pi)    ## 生成 x 轴数据这个函数默认生成 50 个点
y = np.sin(x)           ## 生成 y 轴数据
```

```
p3_3 = plt.figure(figsize=(8,6),dpi=70)      ## 确定画布大小  plt.figure 画布函数
ax1 = p3_3.add_subplot(2,2,1)      ## 创开始绘制第 1 幅
plt.rcParams['lines.linestyle'] = '-'      ## 线型参数的设置
plt.rcParams['lines.linewidth'] = 1    ## 线宽参数的设置
plt.plot(x,y,label="sin(x)")
plt.legend(['sin(x)'])          ## 标签文字的输出格式(公式)
plt.title('sin')
ax2 = p3_3.add_subplot(2,2,2)       ## 创开始绘制第 2 幅
plt.rcParams['lines.linestyle'] = '--'
plt.rcParams['lines.linewidth'] = 2
plt.plot(x,y,label="sin(x)")   ## 绘制三角函数
plt.legend(['sin(x)'])
plt.title('sin')
ax3 = p3_3.add_subplot(2,2,3)  ## 创开始绘制第 2 幅
plt.rcParams['lines.linestyle'] = '-.'
plt.rcParams['lines.linewidth'] = 3
plt.plot(x,y,label="sin(x)")   ## 绘制三角函数
plt.legend(['sin(x)'])
plt.title('sin')
ax4 = p3_3.add_subplot(2,2,4)  ## 创开始绘制第 2 幅
plt.rcParams['lines.linestyle'] = ':'
plt.rcParams['lines.linewidth'] = 4
plt.plot(x,y,label="sin(x)")   ## 绘制三角函数
plt.legend(['sin(x)'])
plt.title('sin')
plt.savefig('10_3.pdf')
plt.show()
```

上述代码画出了在一张画布上用 4 个子图展示的不同线性、线宽的设置方法,如图 10.3 所示。常用的 rc 参数名称、解释与取值见表 10.4。

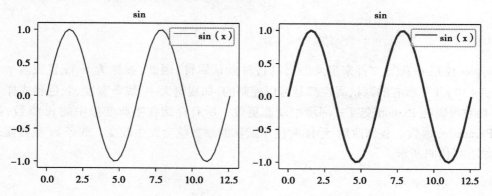

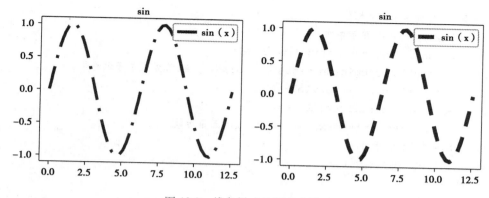

图 10.3　线条样式的调节参数

表 10.4　常用的 rc 参数名称、解释与取值(线型)

rc 参数名称	解释	取值
lines.linewidth	线条宽度	0~10 之间,默认为 1.5
lines.linestyle	线条式样	"-""–""-."":"
lines.marker	线条上点的形状	"o""D""h""S"等
lines.markersize	点的大小	0~10 之间,默认为 1

其中,lines.linestyle 的 4 种参数取值为"-""––""-.""：",代表的线型分别为实线、长虚线、点线和短虚线。lines.marker 参数的 20 种取值以及所代表的意义见表 10.5。

表 10.5　常用的 rc 参数名称、解释与取值(点型)

lines.marker 取值	意义	lines.marker 取值	意义
o	圆圈	.	点
D	菱形	s	正方形
h	六边形 1	*	星号
H	六边形 2	d	小菱形
–	水平线	v	朝下的三角形
8	八边形	<	朝左的三角形
p	五边形	>	朝右的三角形
,	像素	^	朝上的三角形
+	加号			竖线
None	无	x	X

由于默认的 pyplot 字体并不支持中文字符的显示,因此,需要通过设置 font.san-serif 参数来改变绘图时的字体,使得图形可以正常显示中文。但是,由于更改字体以后,会导致坐标轴中的部分字符无法显示,所以需要同时更改 axes.unicode_minus 参数,如下列代码所示。

```
## 设置 rc 参数显示中文标题
## 设置字体为 SimHei 显示中文
plt.rcParams['font.sans-serif'] = 'SimHei'
plt.rcParams['axes.unicode_minus'] = False        ## 设置正常显示符号
plt.rcParams['lines.linestyle'] = '-'
plt.rcParams['lines.linewidth'] = 1
plt.plot(x,y,label="sin(x)")        ## 绘制三角函数
plt.title('sin 曲线')
plt.savefig('10_4.pdf')
plt.show()
```

图 10.4 的上方显示了曲线图的名字"sin 曲线",说明已经能识别中文了。一般来说,我们都会在画图之前添加中文设置的语句,方便画图。

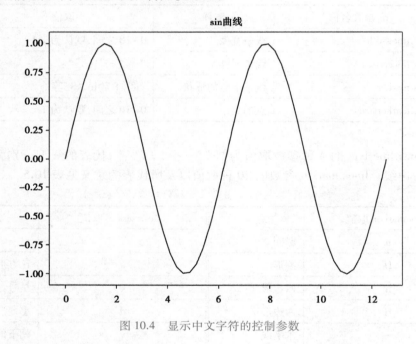

图 10.4　显示中文字符的控制参数

10.2　用图形展示特征之间的关系

图形不仅可以展示特征(变量)的变化趋势,也能反映特征之间的关系,无论是确切的函数关系还是相关关系。散点图和折线图是数据分析中最常用的两种图形。这两种图形都能够分析不同数值型特征之间的关系。其中,散点图主要用来分析特征之间的相关关系,折线图主要用来分析特征之间的趋势关系。

10.2.1　散点图

散点图(Scatter Diagram)又称为散点分布图,是一个以特征为横坐标,另一个以特征为纵

坐标,利用坐标点的分布形态来反映特征之间的相关关系的一种图形。几乎所有的统计模型在建立之前,一般都需要对因变量和自变量,或者自变量之间的相关关系进行探讨。散点图或者散点图阵列,就显得非常有用。散点图可以提供两类非常关键的信息:

①特征之间是否存在数值或者数量的关联趋势,关联趋势是线性的还是非线性的。

②数据中是否有离群值。如果某一个点或者某几个点偏离大多数的点,则这些点就是离群值,通过散点图可以一目了然,从而可以进一步分析这些离群值是否在建模分析中产生了很大的影响。

散点图通过散点的疏密程度和变化趋势表示两个特征之间的数量关系,是一个二维图形。如果有 3 个特征,并且其中一个特征为类别特征(分类变量),则可以用不同的颜色表示不同类别的点,从而了解两个数组特征和这个分类特征之间的关系,这也是分析分类特征和数组特征之间的关系的最常用方法。

pyplot 中绘制散点图的函数为:scatter,其语法格式如下所示。

```
plt.scatter(x, y, s = None, c = None, marker = None, cmap = None, norm = None, vmin =
None, vmax = None, alpha = None, linewidths = None,verts = <deprecated parameter>,
edgecolors =None, plotnonfinite =False, data =None)
```

scatter 函数的常用参数及说明见表 10.6。

表 10.6　scatter 函数的常用参数及说明

参数名称	说明
x,y	数组,用来画散点图的数据,对应 x 轴和 y 轴
s	数组,或者数值,指定散点的大小
c	数组,或者数值,指定散点的颜色
marker	特定字符串,指定散点的形状
alpha	0~1 的数值,指定散点的透明度

利用 scatter 函数绘制 2004—2021 年国民生产总值散点图,如下列代码所示。

```
import numpy as np
import matplotlib.pyplot as plt
plt.rcParams['font.sans-serif'] = 'SimHei'        ## 设置中文显示
plt.rcParams['axes.unicode_minus'] = False
data10_5 = np.load('国民经济核算数据.npz',allow_pickle=True)
data10_5.files              ## 查看多个数据的命名情况
name = data10_5['arr_0']      ## 提取其中的 arr_0 数组,视为数据的标签
values = data10_5['arr_1']       ## 提取其中的 arr_1 数组,数据的存在位置
names1 = list(name)         ## 查看数据
print(values)                 ## 查看数据
plt.figure(figsize=(8,7),dpi =80)       ## 设置画布
plt.scatter(values[:,0],values[:,1], marker='o',s=5,c='r')      ## 绘制散点图
plt.xlabel('year')      ## 添加横轴标签
```

```
plt.ylabel('cost')      ## 添加 y 轴名称
plt.xticks(range(0,70,4),values[range(0,70,4),1],rotation=45)
plt.title('2004-2021 scatter')      ## 添加图表标题
plt.savefig('10-5.pdf') plt.show()
```

代码说明：

①np.load('***',allow_pickle=True)函数中的参数 allow_pickle 必须设定为"True",这样才能用类似列表的方式提取出对应的数据。

②.npz 格式的数据读取后,保存在一个内存地址中,无法直接显示出来。可以用 data10_5.files 的方式查看存储数据的名称,然后用类似字典提取元素的方式 data10_5['columns']实现数据的提取。

③plt.xticks(***,rotation=45)函数中有参数 rotation,可以对坐标轴上的标签进行旋转,方便表示,值得借鉴。

图 10.5 画出了 2004—2021 年国民生产总值散点图,从散点图来看,国民生产总值逐年都有明显的上升趋势,同一年中各个季度的生产总值又有明显的季节性波动,这些结果会对后续的建模提供有用的帮助。

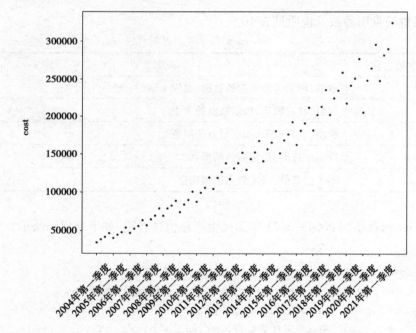

图 10.5　2004—2021 年国民生产总值散点图

当同一个图形中用不同的点或者线时,通过设置不同的颜色和线型,能有效对数据进行区分,使结果更加清楚。使用不同的颜色、不同形状的点,绘制 2004—2021 年各产业、各季度国民生产总值的散点图,如下列代码所示。

```
plt.figure(figsize=(10,8),dpi=60)      ## 设置画布
plt.scatter(values[:,0],values[:,2], marker='o',c='r')      ## 第一组散点图
plt.scatter(values[:,0],values[:,3], marker='D',c='b')      ## 第二组散点图
plt.scatter(values[:,0],values[:,4], marker='v',c='k')      ## 第三组散点图
```

```
plt.xlabel('年份')        ## 添加横轴标签
plt.ylabel('生产总值(亿元)')         ## 添加纵轴标签
plt.xticks(range(0,70,4),values[range(0,70,4),1],rotation=45)
plt.title('2004—2021年各产业生产总值散点图')       ## 添加图表标题
plt.legend(['第一产业','第二产业','第三产业'])        ## 添加图例
plt.savefig('10.6.pdf')
plt.show()
```

从图 10.6 所示的散点图可以看出,第一产业、第二产业、第三产业随时间都有明显的递增趋势。第一产业增长平缓,并且有非常明显的周期性;第三产业呈现指数增长的趋势,增速非常快;第二产业的增速很快,并且也呈现出了一定的周期性。总体来看,我国近 18 年三大产业都在持续增长中,并且第二产业和第三产业增长幅度非常大,18 年内增长了 400% 以上。

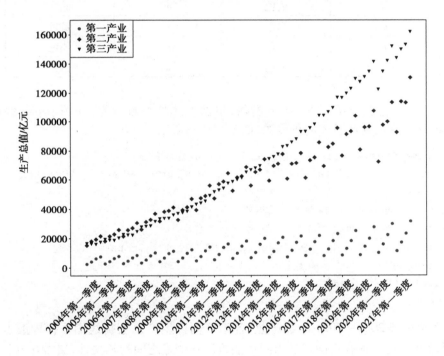

图 10.6　2004—2021 年各产业国民生产总值散点图

10.2.2　折线图

折线图是一种将数据点按照顺序连接起来的图形。可以看作将散点图按照 x 轴的坐标顺序连接起来形成的图形。折线图的主要功能是查看因变量 y 随着自变量 x 改变的趋势,特别适合显示随时间而变化的连续数据。pyplot 中绘制折线图的函数是 plot,其基本语法如下:

```
plt.plot( *args, scalex=True, scaley=True, data=None, **kwargs)
```

plot 函数在官方的语法中只要求输入不定长参数,实际可以输入的参数主要见表 10.7。其中,color 参数的 8 种常见颜色的缩写,见表 10.8。

表 10.7　plot 函数的常用参数及说明

参数名称	说明
x,y	数组,用来画散点图的数据,x 轴和 y 轴对应
color	字符串,指定线条颜色
linestyle	字符串,指定线型
marker	字符串,指定散点的形状
alpha	0~1 的数值,指定散点的透明度

表 10.8　常用的 rc 参数名称、解释与取值(颜色)

颜色缩写	代表颜色	颜色缩写	代表颜色
b	蓝色	m	品红
g	绿色	y	黄色
r	红色	k	黑色
c	青色	w	白色

在前面小节中已经介绍了 linestyle 参数,根据上述的参数信息,使用 pyplot 绘制 2004—2021 年度各季度国民生产总值的折线图,如下列代码所示。

```
plt.figure(figsize=(10,8),dpi=60)    ## 设置画布
plt.plot(values[:,0],values[:,2],color = 'r',linestyle = '--', marker = 'o')    ## 绘制折线图
plt.xlabel('年份')    ## 添加横轴标签
plt.ylabel('生产总值(亿元)')    ## 添加 y 轴名称
plt.xticks(range(0,70,4),values[range(0,70,4),1],rotation=45)
plt.title('2004—2021 年季度生产总值点线图')    ## 添加图表标题
plt.savefig('10.8.pdf')
plt.show()
```

图 10.7 给出了 2004—2021 年各产业、各季度国民生产总值折线图。比较散点图和折线图,两个图像的侧重点各有不同。散点图更注重反映变量之间的相关性,通常在变量的排序不清楚或者对变量之间的变化规律没有明确的了解时使用,适合对数据进行初步的探索性分析。折线图通常是在对数据有一定的了解,变量之间按照一定的顺序存在函数关系时使用,相比散点图,折线图能更加明确地反映出变量之间的关系。比如从上面的折线图可以看出,国民生产总值有非常明显的周期性,而且波动的振幅有变大的趋势。使用 marker 参数可以绘制出点线图,在用连线表示变化趋势的同时,用点强调数据点,这能够使图形更加丰富,如下列代码和图形所示。

```
plt.figure(figsize=(10,8),dpi=60)    ## 设置画布
plt.plot(values[:,0],values[:,3],'bs-',
values[:,0],values[:,4],'ro-.',
values[:,0],values[:,5],'gH--')    ## 绘制折线图
plt.xlabel('年份')    ## 添加横轴标签
```

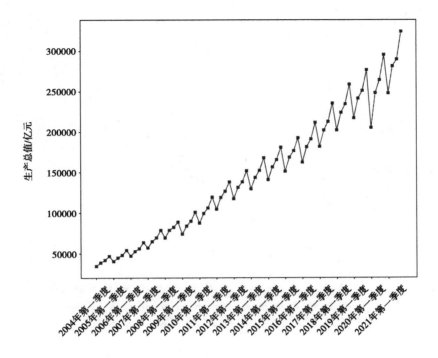

图 10.7 2004—2021 年各产业各季度国民生产总值折线图

```
plt.ylabel('生产总值(亿元)')     ## 添加 y 轴名称
plt.xticks(range(0,70,4),values[range(0,70,4),1],rotation=45)
plt.title('2004—2021 年各产业季度生产总值折线图')     ## 添加图表标题
plt.legend(['第一产业','第二产业','第三产业'])
plt.savefig('10.9.pdf')
plt.show()
```

图 10.8 给出了 2004—2021 年各产业、各季度国民生产总值点线图,连线能展示数值变化的趋势,着重画的点能突出各个时间点的数值。plot 函数可以一次接收多组数据,添加多条折线,同时可以定义每条折线的颜色、点的形状和类型,还可以将这 3 个参数连接在一起,用一个字符串表示,如下列代码所示。

```
plt.figure(figsize=(10,8),dpi=60)## 设置画布
plt.plot(values[:,0],values[:,3],'bs-',
values[:,0],values[:,4],'ro-.',
values[:,0],values[:,5],'gH--')## 绘制折线图
plt.xlabel('年份')## 添加横轴标签
plt.ylabel('生产总值(亿元)')## 添加 y 轴名称
plt.xticks(range(0,70,4),values[range(0,70,4),1],rotation=45)
plt.title('2004—2021 年各产业季度生产总值点线图')## 添加图表标题
plt.legend(['第一产业','第二产业','第三产业'])
plt.savefig('10.9.pdf')
plt.show()
```

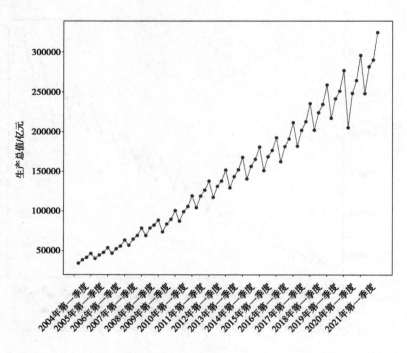

图 10.8　2004—2021 年各产业各季度国民生产总值点线图

图 10.9 给出了 2004—2021 年各产业季度生产总值点线图,用不同的线型和颜色,能非常直观地将各个产业的数值区分开来。从图中展示的 3 条点线来看,第一产业的增长比较缓慢,第三产业的增长速度非常快,目前已超过第二产业,成为占比最多的产业。

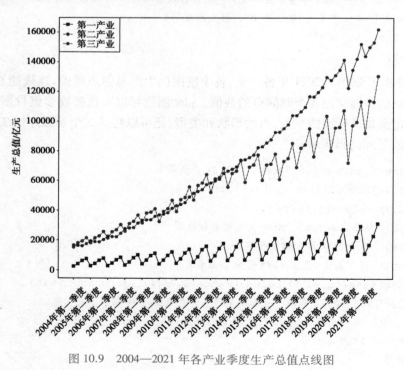

图 10.9　2004—2021 年各产业季度生产总值点线图

10.2.3　散点图和连线图作图示例

1)绘制各个产业与行业的国民生产总值散点图

国民生产总值数据包括三大产业的国民生产总值,以及农业、工业、建筑业、批发零售业、交通、餐饮、金融、房地产和其他各个行业、各个季度的增加值。通过散点图分析三大行业的国民生产总值可以发现我国产业结构的变化趋势。通过比较各个行业支架的季度增加值可以发现国民经济的主要贡献行业。下面将利用子图分别绘制三大产业和各行业、各季度的生产总值,如下列代码所示。

```python
import numpy as np
import matplotlib.pyplot as plt
plt.rcParams['font.sans-serif'] = 'SimHei' ## 设置中文显示
plt.rcParams['axes.unicode_minus'] = False
data = np.load('国民经济核算季度数据.npz',allow_pickle=True)
name = data['arr_0']## 提取其中的 arr_0 数组,视为数据的标签
values = data['arr_1']## 提取其中的 arr_1 数组,数据的存在位置
p = plt.figure(figsize=(12,12),dpi=80) ##设置画布
## 子图 1
ax1 = p.add_subplot(2,1,1)
plt.scatter(values[:,0],values[:,3], marker='o',c='r')## 绘制散点
plt.scatter(values[:,0],values[:,4], marker='D',c='b')## 绘制散点
plt.scatter(values[:,0],values[:,5], marker='v',c='y')## 绘制散点
plt.ylabel('生产总值(亿元)')## 添加纵轴标签
plt.title('2004—2021 年各产业与各行业、各季度国民生产总值散点图')## 添加标题
plt.legend(['第一产业','第二产业','第三产业'])## 添加图例
## 子图 2
ax2 = p.add_subplot(2,1,2)
plt.scatter(values[:,0],values[:,6], marker='o',c='r')## 绘制散点
plt.scatter(values[:,0],values[:,7], marker='D',c='b')## 绘制散点
plt.scatter(values[:,0],values[:,8], marker='v',c='y')## 绘制散点
plt.scatter(values[:,0],values[:,9], marker='8',c='g')## 绘制散点
plt.scatter(values[:,0],values[:,10], marker='p',c='c')## 绘制散点
plt.scatter(values[:,0],values[:,11], marker='+',c='m')## 绘制散点
plt.scatter(values[:,0],values[:,12], marker='s',c='k')## 绘制散点
plt.scatter(values[:,0],values[:,13], marker='*',c='purple')## 绘制散点
plt.scatter(values[:,0],values[:,14], marker='d',c='brown')## 绘制散点
plt.legend(['农业','工业','建筑','批发','交通','餐饮','金融','房地产','其他'])
plt.xlabel('年份')## 添加横轴标签
plt.ylabel('生产总值(亿元)')## 添加纵轴标签
plt.xticks(range(0,70,4),values[range(0,70,4),1],rotation=45)
plt.savefig('10.10.pdf')
plt.show()
```

通过观察图 10.10 可以非常直观地了解到我国现阶段国民经济增长的主要动力是第三产业,其次是第二产业。从行业来看,工业、其他行业和农业对整个国民经济的贡献度最大。从图上能非常直观地看出产业、行业在总量上的差别,而这种直观的感受是不能从数据中得到的。

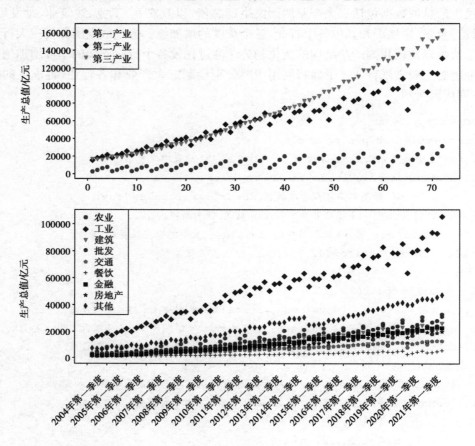

图 10.10　2004—2021 年各产业与各行业、各季度国民生产总值散点图

2) 绘制各个产业与行业的国民生产总值折线图

通过绘制各个产业与行业的国民生产总值折线图,能够发现我国各产业与各行业的增长趋势,如下列代码所示。

```
p1 = plt.figure(figsize=(12,12))## 设置画布
## 子图 1
ax3 = p1.add_subplot(2,1,1)
plt.plot(values[:,0],values[:,3],'b-',
values[:,0],values[:,4],'r-.',
values[:,0],values[:,5],'g--')## 绘制折线图
plt.ylabel('生产总值(亿元)')## 添加纵轴标签
plt.title('2004—2021 年各产业季度生产总值折线图')## 添加图表标题
plt.legend(['第一产业','第二产业','第三产业'])## 添加图例
## 子图 2
ax4 = p1.add_subplot(2,1,2)
```

130

```
plt.plot(values[:,0],values[:,6],'r-',## 绘制折线图
values[:,0],values[:,7], 'b-.',## 绘制折线图
values[:,0],values[:,8], 'y--',## 绘制折线图
values[:,0],values[:,9],'g:',## 绘制折线图
values[:,0],values[:,10],'c-',## 绘制折线图
values[:,0],values[:,11],'m-.',## 绘制折线图
values[:,0],values[:,12],'k--',## 绘制折线图
values[:,0],values[:,13], 'r:',## 绘制折线图
values[:,0],values[:,14],'b-')## 绘制折线图
plt.legend(['农业','工业','建筑','批发','交通',
'餐饮','金融','房地产','其他'])
plt.xlabel('年份')## 添加横轴标签
plt.ylabel('生产总值(亿元)')## 添加纵轴标签
plt.xticks(range(0,70,4),values[range(0,70,4),1],rotation=45)
plt.savefig('10.11.pdf')
plt.show()
```

从图 10.11 中可以看出,我国整体经济呈现出快速增长的趋势,其中,第一产业、第二产业的增长相对比较慢,但是有明显的周期性;农业的周期性和第一产业的周期性基本吻合。工业和第二产业的增长趋势基本一致。除餐饮业外,其他各个行业均呈现明显的增长趋势。

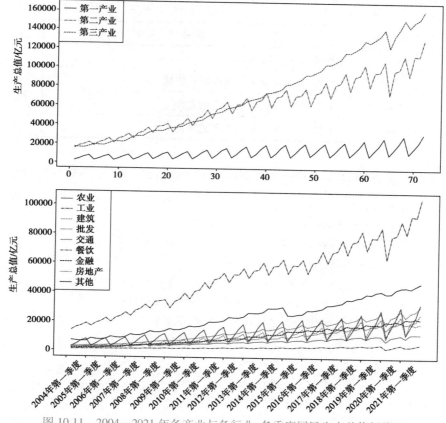

图 10.11 2004—2021 年各产业与各行业、各季度国民生产总值折线图

10.3　用图形展示数据分布与分散情况

直方图、饼图和箱线图是另外 3 种数据分析中常用的图形，主要用于分析数据内部的分布情况和分散状态。直方图主要用于查看数据的数量分布，并可以用来对分组数据之间的数量进行比较。饼图则倾向于查看数据的分布占比情况。箱线图的作用是对整体数据分散情况进行的描述，同时可以帮助判断离群值或者异常值。

10.3.1　直方图

直方图又称为质量分布图，是数据分析报告中的常用图表之一。直方图由高度不等的纵向条纹或者线段表示数据分布的情况，一般用横轴表示数据所属的类别，用纵轴表示数量或者占比。用直方图可以直观地看出数据的分布情况。pyplot 中绘制直方图的函数为 bar，其基本语法如下：

```
plt.bar(x, height, width = 0.8, bottom = None, align = 'center', data = None, **
kwargs)
```

其中，主要参数说明见表 10.9。

表 10.9　scatter 函数的常用参数及说明

参数名称	说明
left	数组，表示 x 轴数据
height	数组，表示 x 轴所代表数据的数量
width	0~1 的浮点数，指定直方图宽度
color	字符串，用来指定直方图的颜色

用 bar 函数绘制 2004 年第一季度各产业国民生产总值直方图，如下列代码所示。

```
import numpy as np
import matplotlib.pyplot as plt
plt.rcParams['font.sans-serif'] = 'SimHei'## 设置中文显示
plt.rcParams['axes.unicode_minus'] = False
data = np.load('国民经济核算季度数据.npz',allow_pickle=True)
name = data['arr_0'] ## 提取其中的 arr_0 数组,视为数据的标签
values = data['arr_1'] ## 提取其中的 arr_1 数组,数据的存在位置
label = ['第一产业','第二产业','第三产业']## 刻度标签
plt.figure(figsize=(6,5))## 设置画布
plt.bar(range(3),values[-1,3:6],width = 0.2)
plt.xlabel('产业')              ## 添加横轴标签
plt.ylabel('生产总值(亿元)') ## 添加纵轴名称
```

```
plt.xticks(range(3),label)
plt.title('2004 年第一季度各产业国民生产总值直方图') ## 添加图表标题
plt.savefig('10.12.pdf')
plt.show()
```

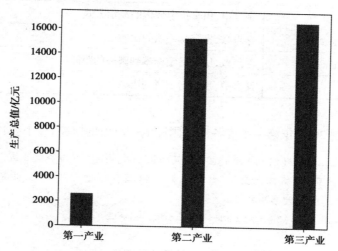

图 10.12　2004 年第一季度各产业国民生产总值直方图

通过如图 10.12 所示的直方图可以看出,2004 年第一季度的第一产业生产总值不到第二产业的 1/6,基本上和第三产业的 1/10 持平,从而能直观地看出三大产业的差距。需要注意的是,直方图往往只能反映某个观测点或者时间节点上的数据分布,无法反映连续变化的情况。

10.3.2　饼图

饼图是将各项数据的大小与各项总和的比例显示在一张饼图中,以饼的大小来确定每一项的占比。饼图可以比较清楚地反映出部分与部分、部分与整体之间的比例关系,因此,饼图也经常出现在数据分析的各种报表中。饼图的最大特点在于显示方式非常直观。

pyplot 中绘制直方图的函数为 pie,其基本语法如下:

```
plt.pie(x, explode=None, labels=None, colors=None, autopct=None, pctdistance=
0.6, shadow=False, labeldistance=1.1, startangle=0, radius=1, counterclock=
True, wedgeprops=None, textprops=None, center=(0,0), frame=False, rotatelabels=
False, normalize=None, data=None)
```

pie 的参数非常多,常用参数及说明,见表 10.10。

表 10.10　pie 函数的常用参数及说明

参数名称	说明
x	数组,表示用于绘制饼图的数据
explode	数组,指定具体项到圆心的距离

续表

参数名称	说明
labels	数组，用来指定每一项的名称
color	字符串，用来指定饼的颜色
autopct	字符串，用来指定数值的显示方式
pctdistance	浮点数，指定每一项的比例
labeldistance	浮点数，用来指定标签到圆心的距离
radius	浮点数，用来指定饼的半径

用 pie 函数绘制 2004 年第一季度各产业国民生产总值的饼图，如下列代码所示。

```
plt.figure(figsize=(7,6))## 将画布设定为正方形,则绘制的饼图是正圆
label = ['第一产业','第二产业','第三产业']## 定义饼状图的标签,标签是列表 explode =
[0.2,0.01,0.01]## 设定各项离心 n 个半径
plt.pie(values[-1,3:6],explode=explode,labels=label, autopct ='% 1.1f% %')##
绘制饼图
plt.title('2004 年第一季度各产业国民生产总值饼图')
plt.savefig('10.13.pdf')
plt.show()
```

从如图 10.13 所示的饼图中可以直观地看出 3 个产业在整个国民生产总值中的占比,第一产业不到 8%,第三产业占比最高,说明现阶段我国国民经济的主要贡献产业为第三产业。

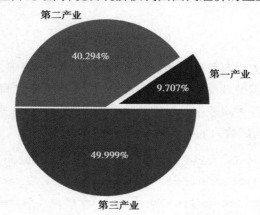

图 10.13　2004 年第一季度各产业国民生产总值饼图

10.3.3　箱线图

箱线图是数据分析中,尤其是在分析的初始阶段时常用的图表之一。箱线图能提供有关数据位置和分散情况的关键信息,并能初步判断出离群值。箱线图中的 5 条线,从上往下分别代表 5 个统计量:最大值、上四分位数、中位数、下四分位数和最小值。根据箱线图可以初略地看出数据是具有对称性、分布的分散程度等信息。特别是在对多个样本数据分布的初步比较

时,箱线图有良好的表现。

pyplot 中绘制箱线图的函数为 boxplot,其基本语法如下:

```
plt.boxplot(x, notch = None, sym = None, vert = None, whis = None, positions = None,
widths =None, patch_artist =None, bootstrap =None, usermedians =None, conf_ inter-
vals =None, meanline =None, showmeans =None, showcaps =None, showbox = None,
showfliers =None, boxprops = None, labels = None, flierprops = None, medianprops =
None, meanprops =None, capprops = None, whiskerprops = None, manage_ticks = True,
autorange =False, zorder =None, data =None)
```

boxplot 函数的参数非常多,其中主要的参数说明见表 10.11。

表 10.11　boxplot 函数的常用参数及说明

参数名称	说明
x	数组,表示用于绘制箱线图的数据
notch	布尔值,指定箱体是否有缺口
sym	字符串,用来指定异常值的形状
vert	布尔值,用来指定图形是横向的还是纵向的
positions	数组,用来指定图形的位置
widths	数值或者数组,指定箱体的宽度
labels	数组,用来指定每一个箱线图的标签
meanline	布尔值,用来指定是否有均值线

用 boxplot 函数绘制 2004—2021 年各产业国民生产总值箱线图,如下列代码所示。

```
label = ['第一产业','第二产业','第三产业']## 定义标签
gdp = (list(values[:,3]),list(values[:,4]),list(values[:,5]))
plt.figure(figsize=(8,6))
plt.boxplot(gdp,notch=True,labels = label, meanline=True,vert = True)
plt.title('2004—2021 各产业国民生产总值箱线图')
plt.savefig('10.14.pdf')
plt.show()
```

从如图 10.14 所示中的箱线图可以看出,第一产业在某一年的某个季度具有一个异常值。第三产业整体迅速变大,导致第三产业数据前半部分相对密集,后半部分相对分散。

10.3.4　直方图、饼图和箱线图作图示例

直方图、饼图和箱线图作为分析特征内部数据的常用统计图形,经常用来作为对数据的初步分析或者结果的总结。下面将举例说明这些统计图表的使用。

1)绘制国民生产总值构成分布直方图

仍以 2004—2021 年的国民生产总值的数据为例,对国民生产总值的构成进行分析,此时,可以用直方图对该问题进行分析。如下列代码所示。

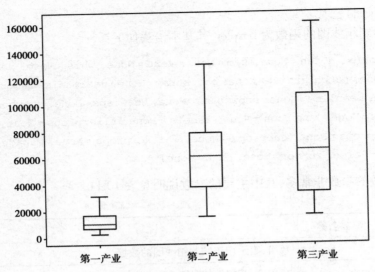

图 10.14　2004—2021 年各产业国民生产总值箱线图

```
import numpy as np
import matplotlib.pyplot as plt
data = np.load('国民经济核算季度数据.npz',allow_pickle=True)
name = data['arr_0'] ## 提取其中的 arr_0 数组,视为数据的标签
values = data['arr_1']## 提取其中的 arr_1 数组,数据的存在位置
plt.rcParams['font.sans-serif'] = 'SimHei' ## 设置中文显示
plt.rcParams['axes.unicode_minus'] = False
label1 = ['第一产业','第二产业','第三产业']## 刻度标签1
label2 = ['农业','工业','建筑','批发','交通',
'餐饮','金融','房地产','其他']## 刻度标签2
p = plt.figure(figsize=(12,12))
## 子图1
ax1 = p.add_subplot(2,2,1)
plt.bar(range(3),values[0,3:6],width = 0.5)## 绘制散点图
plt.xlabel('产业')## 添加横轴标签
plt.ylabel('生产总值(亿元)')## 添加 y 轴名称
plt.xticks(range(3),label1)
plt.title('2021 年第四季度国民生产总值产业构成分布直方图')
## 子图2
ax2 = p.add_subplot(2,2,2)
plt.bar(range(3),values[-1,3:6],width = 0.5)## 绘制散点图
plt.xlabel('产业')## 添加横轴标签
plt.ylabel('生产总值(亿元)')## 添加 y 轴名称
plt.xticks(range(3),label1)
plt.title('2004 年第四季度国民生产总值产业构成分布直方图')
## 子图3
ax3 = p.add_subplot(2,2,3)
plt.bar(range(9),values[0,6:],width = 0.5)##绘制散点图
```

```
plt.xlabel('行业')## 添加横轴标签
plt.ylabel('生产总值(亿元)')## 添加 y 轴名称
plt.xticks(range(9),label2)
plt.title('2021 年第四季度国民生产总值行业构成分布直方图')## 添加图表标题
## 子图 4
ax4 = p.add_subplot(2,2,4)
plt.bar(range(9),values[-1,6:],width = 0.5)## 绘制散点图
plt.xlabel('行业')## 添加横轴标签
plt.ylabel('生产总值(亿元)')## 添加 y 轴名称
plt.xticks(range(9),label2)
plt.title('2004 年第四季度国民生产总值行业构成分布直方图')## 添加图表标题
## 保存并显示图形
plt.savefig('10.15.pdf')
plt.show()
```

从如图 10.15 所示中的条形图可以看出,通过对 2004—2021 年第四季各个产业的生产总值直方图进行比对,有如下变化:从纵轴取值的变化可以看出,国民生产总值增长近 10 倍,三大产业都有显著的增长;从结构上来看,第三产业的总占比显著增大;比较各个行业的变化趋势,金融业和房地产的增长最为显著。

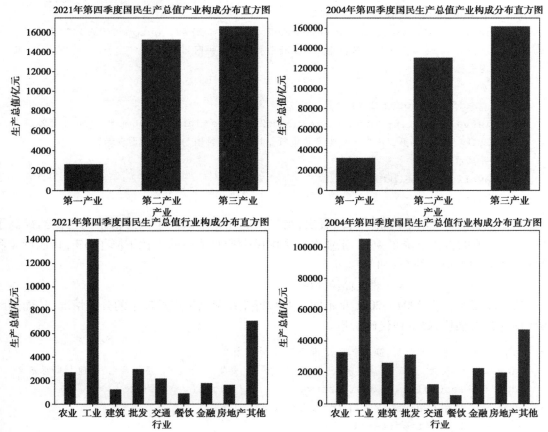

图 10.15　2004—2021 年第四季度国民生产总值产业构成分布直方图

2）绘制国民生产总值构成分布饼图

和直方图相比，饼图能够直观地反映出各个部分所占的精确比率且不失美观性，是数据分析报表中的常用统计图表。通过分析，2004 年与 2021 年不同的产业和行业在国民生产总值中的占比，可以发现我国的产业结构变化和行业变迁。如下列代码所示。

```
label1 =['第一产业','第二产业','第三产业']## 标签 1
label2 = ['农业','工业','建筑','批发','交通','餐饮','金融','房地产','其他']##标签 2
explode1 = [0.01,0.01,0.01]
explode2 = [0.01,0.01,0.01,0.01,0.01,0.01,0.01,0.01,0.01]
p= plt.figure(figsize=(12,12))
## 子图 1
ax1 = p.add_subplot(2,2,1)
plt.pie(values[0,3:6],explode=explode1,labels=label1,autopct='%1.1f%%')
plt.title('2021 年第四季度国民生产总值产业构成分布饼图')
##子图 2
ax2 = p.add_subplot(2,2,2)
plt.pie(values[-1,3:6],explode=explode1,labels=label1,autopct='%1.1f%%')
plt.title('2004 年第四季度国民生产总值产业构成分布饼图')
##子图 3
ax3 = p.add_subplot(2,2,3)
plt.pie(values[0,6:],explode=explode2,labels=label2,autopct='%1.1f%%')
plt.title('2021 年第四季度国民生产总值行业构成分布饼图')
##添加图表标题
##子图 4
ax4 = p.add_subplot(2,2,4)
plt.pie(values[-1,6:],explode=explode2,labels=label2,autopct='%1.1f%%')
plt.title('2004 年第四季度国民生产总值行业构成分布饼图')## 添加图表标题
##保存并显示图形
plt.savefig('10.16.pdf')
plt.show()
```

从如图 10.16 所示中的饼图可以看出，第三产业在整个国民生产总值中的占比约提高了 2%，第二产业的占比下降了 4%。工业在整个国民生产总值中的占比下降了 6%，其他行业和餐饮行业分别下降了约 5% 和 1%。

3）绘制国民生产总值分散情况箱线图

通过箱线图分析 2004—2021 年不同产业和行业在国民生产总值中的分散情况，从而判断整体增速是否加快，如下列代码所示。

```
label1 = ['第一产业','第二产业','第三产业']## 标签 1
label2 = ['农业','工业','建筑','批发','交通','餐饮','金融','房地产','其他']##标签 2
gdp1 = (list(values[:,3]),list(values[:,4]),list(values[:,5]))
gdp2 = ([list(values[:,i]) for i in range(6,15)])
p = plt.figure(figsize=(8,8))
## 子图 1
```

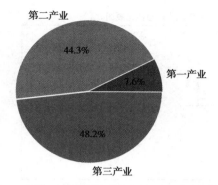
（a）2021年第四季度国民生产总值产业构成分布饼图

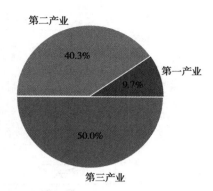
（b）2004年第四季度国民生产总值产业构成分布饼图

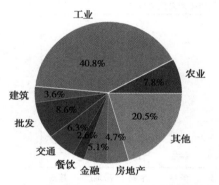
（c）2021年第四季度国民生产总值行业构成分布饼图

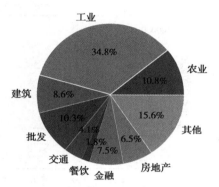
（d）2004年第四季度国民生产总值行业构成分布饼图

图 10.16　2004—2021 年第四季度国民生产总值产业构成分布饼图

```
ax1 = p.add_subplot(2,1,1)
plt.boxplot(gdp1,notch=True,labels = label1, meanline=True)
plt.title('2004—2021 各产业国民生产总值箱线图')
plt.ylabel('生产总值(亿元)')## 添加 y 轴名称
## 子图 2
ax2 = p.add_subplot(2,1,2)
plt.boxplot(gdp2,notch=True,labels = label2, meanline=True)
plt.title('2004—2021 各行业国民生产总值箱线图')
plt.xlabel('行业')            ## 添加横轴标签
plt.ylabel('生产总值(亿元)')## 添加 y 轴名称
## 保存并显示图形
plt.savefig('10.17.pdf')
plt.show()
```

通过如图 10.17 所示的箱线图可以看出，整体经济形势是上升的，结合箱线图可以看出产业中的第一产业增长平缓。行业中的工业增长比较快，其他行业、批发行业、餐饮业、建筑业、金融和房地产增速都比较平缓。

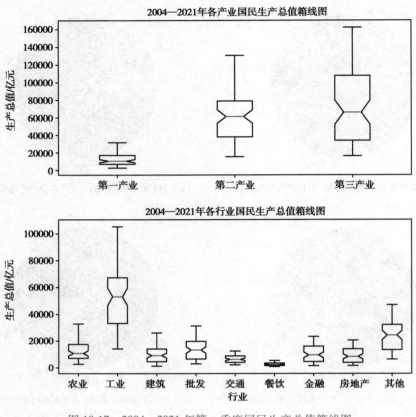

图 10.17　2004—2021 年第一季度国民生产总值箱线图

习　题

1.随机生成 1000 个随机数,并绘制这 1000 个数的直方图。

2.在区间 $(0,10)$ 上绘制 $y = \sin^2 x * \cos(3x)$ 的图像,并设置线型为虚线。

3.在一张画布中,用两个子图分别给出 $y = \sin x$ 和 $y = \cos x$ 在 $(0, 2\pi)$ 的图像。

4.对两组成绩数据,张三:$(79, 89, 98, 78)$,李四:$(56, 88, 79, 98)$,绘制并列条形图,并以不同的底纹以示区别。

5.以鸢尾花数据集为例,画出萼片和花瓣的散点图。

6.以鸢尾花数据集为例,画出不同种类鸢尾花萼片和花瓣的分类散点子图。

7.以鸢尾花数据集为例,画出不同种类鸢尾花萼片和花瓣大小的柱状图或箱线图。

11

统计分析基础工具——pandas

统计分析是数据分析的重要组成部分,几乎贯穿整个数据分析流程。统计分析除包含单一数值型特征的数据集中趋势、离散趋势和一些常见的统计量外,还包含多个特征的比较和计算等知识。Python 中的 pandas 库是专门用作统计分析的基础库,功能强大。在本章中,将介绍利用 pandas 读取与存储数据、数据框的操作、基础时间数据的处理、分组聚合原理与方法以及透视表与交叉表的制作。

11.1 用 pandas 读写不同源的数据

数据的读取是进行数据预处理、数据建模和数据分析的基础。不同源的数据,需要使用不同的函数读取。pandas 中提供了 10 余种函数用来读取不同源的数据和对应的写入数据函数。一般来说,最常见的数据源有 3 种,分别是数据库数据、文本文件(通常包含 TXT 文件和 CSV 文件)和 Excel 文件。本书主要介绍文本文件和 Excel 文件的读写。

11.1.1 文本文件的读写

文本文件是一种由若干行字符构成的计算机文件,它是一种典型的顺序文件。常见的文本文件是后缀为".txt"的文件和后缀为".csv"的文件,".txt"的文件分隔符为空格,".csv"的文件分隔符一般情况下为逗号(其后缀既是".csv"的文件分隔符也可以是其他符号,所以通常也称这种文件为分隔符文件)。CSV 文件是一种通用的、相对简单的文件格式,广泛应用于程序之间转移数据,而这些程序本身是在不兼容的格式上进行操作的。正是因为很多程序都支持CSV 格式的文件,因此,CSV 格式文件通常被用作程序的输入和输出文件。

1)文本文件的读取

CSV 格式的文件是一种文本文件,在数据读取过程中,可以使用文本文件的读取函数对CSV 格式的文件进行读取。例如,可以用 numpy.load( )函数读取 CSV 格式的文件,不过读出的数据是以数组的格式存储的。同时,如果文本文件是分隔符文件,也可以使用读取 CSV 格式文件的函数来读取。pandas 中提供了 read_table 来读取文本文件,提供了 read_csv 函数来读取 CSV 格式文件。read_table 和 read_csv 函数的常用参数以及语法如下:

```
pd.read_table(filepath, sep='\t', delimiter=None, header='infer', names=None,
index_col=None, usecols=None, squeeze=False, prefix=None, mangle_dupe_ cols=
True, dtype=None, engine=None, converters=None, true_values=None, false_
values=None, skipinitialspace=False, skiprows=None, skipfooter=0, nrows=
None, na_values=None, keep_default_na=True, na_filter=True,verbose=False, …)
pd.read_csv(filepath, sep=',', delimiter=None, header='infer', names=None,
index_col=None, usecols=None, squeeze=False, prefix=None, mangle_dupe_cols=
True, dtype=None, engine=None, converters=None, true_values=None, false_
values=None, skipinitialspace=False, skipfooter=0, nrows=None, na_ values=
None, keep_default_na=True, na_filter=True, verbose=False, …)
```

显然,上面的两个函数有很多参数都相同,常用的参数及说明,见表 11.1。

表 11.1　read_table 函数的常见参数及说明

参数名称	说明
filepath	字符串,表示打开文件的路径
sep	字符串,表示文件的分隔符类型
header	整数或者序列,用来指定表示列名的行
names	数组,用来指定列名
index_col	整数,序列或者 False,表示索引列的位置
dtype	字典,表示写入数据的类型
engine	c 或者 python,表示数据解析的引擎
nrows	整数,表示读取数据的行数

以淘宝电商销售数据(business_data.csv)为例,使用这两个函数读取数据的代码如下所示。

```
# 使用 read_table 读取订单信息表
data1 = pd.read_table("E:\\business_data1.csv",sep=',',encoding='utf-8')
data2 = pd.read_csv("E:\\business_data1.csv",encoding='utf-8')
print('使用 read_table 读取订单信息表的长度为:',len(data1))
print('使用 read_csv 读取订单信息表的长度为:',len(data2))
```

执行结果:

```
使用 read_table 读取订单信息表的长度为:104
使用 read_csv 读取订单信息表的长度为:104
```

用 pandas 读取的数据,在 Python 中的存储格式为数据框,这是与数组不同的一种数据存储格式。与数组相比,数据框允许设置列名,不同的列可以是不同格式的数据,更有利于数据分析。上面代码中,data1 就是一个数据框,可以在 Spyder 中显示出来,如图 11.1 所示。

比较上述代码中 read_table 和 read_csv 函数格式,在读取 CSV 格式数据时,如果用 read_table 函数,则必须指定分隔符;如果用 read_csv 函数,则无须指定分隔符。sep 参数就是用来指定文本分隔符的。如果分隔符指定错误,则在读取数据时,每一行数据会连成一行。header 参数是用来指定列名的,如果参数为"None",则不会从数据文件中提取列名,而是默认给数据框添加列名。encoding 参数代表文件的编码格式,常用的编码方式有 UTF-8、UTF-16、GBK、GB2312、GB18030 等。如果编码指定错误,则会报错。

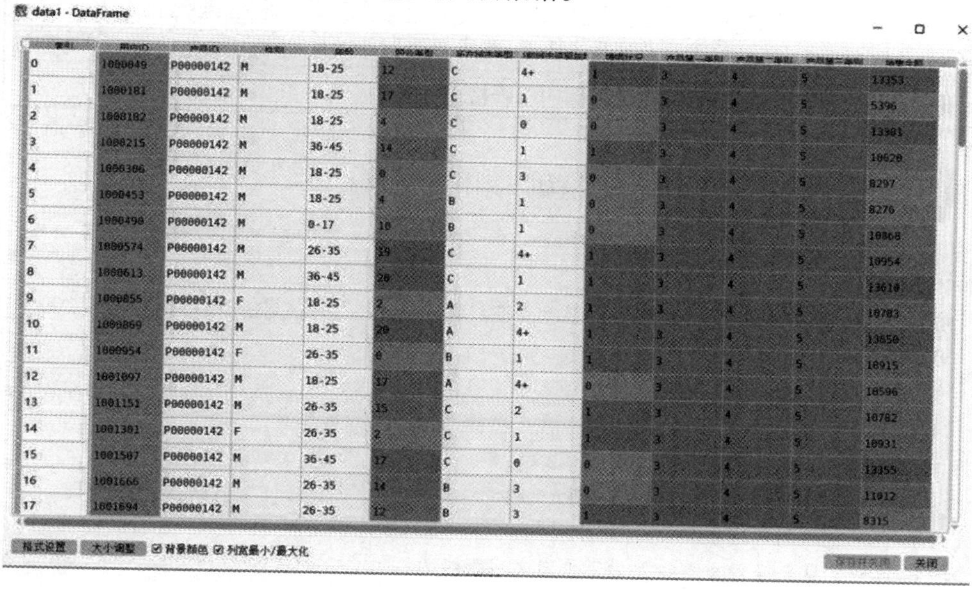

图 11.1　Spyder 中数据框的显示图

在之前的章节中已介绍过利用 numpy.load( )、numpy.loadtxt( )等函数读取数据。需要注意的是,numpy.save( )和 numpy.savez( )这两个函数对应的读取函数为 numpy.load( )函数,numpy.savetxt( )函数对应的函数为 numpy.loadtxt( )函数。而且上述的几个函数仅限于数组的存储与读取,当数据不是数组时,就会报错,而 pandas 几乎可以读取所有常见格式的数据。

2)文本文件的存储

在 pandas 中,文件的存储和读取类似,针对结构良好的数据,可以通过 pandas 中的 to_csv 函数实现以 CSV 格式存储。to_csv 函数的语法和常用参数如下:

```
pd.DataFrame.to_csv(path_or_buf = None, sep =',', na_rep: str = '', columns = None,
header = True, index = True, index_label = None, mode = 'w', encoding = None, ...)
```

to_csv 函数的常用参数及说明,见表 11.2。

表 11.2　to_csv 函数的常用参数及说明

参数名称	说明
path_or_buf	字符串,表示存储文件的路径
sep	字符串,表示文件的分隔符类型
na_rep	字符串,用来表示缺失值
columns	数组,用来指定列名
header	boolean,表示是否存储列名

143

续表

参数名称	说明
index	字符串，表示是否存储索引
index_label	序列，表示索引的名称
mode	字符串，表示数据写入模式，默认为"w"
encoding	字符串，表示数据存储的编码格式

将淘宝电商订单信息写入 CSV 文件，如下列代码所示。

```
order = pd.read_table("E:\\business_data1.csv",sep = ',',encoding = 'utf-8')
import os
print('订单信息表写入文本文件前目录内文件列表为：\n', os.listdir(r'E:\python\tmp'))
os.listdir
#os 包，用来处理文件目录的包
#os.listdir：查看当前路径下的文件.可在电脑上查看对应的路径
# 将 data1 以 csv 格式存储 order.to_csv
order.to_csv(r'E:\python\tmp\orderInfo.csv',sep = ',',index = True)
# 注意 index = True 或者 False 的作用
print('订单信息表写入文本文件后目录内文件列表为：\n', os.listdir(r'E:\python\tmp'))
# 注意：最好不要用中文命名文件名
```

执行结果：

```
订单信息表写入文本文件前目录内文件列表为：
['studentsystem']
订单信息表写入文本文件后目录内文件列表为：
[ \textbf{'orderInfo.csv'}, 'studentsystem']
```

11.1.2 Excel 文件的读写

Excel 是微软公司的办公软件 Microsoft Office 的关键组件之一，它可以对数据进行处理、统计分析等操作，功能强大，广泛应用于管理、财经、教育等众多领域。其文件的保存依照程序版本分为两种：Microsoft Office Excel 2007 之前的版本，默认的文件扩展名为.xls；Microsoft Office Excel 2007 之后的版本，默认的文件扩展名为.xlsx。

1) Excel 文件的读取

pandas 提供了 read_excel 函数来读取".xls"和".xlsx"两种 Excel 文件，其语法和常用参数如下：

```
pandas.read\_excel(io, sheetname = 0, header = 0, index \_col = None, names = None, dtype = None)
```

read_excel 函数和 read_table 函数的部分参数完全相同，其常用参数及说明见表 11.3。

表 11.3　read_excel 函数的常用参数及说明

参数名称	说明
io	字符串,表示读取文件的路径
sheetname	字符串,表示 Excel 表的分表名称
header	整数或者序列,用来指定作为列名
names	数组,用来指定列名
index_col	整数、序列或者 False,表示索引位置
dtype	字典型数据,表示写入数据的类型

将淘宝电商的客户信息表从数据库中导出为 xlsx 文件,利用 read_excel 读取文件的代码如下所示。

```
user1 = pd.read_excel("E:\\users.xlsx")
#默认情况下读取第一章"sheet",当然可以自己指定.
user2 = pd.read_excel("E:\\users.xlsx",sheet_name="user2")
print('客户信息表 user1 长度为:',len(user1))
print('客户信息表 user2 长度为:',len(user2))
#这两个表的数据是一样的,只是排列顺序有所不同
```

执行结果:

```
客户信息表 user1 长度为:588
客户信息表 user2 长度为:588
```

2) Excel 文件的存储

和存储文本文件的方法类似,可以用 to_excel 函数将数据保存为 Excel 数据文件。其使用语法和常用参数如下:

```
DataFrame.to_excel(
excel_writer,           # 指定保存文件的路径和文件名
sheet_name='Sheet1',    # 指定保存文件的 sheet 名称,默认为 Sheet1
na_rep='',              # 指定空值的表示方式,默认为不表示
float_format=None,      # 特定字符串,指定小数点位数,如"%.2f"
columns=None,           # 列表或者字符串,指定保存的列
header=True,            # 用来保存列名
index=True,             # 是否输出索引列
startrow=0,             # 输出数据在 Excel 中的起始行,默认为 0
startcol=0,             # 输出数据在 Excel 中的起始列,默认为 0
encoding=None)          # 指定编码方式
```

将上述客户信息表存为 Excel 表格,如下列代码所示。

```
print('客户信息表写入 excel 文件前目录内文件列表为:\n', os.listdir(r'E:\python\tmp'))
```

```
user1.to_excel(r'E:\python\tmp\userInfo.xlsx',sheet_name = 'data1',startrow = 2,
startcol = 2)
print('客户信息表写入 excel 文件后目录内文件列表为: \n', os.listdir(r'E:\python\
tmp'))
```

执行结果：

客户信息表写入 excel 文件前目录内文件列表为:

['orderInfo.csv', 'studentsystem']

客户信息表写入 excel 文件后目录内文件列表为:

['orderInfo.csv', 'studentsystem', 'userInfo.xlsx']

需要注意的是，通过 startrow 和 startcol 可以指定录入数据的初始位置，满足写入数据的多种要求。上面输出的数据格式如图 11.2 所示。

	用户 ID	产品 ID	性别	年龄	职业类型	在城市类	城市停留	婚姻状况	品第一类	品第二类	品第三类	销售金额
0	1000049	P0000014	M	18-25	12	C	4+		1	3	4	5	13353
1	1000181	P0000014	M	18-25	17	C		1	0	3	4	5	5396
2	1000182	P0000014	M	18-25	4	C		0	0	3	4	5	13301
3	1000215	P0000014	M	36-45	14	C		1	1	3	4	5	10620
4	1000306	P0000014	M	18-25	0	C		3	0	3	4	5	8297
5	1000453	P0000014	M	18-25	4	B		1	0	3	4	5	8276
6	1000490	P0000014	M	0-17	10	B		1	0	3	4	5	10868
7	1000574	P0000014	M	26-35	19	C	4+		1	3	4	5	10954
8	1000613	P0000014	M	36-45	20	C		1	1	3	4	5	13610
9	1000855	P0000014	F	18-25	2	A		2	1	3	4	5	10783
10	1000869	P0000014	M	18-25	20	A	4+		1	3	4	5	13650
11	1000954	P0000014	F	26-35	0	B		1	1	3	4	5	10915
12	1001097	P0000014	M	18-25	17	A	4+		1	3	4	5	10596
13	1001151	P0000014	M	26-35	15	C		2	1	3	4	5	10782
14	1001301	P0000014	F	26-35	2	C		1	0	3	4	5	10931
15	1001507	P0000014	M	36-45	17	C		0	0	3	4	5	13355
16	1001666	P0000014	M	26-35	14	B		3	0	3	4	5	11012
17	1001694	P0000014	M	26-35	12	B		3	1	3	4	5	8315
18	1001737	P0000014	M	36-45	20	B		3	0	3	4	5	13348
19	1001758	P0000014	F	26-35	0	B		3	0	3	4	5	10617
20	1001790	P0000014	M	26-35	13	C		1	0	3	4	5	8029
21	1001825	P0000014	M	26-35	7	C	4+		1	3	4	5	10920
22	1001941	P0000014	M	36-45	17	A		1	0	3	4	5	13704
23	1001996	P0000014	M	36-45	0	C		3	0	3	4	5	13279

图 11.2　pd.to_excel 指定数据输出位置的示例

11.2　DataFrame 的常用操作

DataFrame 是最常用的 pandas 对象，类似于 Microsoft Office Excel 表格。完成数据的读取后，数据在 Python 中就是以 DataFrame 数据结构存储在内存中的。但是此时并不能直接开始统计分析工作，需要使用 DataFrame 的属性与方法对数据的分布、大小等基本数据情况有一定的了解。只有对数据的基础状况有一个深度的了解，才能依据数据的状况进行合理的统计分析。

11.2.1　DataFrame 的常用属性

DataFrame 的基本属性有 values、index、columns 和 dtypes，分别可以获取数据框的元素、索引、列名和类型。订单详情表的基本属性如下列代码所示。

```
detail = pd.read_csv("E:\\business_data2.csv",encoding='utf-8')
print('订单详情表的索引为:','\n', detail.index)
print('订单详情表的所有值为:','\n', detail.values)
print('订单详情表的列名为:','\n',detail.columns)
print('订单详情表的数据类型为:','\n', detail.dtypes)
```

执行结果:

订单详情表的索引为:

RangeIndex(start=0, stop=888, step=1)

订单详情表的所有值为:

[[1000049 'P00000142' 'M' ... 4 5 13353]

[1000181 'P00000142' 'M' ... 4 5 5396]

[1000182 'P00000142' 'M' ... 4 5 13301]

...

[1004610 'P00000142' 'F' ... 4 5 11033]

[1004704 'P00000142' 'M' ... 4 5 10784]

[1004725 'P00000142' 'M' ... 4 5 13293]]

订单详情表的列名为:

Index(['用户ID','产品ID','性别','年龄','职业类型','所在城市类型','当前城市停留年数','婚姻状况',
'产品第一类别','产品第二类别','产品第三类别','销售金额'],
dtype='object')

订单详情表的数据类型为:

用户ID	float64
产品ID	object
性别	object
年龄	object
职业类型	float64
所在城市类型	object
当前城市停留年数	object
婚姻状况	float64
产品第一类别	float64
产品第二类别	float64
产品第三类别	float64
销售金额	float64

dtype: object

除了上述4个属性外,size、ndim、shape和T这几个属性能获取数据框中的元素个数、维度数和数据的形状信息,如下列代码所示。

```
print('订单详情表的元素个数为:', detail.size)#所有数据的个数
print('订单详情表的维度数为:', detail.ndim) #数组的维数,也是数据框的维数
print('订单详情表转置前形状为:',detail.shape)
print('订单详情表转置后形状为:',detail.T.shape) #数据转置
```

执行结果：

订单详情表的元素个数为：10656
订单详情表的维度数为：2
订单详情表转置前形状为：(888, 12)
订单详情表转置后形状为：(12, 888)

11.2.2 DataFrame 数据的查找和修改

对数据进行查找、重新赋值、增加和删除等基本操作，在任何数据分析过程中都会用到。DataFrame 作为一种二维数据表结构，当然也能进行这些基本操作，例如，添加一行，添加一列，删除一行，删除一列，修改某一个值，或者将某个区间内的值进行替换等。

1) DataFrame 中的数据的基本查看方式

单列的 DataFrame 数据也称为一个 Series。根据 DataFrame 的定义，DataFrame 是一个带有标签的二维数组，每个标签相当于对应的列名。用类似于字典的方式访问某一个 key，得到对应值，就可以实现单列数据的访问，如下列代码所示。

```
detail.dtypes #查看列名
user_id = detail['用户 ID'] # 用字典的方法提取单列数据框数据
print('订单详情表中的用户 ID 的形状为:',user_id.shape)
name = detail.产品 ID #用属性的方法提取单列数据
print('订单详情表中的产品 ID 的形状为:',name.shape)
data3 = detail[['用户 ID','产品 ID']] #用字典的方式提取多列数据
print('提取的两列数据的形状为:',data3.shape)
# 注意,提取多列数据时,列名必须组合成一个列表才能提取
```

执行结果：

订单详情表中的用户 ID 的形状为:(888,)
订单详情表中的产品 ID 的形状为:(888,)
提取的两列数据的形状为:(888, 2)

用字典方法和属性方法都能提取出数据框的数据，但是一般情况下很少使用属性方式。这是因为在大多数情况下，列名都是用英文表示的，以属性方式访问某一列的形式和用 DataFrame 属性方法的访问使用格式完全相同，如果列名和 pandas 提供的方法相同，这将会引起程序混乱，同时，用属性方法提取数据，也难以理解。

访问 DataFrame 中某一列的某几行时，单独一列的 DataFrame 可以视为一个 Series，而访问一个 Series 基本上和访问一个一维的 ndarray 相同，如下列代码所示。

```
name5 = detail['产品 ID'][:5]
print('订单详情表中的 name 前 5 个元素为:','\n',name5)
```

执行结果：

订单详情表中的 name 前 5 个元素为:
0   P00000142
1   P00000142

```
2    P00000142
3    P00000142
4    P00000142
Name: 产品 ID, dtype: object
```

用字典方式访问 DataFrame 多列数据时,应将多个列名放进一个列表中,同时,访问 Dat-aFrame 多列数据中的多行数据和访问单列数据中的多行数据方法基本相同,访问订单详情表中的 order_id 和 name 的前 5 个元素,如下列代码所示。

```
infoname = detail[['用户 ID','产品 ID']][:6]
print('订单详情表中的用户 ID 和产品 ID 前 6 个元素为:', '\n',infoname)
```

执行结果:

```
订单详情表中的用户 ID 和产品 ID 前 6 个元素为:
   用户 ID          产品 ID
0  1000049     P00000142
1  1000181     P00000142
2  1000182     P00000142
3  1000215     P00000142
4  1000306     P00000142
5  1000453     P00000142
```

如果只需要访问 DataFrame 的某几行数据,则实现的方式和上述的方法类似,用":"能选择所有的列,如下列代码所示。

```
order5 = detail[:][1:6]          #字典或者列表的提取元素的方法
print('订单详情表的 1~5 行元素为:','\n',order5)
```

执行结果:

```
订单详情表的 1~5 行元素为:
   用户 ID   产品 ID    性别  年龄   职业类型 ...  婚姻状况  产品第一类别  产品第二类别  产品第
三类别  销售金额
1 1000181  P00000142  M  18-25  17  ...  0    3      4      5   5396
2 1000182  P00000142  M  18-25  4   ...  0    3      4      5   13301
3 1000215  P00000142  M  36-45  14  ...  1    3      4      5   10620
4 1000306  P00000142  M  18-25  0   ...  0    3      4      5   8297
5 1000453  P00000142  M  18-25  4   ...  0    3      4      5   8276

[5 rows x 12 columns]
```

除了用上述的方法能够得到多行数据外,通过 DataFrame 提供的方法 head 和 tail 也能得到多行数据。但是这两种方法得到的是从数据开始或者数据末尾获取的连续数据,如下列代码所示。

```
print('订单详情表中前 5 行数据为','\n',detail.head())
print('订单详情表中后 5 个元素为:','\n',detail.tail())
```

执行结果:

订单详情表中前 5 行数据为

用户 ID	产品 ID	性别	年龄	职业类型	...	婚姻状况	产品第一类别	产品第二类别	产品第三类别	销售金额
0 1000049	P00000142	M	18-25	12	...	1	3	4	5	13353
1 1000181	P00000142	M	18-25	17	...	0	3	4	5	5396
2 1000182	P00000142	M	18-25	4	...	0	3	4	5	13301
3 1000215	P00000142	M	36-45	14	...	1	3	4	5	10620
4 1000306	P00000142	M	18-25	0	...	0	3	4	5	8297

[5 rows x 12 columns]

订单详情表中后 5 个元素为:

用户 ID	产品 ID	性别	年龄	职业类型	...	婚姻状况	产品第一类别	产品第二类别	产品第三类别	销售金额
883 1004480	P00000142	M	26-35	0	...	0	3	4	5	10861
884 1004531	P00000142	M	18-25	4	...	0	3	4	5	8286
885 1004610	P00000142	F	26-35	4	...	0	3	4	5	11033
886 1004704	P00000142	M	18-25	20	...	0	3	4	5	10784
887 1004725	P00000142	M	36-45	5	...	0	3	4	5	13293

[5 rows x 12 columns]

2) DataFrame 的 loc 和 iloc 访问方式

DataFrame 中的数据基本访问方法虽然能够满足基本的数据查看要求,但是不够灵活。pandas 提供了 loc 和 iloc 两种更加灵活的方法来实现数据的访问。

loc 方法是针对 DataFrame 索引名称的切片方法,如果传入的不是索引的名称,那么切片的操作将无法进行。利用 loc 方法,能够实现所有单层索引的切片操作。loc 的使用方法如下:

```
DataFrame.loc[行索引的名称或条件,列索引名称]
```

而 iloc 和 loc 的区别在于,iloc 接收的必须是行索引位置和列索引位置,iloc 的使用方法如下:

```
DataFrame.iloc[行索引位置,列索引位置]
```

使用 loc 和 iloc 分别实现单列切片和多列切片,如下列代码所示。

```
name1 = detail.loc[:,['用户 ID','产品 ID']]
print('使用 loc 提取两列数据的 size 为:', name1.size)
name2 = detail.iloc[:,4]
print('使用 iloc 提取第 4 列的 size 为:', name2.size)
name3 = detail.loc[1:5,['用户 ID','产品 ID']]
print('使用 loc 提取用户 ID 和产品 ID 列的 size 为:', name3.size)
name4 = detail.iloc[1:5,np.arange(1,5)]
print('使用 iloc 提取第 1 和第 4 列的 size 为:', name4.size)
```

执行结果：

使用 loc 提取两列数据的 size 为:1776

使用 iloc 提取第 4 列的 size 为:888

使用 loc 提取用户 ID 和产品 ID 列的 size 为:10

使用 iloc 提取第 1 和第 4 列的 size 为:16

使用 loc 和 iloc 都可以实现对数据框的数据提取，这两个函数的调用非常相似，但是有一些细微的差别，具体差别如下列代码所示。

```
print('用户 ID 和产品 ID 的行名为 3 的数据为:\n', detail.loc[3,['用户 ID','产品 ID']])
print('列名为用户 ID 和产品 ID 的行名为 2,3,4,5,6 的数据为:\n', detail.loc[2:6,['用户 ID','产品 ID']])
print('列位置为 1 和 5 行位置为 3 的数据为:\n',detail.iloc[3,[1,5]])
print('列位置为 1 和 5 行位置为 2,3,4,5,6 的数据为:\n', detail.iloc[2:7,[1,5]])
```

执行结果：

用户 ID 和产品 ID 的行名为 3 的数据为:

用户 ID　　　　1000215

产品 ID　　　　P00000142

Name: 3, dtype: object

列名为用户 ID 和产品 ID 的行名为 2,3,4,5,6 的数据为:

用户 ID　　　　产品 ID

2　1000182 P00000142

3　1000215 P00000142

4　1000306 P00000142

5　1000453 P00000142

6　1000490 P00000142

列位置为 1 和 5 行位置为 3 的数据为:

产品 ID　　　　P00000142

所在城市类型　　　　　C

Name: 3, dtype: object

列位置为 1 和 5 行位置为 2,3,4,5,6 的数据为:

产品 ID　　　所在城市类型

2　P00000142　　　C

3　P00000142　　　C

4　P00000142　　　C

5　P00000142　　　B

6　P00000142　　　B

从上述代码可以看出，在使用 loc 方法时，如果传入的行的索引是一个区间，则取值时是按照闭区间的方式来取值的，也就是区间的最后一个值是能取到的；iloc 方法则不同，当传入的行的索引是一个区间时，是按照左闭右开区间的方式取值的，也就是最后一个值取不到。loc 方法的内部还可以传入条件表达式，这种操作能大大简化相关的数据处理过程。

```
print('detail 中销售金额为 5396 的用户 ID 为:\n',
```

```
detail.loc[detail['销售金额']==5396,['销售金额','用户 ID']])
print('detail 中销售金额为 5396 的用户 ID 为:\n',
detail.iloc[ detail['销售金额']==5396,[0,12]]) # 报错!!!
print('detail 中销售金额为 5396 的用户 ID 为:\n',
detail.iloc[ (detail['销售金额']==5396).values,[0,11]])
```

执行结果:

```
detail 中销售金额为 5396 的用户 ID 为:
销售金额        用户 ID
1    5396 1000181
352 5396 1001248


NotImplementedError: iLocation based boolean indexing on an integer type is
not available


detail 中销售金额为 5396 的用户 ID 为:
用户 ID   销售金额
1     1000181 5396
352    1001248 5396
```

从上述代码中可以看出,loc 和 iloc 两个函数都可以传入条件表达式,但是两者之间有一些差别。代码中"detail['info_id']==1325"条件表达的会返回一个取值为布尔值的 Series,loc 函数可以直接传入 Series 型的索引,但是 iloc 则不能直接传入,通过提取 Series 的 values 则可以实现传入。

总体上来说,loc 方法更加灵活多变,代码的可读性比较高;iloc 的代码比较简洁,但是可读性不高。所以对于初学者而言,更建议使用 loc 方法。

3) 修改 DataFrame 中的数据

修改 DataFrame 中的数据的原理是先将这部分数据提取出来,然后重新赋值为新的数据,如下列代码所示。

```
detail.loc[detail['用户 ID']==168,'用户 ID'] = 45800
print('更改后 detail 中 order_id 为 168 的用户 ID 为:\n',
detail.loc[detail['用户 ID']==168,'用户 ID']) # 数据已经没有了
print('更改后 detail 中用户 ID 为 45800 的用户 ID 为:\n',
detail.loc[detail['用户 ID']==45800,'用户 ID'])
```

执行结果:

```
更改后 detail 中 order_id 为 168 的用户 ID 为:
Series([], Name: 用户 ID, dtype: int64)
更改后 detail 中用户 ID 为 45800 的用户 ID 为:
Series([], Name: 用户 ID, dtype: int64)
```

需要注意的是,数据的更改是直接对数据框的数据进行的修改,无法撤销操作。如果作出更改,则需要对更改的条件进行确认或者对数据进行备份。

4）在 DataFrame 中增添数据

为 DataFrame 添加一列数据的方法非常简单，只需要新建一个索引列，并对该索引下的数值进行赋值即可，如下列代码所示。

```
detail['ns'] = detail['用户 ID'] * detail['当前城市停留年数']
print('detail 新增列 ns 的前 5 行为:','\n',
detail['ns'].head())
```

执行结果：

```
detail 新增列 ns 的前 5 行为:
0    4+4+4+4+4+4+4+4+4+4+4+4+4+4+4+4+4+4+4+4+4+4+4+...
1    111111111111111111111111111111111111111111111...
2    000000000000000000000000000000000000000000000...
3    111111111111111111111111111111111111111111111...
4    333333333333333333333333333333333333333333333...
Name: ns, dtype: object
```

5）删除某列或者某行数据

删除某列或者某行数据需要用到 pandas 提供的 drop 方法。drop 方法的具体用法如下。

```
pd.DataFrame.drop(self, labels=None, axis=0, index=None, columns=None, level=None, inplace=False, errors='raise')
```

drop 方法的重要参数及说明见表 11.4。

表 11.4 drop 方法的重要参数及说明

参数	说明
labels	接收字符串或者数组，表示被删除的列的行标或者列标
axis	接收 0 或者 1，表示操作的轴向
level	接收整数或者索引，表示标签所在的级别，默认为 None
inplace	接受布尔值，代表操作是否对原始数据生效，默认为 False

drop 的具体使用方法如下列代码所示。

```
print('删除 ns 前 deatil 的列索引为:','\n',detail.columns)
detail.drop(labels = 'ns',axis = 1,inplace = True)
print('删除 ns 后 detail 的列索引为:','\n',detail.columns)

print('删除 1-10 行前 detail 的长度为:',len(detail))
detail.drop(labels = range(1,11),axis = 0,inplace = True)
print('删除 1-10 行后 detail 的列索引为:',len(detail))
```

执行结果：

```
删除 ns 前 deatil 的列索引为:
Index(['用户 ID','产品 ID','性别','年龄','职业类型','所在城市类型','当前城市停留年数',
```

```
'婚姻状况',
'产品第一类别','产品第二类别','产品第三类别','销售金额','ns'],
dtype='object')
```

删除 ns 后 detail 的列索引为：
```
Index(['用户 ID','产品 ID','性别','年龄','职业类型','所在城市类型','当前城市停留年数',
'婚姻状况',
'产品第一类别','产品第二类别','产品第三类别','销售金额'],
dtype='object')
```

删除 1-10 行前 detail 的长度为：888
删除 1-10 行后 detail 的列索引为：878

11.2.3　DataFrame 数据的描述性统计分析

描述性统计是用来概括、描述事物的整体状况，以及事物之间的关联、类属关系的统计方法，通过几个常用的统计指标就能简便地表示一组数据的集中趋势和离散程度。

1）数值型特征的描述性统计

数值型特征的描述性统计主要包括计算数值型数据的完整情况、最小值、均值、中位数、最大值、四分位数、极差、标准差、方差、协方差和变异系数等。NumPy 库中已经有很多统计函数，部分统计函数见表 11.5。

表 11.5　NumPy 中的描述性统计函数

函数名称	说明	函数名称	说明
np.min	最小值	np.max	最大值
np.mean	平均值	np.ptp	极差
np.median	中位数	np.std	标准差
np.var	方差	np.cov	协方差

pandas 库基于 NumPy，自然也可以使用上述这些描述性统计函数来对数据进行描述。如下列代码所示，就是通过 NumPy 中的函数实现对产品价格的统计。

```
print('订单详情表中销售金额的平均值为:', #用 np 中的函数实现
np.mean(detail['销售金额']))
```

执行结果：

订单详情表中销售金额的平均值为: 11153.665148063781

同时，pandas 还提供了更加便利的方法来进行数值型数据的统计，上面用 NumPy 函数来实现的产品销售价格的统计，也可以用 pandas 自己的函数来实现。此外，pandas 还提供了一个称为 describe 的方法，能够一次性将数据框中所有的数值型特征的数据个数、均值、四分位数和标准差显示出来，如下列代码所示。

```
print('订单详情表中销售金额的平均值为:',
detail['销售金额'].mean())
```

```
print('订单详情表中职业类型和销售金额两列的描述性统计为:\n',
detail[['职业类型','销售金额']].describe())
```

执行结果:

订单详情表中销售金额的平均值为: 11153.665148063781

订单详情表中职业类型和销售金额两列的描述性统计为:

职业类型		销售金额
count	878.000000	878.000000
mean	7.965831	11153.665148
std	6.351629	2305.983925
min	0.000000	2754.000000
25	3.000000	10591.000000
50	7.000000	10925.000000
75	14.000000	13387.750000
max	20.000000	13716.000000

通过 describe 函数对数据框中的数据进行描述性统计,比用 NumPy 中的函数逐一统计要方便得多,也更加实用。另外,pandas 也提供了和统计相关的主要方法,见表 11.6,这些方法能满足绝大多数的数据分析所需要的数值型特征的描述性统计工作。

表 11.6   Pandas 中的描述性统计方法

方法名称	说明	方法名称	说明
min	最小值	max	最大值
mean	平均值	ptp	极差
median	中位数	std	标准差
var	方差	cov	协方差
sem	标准误差	mod	众数
skew	样本偏度	kurt	样本峰度
quantile	四分位数	count	非空值个数
describe	描述统计	mad	平均绝对离差

2）分类型特征的描述性统计

描述分类型特征的分布状况,可以使用频数统计表。pandas 中实现频数统计的方法为 value_counts,对产品销售数据中的当前城市停留年数进行频数统计,如下列代码所示。

```
detail['当前城市停留年数'].value_counts()[0:10]
print('订单详情表当前城市停留年数频数统计结果前 10 为:\n',
detail['当前城市停留年数'].value_counts()[0:10])
```

执行结果:

订单详情表当前城市停留年数频数统计结果前 5 为：

```
1     321
2     166
3     145
0     126
4+    120
Name：当前城市停留年数，dtype：int64
```

除了使用上述频率分布表外，pandas 还提供了 category 类，可以使用 astype 方法将目标的特征数据类型转化为 category，如下列代码所示。

```
detail.dtypes
detail['用户 ID'] = detail['用户 ID'].astype('category')
print('订单信息表用户 ID 列转变数据类型后为:',detail['用户 ID'].dtypes)
detail.dtypes
```

执行结果：

```
订单信息表用户 ID 列转变数据类型后为:category
Out[28]:
用户 ID    category
产品 ID    object
性别    object
年龄    object
职业类型    int64
所在城市类型    object
当前城市停留年数    object
婚姻状况    int64
产品第一类别    int64
产品第二类别    int64
产品第三类别    int64
销售金额    int64
dtype: object
```

describe 方法除了支持传统的数值型数据外，还能够支持对 category 类型的数据进行描述统计，4 个统计量分别是列非空元素的个数、类别的数目、数目最多的类别和数目最多类别数据的个数，如下列代码所示。

```
print('订单信息表用户 ID 的描述统计结果为:\n',
detail['用户 ID'].describe())
```

执行结果：

```
订单信息表用户 ID 的描述统计结果为:

count        878
unique       878
```

```
top          1000001
freq               1
Name: 用户 ID, dtype: int64
```

11.3   时间序列数据

数据分析的对象不仅仅限于数值型和分类型两种,常用的数据类型还包含字符串和时间类型。本节将主要介绍如何处理时间类型数据。通过时间类型数据能够获取到对应的年月日和星期等信息。但是时间类型数据在读入 Python 后常常以字符串形式出现,无法实现大部分和时间相关的分析。pandas 库继承了 NumPy 库的 datetime64 以及 timedelta64 模块,能够快速地实现时间与字符串的转换、信息提取和时间运算。

11.3.1   字符串时间转换为标准时间

在大多数情况下,对时间类型数据进行分析的前提就是将原本是字符串的时间转换为标准时间。pandas 继承了 NumPy 库和 datatime 库的时间相关模块,提供了 6 种时间相关的类,见表 11.7。

表 11.7   pandas 时间相关的类

类的名称	说明
Timestamp	最基础的时间类,表示某个时间点,适用于大多数的场景
Period	表示单个时间跨度,或者某个时间段
Timedelta	表示不同单位时间,例如 1d,1.5h,2min,3s 等
DatetimeIndex	一组 Timestamp 构成的 Index,也可用来作为 DateFrame 的索引
PeriodtimeIndex	一组 Period 构成的 Index,也可用来作为 DateFrame 的索引
TimedeltaIndex	一组 Timedelta 构成的 Index,也可用来作为 DateFrame 的索引

其中,Timestamp 是时间类中最基础的,也是最常用的一种。在大多数情况下,会将与时间相关的字符串转换为 Timestamp。pandas 提供了 to_datetime 函数,能够实现这一目标。以地震数据为例,将数据中表的时间字符串转换为 Timestamp。如下列代码所示。

```
dizhen = pd.read_table("E:\dizhen.csv",sep = ',',encoding = 'utf-8')
print('进行转换前订单信息表 Time 的类型为:', dizhen['Time'].dtypes)
dizhen['Time']
dizhen['Time'] = pd.to_datetime(dizhen['Time'])
dizhen['Time']
print('进行转换后订单信息表 Time 的类型为:', dizhen['Time'].dtypes)
```

执行结果:

进行转换前订单信息表 Time 的类型为: object

进行转换后订单信息表 Time 的类型为：`datetime64[ns]`

值得注意的是，Timestamp 类型的时间是有限制的，一般来说，Python 的最大时间为 2262 年 4 月 11 日，最小时间为 1677 年 9 月 21 日，可以通过代码来查看。

```
print('最小时间为:', pd.Timestamp.min)
print('最大时间为:', pd.Timestamp.max)
```

执行结果：

```
最小时间为: 1677-09-21 00:12:43.145225
最大时间为: 2262-04-11 23:47:16.854775807
```

除了将数据从原始 DateFrame 中直接转换为 Timestamp 类型的时间外，还可以将数据单独提取出来，将其转换为 DatetimeIndex 或者 PeriodIndex，如下列代码所示。

```
dateIndex = pd.DatetimeIndex(dizhen['Time'])
print('转换为 DatetimeIndex 后数据的类型为:\n',type(dateIndex))
dateIndex

periodIndex = pd.PeriodIndex(dizhen['Time'],freq = 'h') #s or h
print('转换为 DatetimeIndex 后数据的类型为:\n',type(periodIndex))
periodIndex
```

执行结果：

```
转换为 DatetimeIndex 后数据的类型为:
<class 'pandas.core.indexes.datetimes.DatetimeIndex'>
转换为 DatetimeIndex 后数据的类型为:
<class 'pandas.core.indexes.period.PeriodIndex'>
Out[44]:
PeriodIndex(['2016-12-25 07:00', '2016-12-27 08:00', '2016-12-28 12:00',
'2017-01-15 18:00', '2017-01-15 19:00', '2017-01-18 22:00',
'2017-01-25 14:00', '2017-01-28 02:00', '2017-02-02 08:00',
'2017-02-08 19:00',
...
'2022-02-10 15:00', '2022-04-06 07:00', '2022-04-07 05:00',
'2022-04-15 21:00', '2022-04-16 08:00', '2022-04-17 00:00',
'2022-04-30 01:00'],
dtype='period[H]', name='Time', length=262)
```

当转换为 PeriodIndex 时，需要通过 freq 参数指定时间间隔，常用的时间间隔有 Y（年）、M（月）、D（日）、H（小时）、T（分钟）、S（秒）。DatetimeIndex 与 PeriodIndex 函数可以用来转换数据，还可以用来创建时间序列数据，其参数非常类似，见表 11.8。

表 11.8 DatetimeIndex 与 PeriodIndex 函数的参数及说明

参数名称	说明
data	接收数组，表示 DatetimeIndex 的值
freq	接收字符串，表示时间间隔的频率
start	接收字符串，表示生成规则时间数据的起点
periods	表示需要生成的周期数目
end	接收字符串，表示生成规则时间数据的终点
tz	接收 timezone，表示数据的时区
name	接收整数或者字符串，用来指定 DatetimeIndex 的名字

DatetimeIndex 与 PeriodIndex 函数在日常使用的过程中并没有太大的区别，其中 DatetimeIndex 是用来指代一系列时间点的数据结构，而 PeriodIndex 则是用来指代一系列时间段的数据结构。

11.3.2 时间序列提取数据信息

在大多数涉及与时间相关的数据处理、统计分析的过程中，都需要提取时间中的年份、月份等数据。使用对应的 Timestamp 类型数据就能够实现这一目的，其常用的类属性及说明见表 11.9。

表 11.9 Timestamp 常用的类属性及说明

属性名称	说明	属性名称	说明
year	年	week	周
month	月	quarter	季节
day	日	weekofyear	一年中的第几周
hour	小时	dayofyear	一年中的第几天
minute	分钟	dayofweek	一周中的第几天
second	秒	weekday	星期几
date	日期	weekday_name	星期几名称（新版本已经删除）
time	时间	is_leap_year	是否闰年

结合 Python 列表推导式，可以实现对 DateFrame 某一列时间信息数据的提取。地震数据表时间的年份、月份、日期、周信息的提取，如下列代码所示。

```
year1 = [i.year for i in dizhen['Time']]
print('Time 中的年份数据前 5 个为:',year1[35:50])

month1 = [i.month for i in dizhen['Time']]
print('Time 中的月份数据前 5 个为:', month1[:5])
```

```
day1 = [i.day for i in dizhen['Time']]
print('Time 中的日期数据前 5 个为:',day1[:7])
```

执行结果：

```
Time 中的年份数据前 5 个为: [2017, 2017, 2017, 2017, 2017, 2017, 2017, 2017,2017,
2018, 2018, 2018, 2018, 2018, 2018]
Time 中的月份数据前 5 个为: [12, 12, 12, 1, 1]
Time 中的日期数据前 5 个为: [25, 27, 28, 15, 15, 18, 25]
```

11.3.3 时间数据的加减

时间数据的算术运算到处可见,例如,2021 年 10 月 1 日减去一天就是 2021 年 9 月 30 日。pandas 的时间数据和现实生活中的时间数据一样可以做运算。这种运算涉及 pandas 的 Timedelta 类。

Timedelta 类是时间相关类中的一个异类,不仅能使用正数,还能使用负数表示单位时间,例如,1s、2min、3h 等。使用 Timedelta 类,配合常规的时间相关类能够轻松实现时间的算术运算。目前,Timedelta 函数的时间周期中没有年和月,所有周期名称、对应单位及说明见表11.10(注:表中单位采用程序定义的符号,与法定单位符号可能不一致)。

表 11.10 Timedelta 类周期名称、对应单位及说明

周期名称	对应单位	说明	周期名称	对应单位	说明
weeks	无	星期	seconds	s	秒
days	D	天	milliseconds	ms	毫秒
hours	h	小时	microseconds	us	微秒
minutes	m	分	nanoseconds	ns	纳秒

使用 Timedelta,可以很轻松地实现在某个时间上加减一段时间。加运算的代码如下所示。

```
#将 lock_time 数据向后平移一天 pd.Timedelta(days = 1)
time1 = dizhen['Time'] + pd.Timedelta(days = 1)
print('Time 在加上一天前前 5 行数据为:\n',dizhen['Time'][:5])
print('Time 在加上一天前前 5 行数据为:\n',time1[:5])
```

执行结果：

```
Time 在加上一天前前 5 行数据为:
0   2016-12-25  07:26:00
1   2016-12-27  08:17:00
2   2016-12-28  12:43:00
3   2017-01-15  18:05:00
4   2017-01-15  19:20:00
Name: Time, dtype: datetime64[ns]
```

Time 在加上一天前前 5 行数据为：

```
0   2016-12-26  07:26:00
1   2016-12-28  08:17:00
2   2016-12-29  12:43:00
3   2017-01-16  18:05:00
4   2017-01-16  19:20:00
Name: Time, dtype: datetime64[ns]
```

对两时间序列进行减法运算，从而得出一个 Timedelta，如下列代码所示。

```
timeDelta = dizhen['Time'] - pd.to_datetime('2017-1-1')
print('Time 减去 2017 年 1 月 1 日 0 点 0 时 0 分后的数据:\n', timeDelta[:5])
print('Time 减去 2017 年 1 月 1 日 0 点 0 时 0 分后的数据类型为:',timeDelta.dtypes)
```

执行结果：

Time 减去 2017 年 1 月 1 日 0 点 0 时 0 分后的数据：

```
0   -7 days   +07:26:00
1   -5 days   +08:17:00
2   -4 days   +12:43:00
3   14 days   18:05:00
4   14 days   19:20:00
Name: Time, dtype: timedelta64[ns]
```

Time 减去 2017 年 1 月 1 日 0 点 0 时 0 分后的数据类型为：timedelta64[ns]

11.3.4　时间数据处理示例

1）时间字符串转换为标准时间格式

在地震数据表中存在两个时间特征，Time 和 Timestamp，分别代表地震开始时间和地震结束时间。需要将这两个特征转换为标准时间格式，如下列代码所示。

```
dizhen['Time'] = pd.to_datetime(dizhen['Time'])
dizhen['Timestamp'] = pd.to_datetime(dizhen['Timestamp'])
print(' 进 行 转 换 后 地 震 数 据 表 Time 和 Timestamp 的 类 型 为: \ n', dizhen [[ 'Time',
'Timestamp']].dtypes)
```

执行结果：

进行转换后地震数据表 Time 和 Timestamp 的类型为：

```
Time         datetime64[ns]
Timestamp    datetime64[ns]
dtype: object
```

2）提取地震数据中的年月日和星期信息

Time 和 Timestamp 两个特征的时间信息基本一致，故只需提取其中一个特征的时间信息即可，如下列代码所示。

```
year   = [i.year for i in dizhen['Time']] ## 提取年份信息
```

```
month  =  [i.month for i in dizhen['Time']] ## 提取月份信息
day    =  [i.day for i in dizhen['Time']]## 提取日期信息
week   =  [i.week for i in dizhen['Time']] ## 提取周信息
weekday = [i.weekday() for i in dizhen['Time']] ## 提取星期信息

print('订单详情表中的前 5 条数据的年份信息为:',year[:5])
print('订单详情表中的前 5 条数据的月份信息为:',month[:5])
print('订单详情表中的前 5 条数据的日期信息为:',day[:5])
print('订单详情表中的前 5 条数据的周信息为:',week[:5])
print('订单详情表中的前 5 条数据的星期信息为:',weekday[:5])
```

执行结果:

订单详情表中的前 5 条数据的年份信息为: [2016, 2016, 2016, 2017, 2017]

订单详情表中的前 5 条数据的月份信息为: [12, 12, 12, 1, 1]

订单详情表中的前 5 条数据的日期信息为: [25, 27, 28, 15, 15]

订单详情表中的前 5 条数据的周信息为: [51, 52, 52, 2, 2]

订单详情表中的前 5 条数据的星期信息为: [6, 1, 2, 6, 6]

3) 查看地震数据表的时间统计信息

通过求取最早时间和最晚时间的差值来计算地震的时间跨度,还将 Time 和 Times-tamp 两个特征做加减运算,可以看出地震开始至地震结束的时间。具体计算方法如下列代码所示。

```
timemin = dizhen['Time'].min()
timemax = dizhen['Time'].max()
print('地震最早的时间为:',timemin)
print('地震最晚的时间为:',timemax)
print('地震持续的时间为:',timemax-timemin)
chekTime = dizhen['Time'] - dizhen['Timestamp']
print('平均地震时间为:',chekTime.mean())
print('最小地震时间为:',chekTime.min())
print('最大地震时间为:',chekTime.max())
```

执行结果:

地震最早的时间为: 2016-12-25 07:26:00

地震最晚的时间为: 2022-04-30 01:23:00

地震持续的时间为: 1951 days 17:57:00

平均地震时间为: 18175 days 00:25:14.231234048

最小地震时间为: 17160 days 07:25:58.517378034

最大地震时间为: 19112 days 01:22:58.348746973

通过上述代码的运行结果可以发现最短时间和最长时间均为异常值,开始时间不可能是在地震结束时间之后,地震时间也不可能持续 16 天,应该对这部分数据作适当的处理。

11.4 分组聚合进行组内计算

依据某个或者某几个字段对数据集进行分组,并对各组应用一个函数,无论是聚合还是转换,都是数据分析的常用操作。pandas 提供了一个灵活高效的 groupby 方法,配合 agg 方法或者 apply 方法,能够实现分组聚合的操作。分组聚合的操作原理如图 11.3 所示。

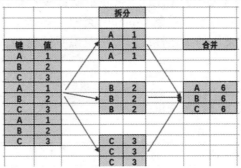

图 11.3 分组聚合的操作原理示意图

11.4.1 groupby 方法拆分数据

groupby 方法提供的是分组聚合步骤中的拆分功能,能够根据索引或者字段对数据进行分组。其常用的参数和使用格式如下。

```
pd.DataFrame.groupby(self, by=None, axis=0, level=None, as_index: 'bool' = True,
sort: 'bool' = True, group_keys: 'bool' = True, squeeze = False, dropna: 'bool' =
True)
```

groupby 方法的参数及说明见表 11.11。

表 11.11 groupby 方法的参数及说明

参数名称	说明
by	接收列表、字符串、映射等,用于确定进行分组的依据
axis	接收整形变量,表示操作的轴向,默认对列进行操作,默认值为 0
level	接收整数值或者索引,代表标签所在的级别
as_index	返回 data-type,描述数组中元素的类型
sort	接收布尔值,表示是否对分组依据、分组标签进行排序
group_keys	接收布尔值,表示是否显示分组标签的名称
squeeze	接收布尔值,表示是否对在允许的情况下对返回的数据进行降维

以淘宝电商的产品订单详情表为例,根据职业类型对数据进行分组,如下列代码所示。

```
detail = pd.read_table("E:\\business_data2.csv", sep = ',',encoding = 'utf-8')
detailGroup = detail[['职业类型','婚姻状况','销售金额']].groupby(by = '职业类型')
print('分组后的订单详情表为:',detailGroup)
```

执行结果:

分组后的订单详情表为: <pandas.core.groupby.generic.DataFrameGroupBy object at
0x000002585DDE4430>

从上述代码的执行结果来看,分组后的结果并不能直接查看,而是存储在内存中,输出的是内存地址。实际上,分组后的数据对象 GroupBy 类似于 Series 与 DataFrame,是 pandas 提供的一种对象。GroupBy 对象常用的描述性统计方法及说明见表 11.12。

表 11.12　GroupBy 常用的描述性统计方法及说明

方法名称	说明
count	计算分组的数目,包括缺失值。
head	返回每组的前 n 个值
max	返回每组的最大值
mean	返回每组的平均值
median	返回每组的中位数
cumcount	对每个分组中的组员进行标记,1n-1
size	返回每组的大小
min	返回每组的最小值
std	返回每组的标准差
sum	返回每组的和

这些方法为查看每一组数据的整体情况、分布状态提供了良好的支持。对产品订单表经过分组操作后的每一组的均值、标准差、中位数,如下列代码所示。

```
print('订单详情表分组后前 5 组每组的均值为:\n', detailGroup.mean().head(5))
print('订单详情表分组后前 5 组每组的最大值为:\n', detailGroup.max().head(5))
print('订单详情表分组后前 5 组每组的标准差为:\n', detailGroup.std().head(5))
print('订单详情表分组后前 5 组每组的大小为:','\n',detailGroup.size().head(5))
```

执行结果:

订单详情表分组后前 5 组每组的均值为:

婚姻状况	销售金额

职业类型

0	0.417391	11469.913043
1	0.447761	11102.955224
2	0.424242	10798.121212
3	0.333333	12101.333333
4	0.231343	11080.507463

订单详情表分组后前 5 组每组的最大值为：

职业类型	婚姻状况	销售金额
0	1	13716
1	1	13706
2	1	13691
3	1	13602
4	1	13706

订单详情表分组后前 5 组每组的标准差为：

职业类型	婚姻状况	销售金额
0	0.495287	2128.797810
1	0.501017	2377.903708
2	0.501890	2583.218326
3	0.481543	1546.448292
4	0.423274	2458.143400

订单详情表分组后前 5 组每组的大小为：

职业类型
```
0    115
1     67
2     33
3     24
4    134
dtype: int64
```

11.4.2 agg 方法聚合数据

agg 和 aggregate 方法都支持对每个分组应用某函数，包括 Python 内置函数或者自定义函数。同时，这两个方法也能够直接对 DateFrame 进行函数应用操作。但是有一点是值得注意的，agg 函数能够对 DataFrame 对象进行操作是从 pandas 0.20 版本开始的，在之前的版本中，agg 函数并无此功能。针对 DataFrame 的 agg 与 aggregate 的使用格式如下。

```
pd.DataFrame.agg(self, func=None, axis=0, *args, **kwargs)
pd.DataFrame.aggregate(self, func=None, axis=0, *args, **kwargs)
```

agg 和 aggregate 函数的参数及说明见表 11.13。

表 11.13 agg 和 aggregate 函数的参数及说明

属性	说明
func	接收列表、字典和函数，表示用于每列或者每行的函数
axis	接收 0 或者 1，代表操作的轴向，默认为 0

在正常使用过程中，agg 和 aggregate 函数对 DataFrame 对象操作时的功能几乎完全相同，因此，只需要掌握其中一个函数即可。以淘宝电商产品订单信息表为例，可以使用 agg 方法一

次求出当前数据中的职业类型和销售金额的总和与均值，如下列代码所示。

```
print('订单详情表的职业类型和销售金额的和与均值为:\n',
detail[['职业类型','销售金额']].agg([np.sum,np.mean]))
```

执行结果：

```
订单详情表的职业类型和销售金额的和与均值为:
职业类型        销售金额
sum  7104.0   9.898673e+06
mean    8.0   1.114715e+04
```

上述代码中，使用了求和与求均值的函数求出"职业类型"和"销售金额"两个字段的和与均值。但在某些时候，对某个字段希望只做求均值的操作，而对另一个字段则希望只做求和的操作。如产品订单表数据，仅需要求出职业类型的总和与销售金额的均值。此时需要使用字典的方式，将两个字段名分别作为 key，然后将 NumPy 库的求和与求均值的函数分别作为 value，如下列代码所示。

```
print('订单详情表的职业类型的总和与销售金额的均值为:\n',
detail.agg({'职业类型':[np.sum],'销售金额':[np.mean]}))

print('订单详情表的职业类型的总和与销售金额的总和与均值为:\n',
detail.agg({'职业类型':[np.sum],'销售金额':[np.mean,np.sum]}))
```

执行结果：

```
订单详情表的职业类型的总和与销售金额的均值为:
职业类型        销售金额
sum  7104.0        NaN
mean  NaN  11147.154279
订单详情表的职业类型的总和与销售金额的总和与均值为:
职业类型        销售金额
sum  7104.0   9.898673e+06
mean  NaN   1.114715e+04
```

上述代码使用的都是 NumPy 库中的统计函数，事实上，在 agg 方法中，还可以传入自定义的函数，如下列代码所示。

```
def DoubleSum(data): # 自定义两倍求和函数
s = data.sum() * 2 # pd 中的函数，所以自变量 data 必须是数据框形式的数据
return s
print('产品订单详情表的职业类型两倍总和为:','\n',
detail.agg({'职业类型':[DoubleSum]},axis = 0))
```

执行结果：

```
产品订单详情表的职业类型两倍总和为:
职业类型
DoubleSum  14208
```

此处的 DoubleSum 函数是自定义的函数,需要注意的是,NumPy 库中的函数 np.min、np.median、np.prod、np.std 和 np.var 能够在 agg 中直接使用。但是在自定义的函数中使用 NumPy 库中的这些函数时,如果计算的是单个序列,则无法得出想要的结果,如果是多列数据同时计算,则不会出现这种情况,如下列代码所示。

```
def DoubleSum1(data): # 定义函数求两倍的和
s = np.sum(data) * 2 # np 中的函数,这时,自变量可以是数组和数据框
return s
print('订单详情表的职业类型两倍总和为:\n', detail.agg({'职业类型':DoubleSum1}).head(4))
# 有点奇怪,单列数据无法实现对应的效果,但多列可以
print('订单详情表的职业类型与销售金额的和的两倍为:\n',
detail[['职业类型','销售金额']].agg(DoubleSum1).head(4))
```

执行结果:

```
订单详情表的职业类型两倍总和为:
职业类型
0   24
1   34
2   8
3   28
订单详情表的职业类型与销售金额的和的两倍为:
职业类型       14208
销售金额       19797346
dtype: int64
```

使用 agg 方法也能够实现对每一组使用相同的函数,如下列代码所示。

```
print('订单详情表分组后前 3 组每组的均值为:\n', detailGroup.agg([np.mean,np.std]).head(3))
print('订单详情表分组后前 3 组每组的标准差为:\n', detailGroup.agg(np.std).head(3))
```

执行结果:

```
订单详情表分组后前 3 组每组的均值为:
婚姻状况                    销售金额
mean    std     mean        std
职业类型
0   0.417391  0.495287  11469.913043  2128.797810
1   0.447761  0.501017  11102.955224  2377.903708
2   0.424242  0.501890  10798.121212  2583.218326
订单详情表分组后前 3 组每组的标准差为:
婚姻状况                    销售金额
职业类型
0   0.495287  2128.797810
1   0.501017  2377.903708
2   0.501890  2583.218326
```

如果需要对不同字段应用不同的函数,则与 DataFrame 中使用 agg 方法的操作相同。使用 agg 方法对分组后的产品订单表求每组职业类型总数和销售金额均值,如下列代码所示。

```
print('订单详情分组前 3 组每组职业类型的总数与婚姻状况均值为:\n',
detailGroup.agg({'职业类型':[np.sum],'销售金额':[np.mean]}).head(3))
```

执行结果:

```
订单详情分组前 3 组每组职业类型的总数与婚姻状况均值为:
职业类型            销售金额
sum         mean
职业类型
0     0    11469.913043
1    67    11102.955224
2    66    10798.121212
```

11.4.3 apply 方法聚合数据

apply 方法类似于 agg 方法,能够将函数应用于每一列。不同的地方在于,apply 方法传入的函数只能够作用于整个 DataFrame 或者 Series,却无法像 agg 方法能够对不同字段应用不同的函数来获取不同的结果。apply 方法的常用参数调用方法如下。

```
pd.DataFrame.apply(self, func, broadcast = False, axis = 0, raw = False, result_
type = None)
```

apply 方法的常用参数及说明,见表 11.14。

表 11.14 apply 方法的常用参数及说明

参数名称	说明
func	接收函数,表示应用于每行或者每列的函数
axis	接收 0 或者 1,代表操作的轴向
broadcast	接收布尔型变量,表示是否进行广播
raw	接收布尔型变量,表示是否直接将数组对象传给函数

apply 方法的使用方式和 agg 方法相同,而且使用 apply 方法对 GroupBy 对象进行聚合操作的方式和 agg 方法也相同。但是使用 agg 方法能够实现对不同字段对应不同的函数,而 apply 方法则不能实现。

```
print('订单详情表的职业类型与销售金额的均值为:\n',
detail[['职业类型','销售金额']].apply(np.mean))
print('订单详情表分组后前 3 组每组的均值为:','\n', detailGroup.apply(np.mean).head
(3))
print('订单详情表分组后前 3 组每组的标准差为:','\n', detailGroup.apply(np.std).head
(3))
```

执行结果:

订单详情表的职业类型与销售金额的均值为：
职业类型 8.000000
销售金额 11147.154279
dtype: float64
订单详情表分组后前 3 组每组的均值为：
职业类型　　婚姻状况　　销售金额
职业类型
0　0.0　0.417391　11469.913043
1　1.0　0.447761　11102.955224
2　2.0　0.424242　10798.121212
订单详情表分组后前 3 组每组的标准差为：
职业类型　　婚姻状况　　销售金额
职业类型
0　0.0　0.493129　2119.521958
1　0.0　0.497264　2360.091444
2　0.0　0.494227　2543.777563

11.4.4　transform 方法聚合数据

transform 方法能够对整个 DataFrame 的所有元素进行操作。transform 方法只有一个参数 "func"，表示对 DataFrame 操作的函数，具体操作如下列代码所示。

```
print('订单详情表的职业类型与销售金额的两倍为：\n',
detail[['职业类型','销售金额']].transform(lambda x:x*2).head(4))
```

执行结果：

订单详情表的职业类型与销售金额的两倍为：
职业类型　销售金额
0　24　26706
1　34　10792
2　8　26602
3　28　21240

同时，transform 方法还能够对 DataFrame 分组后的对象 GroupBy 进行操作，并且可以实现离差标准化等操作，如下列代码所示。

```
print('订单详情表分组后实现组内离差标准化后前 5 行为：\n', detailGroup.transform
(lambda x:(x-x.min())/(x.max()-x.min())).head(5))
```

执行结果：

订单详情表分组后实现组内离差标准化后前 5 行为：
婚姻状况　　销售金额
0　1.0　0.956559
1　0.0　0.000000
2　0.0　0.962956

```
3  1.0  0.624680
4  0.0  0.352182
```

11.4.5 聚合数据实例

1)按照时间对地震数据详情进行拆分

通过分组聚合的方式能够将每天的数据放在一个组内,从而便于对每一个组的内容进行分析,如下列代码所示。

```
import pandas as pd
import numpy as np
dizhen = pd.read_csv("E:\dizhen.csv",encoding = 'utf-8')
dizhen['time'] = pd.to_datetime(dizhen['Time'])
dizhen['date'] = [i.date() for i in dizhen['time']]
dizhenGroup = dizhen[['date','Latitude','Magnitude']].groupby(by='date')
print('前 5 组每组的数目为:\n',dizhenGroup.size().head())
```

执行结果:

```
前 5 组每组的数目为:
date
2016-12-25  1
2016-12-27  1
2016-12-28  1
2017-01-15  2
2017-01-18  1
dtype: int64
```

2)使用 agg 方法计算单日地震纬度的均值和震级的中位数

对已经拆分完成的数据表进行聚合,可以得出每组的纬度均值和震级中位数等信息,如下列代码所示。

```
dayMean = dizhenGroup.agg({'Latitude':np.mean})
print('地震数据表前 5 组每日纬度均值为:\n',dayMean.head())
dayMedian = dizhenGroup.agg({'Magnitude':np.median})
print('地震数据表前 5 组每日震级中位数为:\n',dayMedian.head())
```

执行结果:

```
地震数据表前 5 组每日纬度均值为:
Latitude
date
2016-12-25  27.92
2016-12-27  29.47
2016-12-28  29.43
2017-01-15  28.15
```

```
2017-01-18  28.10
```
地震数据表前 5 组每日震级中位数为：
```
Magnitude
date
2016-12-25  3.90
2016-12-27  4.80
2016-12-28  3.90
2017-01-15  3.95
2017-01-18  4.30
```

3）使用 apply 方法统计单日地震次数

除了可以对震级进行计算外，还可以计算单日地震级数之和，如下列代码所示。

```python
dizhenGroup1 = dizhen[['date','Magnitude']].groupby(by='date')
print('前 5 组每组的数目为：\n',dizhenGroup1.size().head())
daySum = dizhenGroup1.apply(np.sum)
print('单日地震次数为：\n',daySum.head())
```

执行结果：

```
前 5 组每组的数目为：
date
2016-12-25  1
2016-12-27  1
2016-12-28  1
2017-01-15  2
2017-01-18  1
dtype: int64
单日地震次数为：
date
2016-12-25  date        2016-12-25
Magnitude        3.9
2016-12-27  date        2016-12-27
Magnitude        4.8
2016-12-28  date        2016-12-28
dtype: object
```

11.5 透视表与交叉表的创建

数据透视表是数据分析中常用的工具之一，根据一个或者多个键值对数据进行聚合，根据行或者列的分组键将数据划分到各个区域。在 pandas 中，除了使用 groupby 对数据分组聚合实现透视功能外，还提供了更为简单的方法。本节仍然以淘宝电商产品订单数据为例来制作透视表与交叉表，分析不同的产品之间的销量和金额之间的关系。

11.5.1 piovt_table 函数创建透视表

使用 **piovt_table** 函数可以实现透视表。**piovt_table** 函数的常用参数及调用方式如下。

```
pd.pivot_table(data, values = None, index = None, columns = None, aggfunc = 'mean',
fill_value = None, margins = False, dropna = True, margins_name = 'All', observed =
False)
```

piovt_table 函数的常用参数及说明，见表 **11.15**。

表 11.15　piovt_table 函数的常用参数及说明

参数名称	说明
data	接收 DataFrame，表示创建表的数据
values	接收字符串，用于指定要聚合的数据字段名，默认使用全部数据
index	接收字符串或者列表，表示行分组键
columns	接收字符串或者列表，表示列分组键
aggfunc	接收函数，表示聚合函数
margins	接收布尔值，表示是否汇总
dropna	接收布尔值，表示是否删除全部是空值的列

使用订单详情表制作简单的透视表，如下列代码所示。

```
import numpy as np
import pandas as pd
detail = pd.read_table("E:\\business_data2.csv",sep = ',',encoding = 'utf-8')
detailPivot1 = pd.pivot_table(detail[['用户ID','职业类型','销售金额']],
index = '用户ID',dropna =True)
print('以用户ID作为分组键创建的订单透视表为:\n', detailPivot1.head(5))

detailPivot2 = pd.pivot_table(detail[['性别','职业类型','销售金额']],
index = '性别')
print('以性别作为分组键创建的订单透视表(均值)为:\n',
detailPivot2.head())
```

执行结果:

```
以用户ID作为分组键创建的订单透视表为:
职业类型     销售金额
用户ID
1000001  10  13650
1000006  9   10620
1000018  3   10854
1000021  16  8143
1000023  0   11017
```

以性别作为分组键创建的订单透视表(均值)为:

```
职业类型          销售金额
性别
F   7.453875   11227.450185
M   8.239870   11111.886548
```

由上述代码可知,当不指定聚合函数 aggfunc 时,会默认使用 numpy.mean 进行聚合计算,numpy.mean 会自动过滤掉非数值型的数据,还可以通过指定 aggfunc 参数来修改聚合函数。和 groupby 方法分组相同,pivot_table 函数在创建透视表时分组键 index 可以有多个,如下列代码所示。

```
detailPivot3 = pd.pivot_table(detail[['性别','职业类型','销售金额','婚姻状况']],
index = ['性别','婚姻状况'], aggfunc = np.sum)
print('以性别和婚姻状况作为分组键创建的订单销量与售价总和透视表为:\n', detailPivot3.
head(5))
```

执行结果:

以性别和婚姻状况作为分组键创建的订单销量与售价总和透视表为:

```
职业类型          销售金额
性别    婚姻状况
F   0     1197   1844577
1         823    1198062
M   0     3268   4353200
1         1816   2502834
```

通过设置 columns 参数指定列分组,示例代码如下所示。这个地方有两个列索引:一个是性别;另一个是职业类型。

```
detailPivot = pd.pivot_table(detail[['性别','职业类型','销售金额']], index = '性别',
columns = '职业类型', aggfunc = np.sum)
print('以性别、职业类型作为行列分组键创建的订单透视表(求和)为:\n',
detailPivot.head(5))
```

执行结果:

以性别、职业类型作为行列分组键创建的订单透视表(求和)为:

```
销售金额              ...
职业类型   0    1    2    ...  18    19     20
性别                    ...
F   443532.0  338002.0  125847.0  ...  NaN      38480.0   216479.0
M   875508.0  405896.0  230491.0  ...  86993.0  99993.0   316686.0

[2 rows x 20 columns]
```

上述代码中出现了很多空值,可以对空值进行相关处理,比如,将所有的空值转换为 0,如下列代码所示。

```
detailPivot = pd.pivot_table(detail[['性别','职业类型','销售金额']]),
index = '性别',
columns = '职业类型',
aggfunc = np.sum, fill_value = 0)
print('以性别和职业类型作为行列分组键创建的订单透视表(求和)为:\n',
detailPivot.iloc[:5,:5])
```

执行结果:

```
以性别和职业类型作为行列分组键创建的订单透视表(求和)为:
销售金额
职业类型     0      1       2       3       4
性别
F   443532  338002  125847  133993  334302
M   875508  405896  230491  156439  1150486
```

当数据的列非常多时,若只显示自己关心的列,则可以通过指定的 values 参数来实现,如下列代码所示。

```
detailPivot = pd.pivot_table(detail[['性别','职业类型','销售金额']]),
index = '职业类型', values = '销售金额', aggfunc = np.sum)
print('以职业类型作为行分组键,销售金额为值创建表为:\n',
detailPivot.head(5))
```

执行结果:

```
以职业类型作为行分组键,销售金额为值创建表为:
销售金额
职业类型
0     1319040
1     743898
2     356338
3     290432
4     1484788
```

此外,还可以更改函数中的 margin 参数,查看汇总数据,如下列代码所示。

```
detailPivot = pd.pivot_table(detail[['性别','职业类型',
'销售金额']], index = '性别', columns = '职业类型',
aggfunc = np.sum, fill_value = 0,margins = True)
print('以性别和职业类型作为分组键创建的透视表(求和)为:\n',
detailPivot.iloc[:5,-4:])
```

执行结果:

```
detailPivot.iloc[:5,-4:])
以性别和职业类型作为分组键创建的透视表(求和)为:
销售金额
职业类型   18   19   20   All
```

```
性别
F    0         38480      216479    3042639
M    86993     99993      316686    6856034
All  86993     138473     533165    9898673
```

11.5.2　crosstab 函数创建交叉表

交叉表是一种特殊的透视表,主要用于计算分组频率。利用 pandas 提供的 crosstab 函数可以制作交叉表。crosstab 函数的常用参数和使用格式如下。

```
pd.crosstab(index, columns, values=None, rownames=None, colnames=None,
    aggfunc=None, margins=False, margins_name = 'All', dropna = True,
    normalize=False)
```

crosstab 函数的常用参数及说明,见表 11.16。

表 11.16　crosstab 函数的常用参数及说明

参数名称	说明
index	接收字符串或者列表,表示行索引键
columns	接收字符串或者列表,表示列索引键
values	接收数组,表示聚合数据
rownames	表示行分组键名
colnames	表示列分组键名
aggfunc	接收函数,表示聚合函数
margins	接收布尔值,表示汇总功能的开关
dropna	接收布尔值,表示是否删除全部为空值的列
normalize	接收布尔值,表示是否对值进行标准化

交叉表是透视表的一种,crosstab 函数的参数和 pivot_table 函数的参数基本相同。不同之处在于,对 crosstab 函数中的 index、columns、values,输入的都是从 DataFrame 中取出的某一列。使用 crosstab 函数制作交叉表的示例如下列代码所示。

```
detailCross = pd.crosstab(index=detail['性别'], columns=detail['职业类型'],
values = detail['销售金额'],aggfunc = np.sum, margins = True)
print('以性别和职业类型为分组键销售金额值的透视表前 5 行 5 列为:\n',detailCross.iloc
[:5,:5])
```

执行结果:

```
以性别和职业类型为分组键销售金额值的透视表前 5 行 5 列为:
职业类型          0        1        2        3        4
性别
F    443532.0  338002.0  125847.0  133993.0  334302.0
```

```
M     875508.0  405896.0  230491.0  156439.0  1150486.0
All  1319040.0  743898.0  356338.0  290432.0  1484788.0
```

11.5.3 创建透视表与交叉表的示例

1）创建单日震级与经纬度透视表

```
import pandas as pd
import numpy as np
dizhen = pd.read_csv("E:\dizhen.csv",encoding = 'utf-8')
dizhen['time'] = pd.to_datetime(dizhen['Time'])
dizhen['data'] = [i.date() for i in dizhen['time']]
PivotDetail =
    pd.pivot_table(dizhen[['data','Longitude','Latitude','Magnitude']],
index ='data',aggfunc = np.sum, margins = True)
print('单日震级与经纬度透视表前5行5列为:\n',
PivotDetail.head())
```

执行结果：

```
单日震级与经纬度透视表前5行5列为:
Latitude Longitude Magnitude
data
2016-12-25 27.92    101.39   3.9
2016-12-27 29.47    105.60   4.8
2016-12-28 29.43    105.55   3.9
2017-01-15 56.30    209.45   7.9
2017-01-18 28.10    104.76   4.3
```

2）创建各个地区单日震级透视表

地震是我们熟知的一种自然灾害,通过震级能预测将会造成的危害程度,分析造成震级差别的原因,对人类社会有重要的作用,使用透视表和交叉表能够轻松实现,如下列代码所示。

```
CrossDetail = pd.crosstab(index=dizhen['data'],columns=dizhen['Location'],
values = dizhen['Magnitude'], aggfunc = np.sum,margins = True)
print('单日各个地区震级交叉表后5行5列为:\n',
CrossDetail.iloc[-5:,-5:])
```

执行结果：

```
单日各个地区震级交叉表后5行5列为:
Location  贵州毕节市赫章县  越南  重庆荣昌区  陕西汉中市宁强县    All
data
 2022-04-15  NaN   NaN   NaN   NaN    3.9
 2022-04-16  NaN   NaN   NaN   NaN    4.6
```

```
2022-04-17   NaN   NaN   NaN   NaN    4.1
2022-04-30   NaN   NaN   NaN   NaN    4.2
       All   4.5   4.7   8.7   5.3  1088.2
```

习　题

1.使用两种不同方法读取文件"business_data2.csv",分隔符为",",编码为"utf8"。

2.根据文件"business_data2.csv",分别使用 iloc 和 loc 方法提取"婚姻状况"和"年龄"的前10行数据。

3.根据文件"business_data2.csv",计算"职业类型""销售金额"的均值、总和与标准差。

4.查找相关资料,选取带有时间信息的相关数据,将数据中表示时间的字符串转换正常时间格式;提取数据的年份、月份、星期、日期的信息;求最早时间和最晚时间的差值。

5.根据文件"business_data2.csv",分别以"职业类型""婚姻状况""年龄"对"销售金额"进行分组;建立以"性别""职业类型"为分组键,"销售金额"为值的交叉透视表。

12

使用 pandas 进行数据预处理

前面几章分别介绍了 NumPy 数值运算基础、Matplotlib 数据可视化基础和 pandas 统计分析基础,本章将继续介绍如何使用 pandas 进行数据预处理。如何对数据进行预处理,提高数据质量,是数据分析工作中常见的问题。本章主要介绍数据预处理的 4 种技术:数据合并、数据清洗、数据标准化和数据转换。

12.1 数据合并

乳腺癌的发展与雌激素受体密切相关,有研究发现,雌激素受体 α 亚型(Estrogen receptors alpha,ERα)在不超过 10% 的正常乳腺上皮细胞中表达,但在 50%~80% 的乳腺肿瘤细胞中表达,因此,ERα 通常被认为是乳腺癌治疗靶标。文件"ERα_activity.xlsx"给出了将近 2000 个与乳腺癌相关的化合物的 ERα 信息。文件"Molecular_Descriptor.xlsx"则给出了对应化合物的分子描述符信息。对这两个数据文件的简要说明如下。

文件"ERα_activity.xlsx"包含两张表:training 和 test.training(训练集)表包含 3 列,第一列提供了 1974 个化合物的结构式,用一维线性表达式 SMILES(Simplified Molecular Input Line Entry System)表示;第二列是化合物对 ERα 的生物活性值(用 IC50 表示,为实验测定值,单位是 nM,值越小代表生物活性越大,对抑制 ERα 活性越有效);第三列是将第二列 IC50 值转化而得的 pIC50(即 IC50 值的负对数,该值通常与生物活性具有正相关性,即 pIC50 值越大表明生物活性越高;实际 QSAR 建模中,一般采用 pIC50 来表示生物活性值).test 表(测试集)的数据结构和 training 表类似,里面提供有 50 个化合物的 SMILES 式.

文件"Molecular_Descriptor.xlsx"也包含两张表:training 和 test.training 表(训练集)中,给出了上述 1974 个化合物的 729 个分子描述符信息(即自变量).其中第一列也是化合物的 SMILES 式(编号顺序与上表一样),其后共有 729 列,每列代表化合物的一个分子描述符(即一个自变量).化合物的分子描述符是一系列用于描述化合物的结构和性质特征的参数,包括物理化学性质(如分子量、LogP 等)、拓扑结构特征(如氢键供体数量、氢键受体数量等)等.关于每个分子描述符的具体含义,请参见文件"分子描述符含义解释.xlsx".同样地,test 表(测试集)的数据结构和 training 表类似,里面给出了上述 50 个测试集化合物的 729 个分子描述符.

上述两个数据文件中,分别给出了不同化合物的 ERα 值和分子描述,首先需要对这两类信息进行和并。通过堆叠合并和主键合并等多种合并方式,可以将关联的数据信息合并在一张表中。

12.1.1 堆叠合并数据

堆叠就是简单地把两个表拼在一起,也称为轴向连接、绑定或者连接。按照连接轴的方向,数据堆叠可分为横向堆叠和纵向堆叠。

1) 横向堆叠

横向堆叠即将两个表沿 x 轴方向合并在一起,可以使用 concat 函数完成。concat 函数的基本语法如下所示。

```
pd.concat(objs, axis=0, join='outer', ignore_index = False, keys=None, levels=
None, names=None, verify_integrity = False, sort = False, copy = True)
```

concat 函数的常用参数及说明见表 12.1。

表 12.1 concat 函数的常用参数及说明

属性	说明
objs	接收 Series,数据框,表示参与连接的 pandas 对象
axis	接收 0 或者 1,表示连接轴向,默认为 0,表示横向
join	接收 inner 或者 outer,表示其他轴向上数据合并方式,inner 为交集,outer 为并集
ignore_index	接收布尔值,表示是否保留连接轴上的索引
keys	接收序列,表示与连接对象有关的值,用于形成连接轴上的层次化索引
levels	接收包含多个序列的列表,用来指定层次化索引的具体值
names	接收列表,用来对创建的分层级别的命名
verify_integrity	接收布尔值,检查新连接的轴是否包含重复项

当参数 axis 取值为 1 时,concat 函数做行对齐,然后将不同列名称的两张或者多张表合并。当两个索引不完全一致时,可以使用 join 参数选择是内连接还是外连接。在内连接的情况下,仅仅返回索引的重叠部分;在外连接的情况下,则显示索引的并集部分数据,不足的地方使用空值填补。其原理如图 12.1 所示。

	A	B	C	D
1	A1	B1	C1	D1
2	A2	B2	C2	D2
3	A3	B3	C3	D3
4	A4	B4	C4	D4

	B	C	E
2	B2	C2	E2
4	B4	C4	E4
6	B6	C6	E6
8	B8	C8	E8

	A	B	C	D	E
1	A1	B1	C1	D1	NaN
2	A2	B2	C2	D2	E2
3	A3	B3	C3	D3	NaN
4	A4	B4	C4	D4	E4
6	NaN	B6	C6	NaN	E6
8	NaN	B8	C8	NaN	E8

图 12.1 横向连接外连接示意图

当两张表完全一样时,无论 join 参数的取值是 inner 还是 outer,结果都是将两个表完全沿 x 轴拼接起来,具体如下列代码所示。

```
data_h1 = pd.read_excel('ER_activity.xlsx',sheet_name='training')
data_x1 = pd.read_excel('Molecular_Descriptor.xlsx',sheet_name='training')
```

```
df1 = data_h1
df2 = data_x1.iloc[:,:5]
print('合并 df1 的大小为％s,df2 的大小为％s.'(df1.shape,df2.shape))
print('外连接合并后的数据框大小为:',pd.concat([df1,df2],
axis=1,join='outer').shape)
print('内连接合并后的数据框大小为:',pd.concat([df1,df2],
axis=1,join='inner').shape)
```

执行结果:

```
合并 df1 的大小为(1974,3),df2 的大小为(1974,5).
外连接合并后的数据框大小为:(1974,8)
内连接合并后的数据框大小为:(1974,8)
```

2)纵向堆叠

相较于横向堆叠,纵向堆叠是将两个数据表在 y 轴上拼接。concat 函数和 append 方法都能实现纵向堆叠。当参数 axis 取值为 0 时,concat 函数做列对齐,然后将不同索引的两张或者多张表合并。当表的列不完全一致时,可以使用 join 参数选择是内连接还是外连接。在内连接的情况下,仅仅返回两个列的重叠部分;在外连接的情况下,则显示两个列的并集部分数据,不足的地方使用空值填补。其原理如图 12.2 所示。

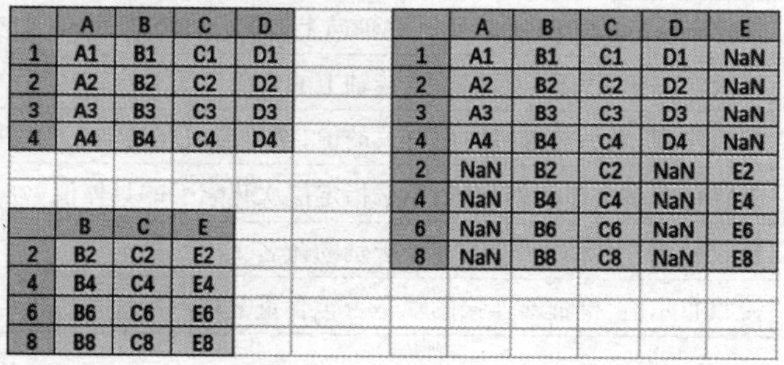

图 12.2　纵向连接外连接示意图

不论 join 参数的取值是 inner 或者是 outer,结果都是将两个表完全按照 y 轴拼接起来,如下列代码所示。

```
df3 = data_x1.iloc[:1500,:]      #取出 data_x1 前 1500 行数据
df4 = data_x1.iloc[1500:,:]      #取出 data_x1 的 1500 行后的数据
print('合并 df3 的大小为％s,df4 的大小为％s.'%(df3.shape, df4.shape))
print(" 内连接纵向合并后的数据框大小为:', pd.concat([df3,df4],
axis=0, join='inner').shape)
print('外连接纵向合并后的数据框大小为:', pd.concat([df3,df4],
axis=0, join='outer').shape)
```

执行结果:

```
合并 df3 的大小为(1500,730),df4 的大小为(474,730).
内连接纵向合并后的数据框大小为:(0,730)
外连接纵向合并后的数据框大小为:(1974,730)
```

除了 concat 函数外，append 方法也可以用于纵向合并两张表。但是使用 append 方法实现纵向堆叠时，必须要求两张表的列是完全一致的。pandas 中的 append 方法和列表中定义的 append 方法类似，基本的语法如下所示。

```
pd.DataFrame.append(self, other, ignore_index=False, verify_integrity=False,
sort=False)
```

append 方法的参数及说明，见表 12.2。

表 12.2　append 方法的参数及说明

参数名称	说明
self	接收 DataFrame 或者 Series，表示堆叠的原始数据框
other	接收 DataFrame 或者 Series，表示要添加的数据框
ignore_index	接收布尔值，表示添加的数据是否产生新的索引
verify_integrity	接收布尔值，当 ignore_indexwei False 时，是否对索引进行检查
sort	接收布尔值，表示是否对新的数据框进行排序

下列代码为使用 append 方法进行纵向堆叠。

```
print('堆叠前 df3 的大小为%s,df4 的大小为%s.'%(df3.shape,df4.shape))
print('append 纵向堆叠后的数据框大小为:',df3.append(df4).shape)
```

执行结果：

```
堆叠前 df3 的大小为(1500, 730),df4 的大小为(474, 730).
append 纵向堆叠后的数据框大小为:(1974, 730)
```

12.1.2　主键合并数据

主键合并是通过一个或者多个键将两个数据集的行连接起来，类似于 SQL 中的 join。针对两张包含不同字段的表，将其根据某几个字段一一对应拼起来，结果集的列数为两个原数据的列数和减去连接键的数量，如图 12.3 所示。

	A	B	Key
1	A1	B1	k1
2	A2	B2	k2
3	A3	B3	k3
4	A4	B4	k4

	C	D	Key
1	C1	D1	k1
2	C2	D2	k2
3	C3	D3	k3
4	C4	D4	k4

	A	B	C	D	E
1	A1	B1	k1	C1	D1
2	A2	B2	k2	C2	D2
3	A3	B3	k3	C3	D3
4	A4	B4	k4	C4	D4

图 12.3　主键合并示意图

pandas 库中的 merge 函数和 join 方法都可以实现主键合并，但是两者的实现方式并不相同。merge 函数的具体用法如下：

```
pd.merge(left, right, how = 'inner', on = None, left—on = None, right—on = None,
left—index = False, right—index = False, sort = False, suffixes=('\_x','\_y'),
copy: bool = True, indicator = False, validate=None)
```

和数据库中的 join 函数一样，merge 函数也有左连接（left）、右连接（right）、内连接和外连接。但是比起数据库 SQL 语言中的 join 函数，merge 函数还有其自身的独到之处，例如，可以在合并过程中对数据集进行排序等。根据 merge 函数中的参数说明，并按照需求修改相关的参数，即可以用多种方法实现主键合并。merge 函数的具体参数及说明，见表 12.3。

表 12.3　merge 的常用参数及说明

参数名称	说明
left	接收 DataFrame 或者 Series，表示要添加的数据集 1
right	接收 DataFrame 或者 Series，表示要添加的数据集 1
how	接收 inner、outer、left、right，表示数据连接方式
on	接收字符串或者序列，表示两个数据合并的主键（要求一致）
left_on	接收字符串或者序列，表示 left 参数接收数据时用于合并的主键
right_on	接收字符串或者序列，表示 right 参数接收数据时用于合并的主键
left_index	接收布尔值，表示是否将 left 参数接收数据的 index 作为连接主键
right_index	接收布尔值，表示是否将 right 参数接收数据的 index 作为连接主键
sort	接收布尔值，表示是否根据连接键对数据进行排序
suffixes	接收元组，表示用于追加到 left 和 right 参数接收数据列名相同时的后缀

使用 merge 函数合并化合物活性数据和分子表达式数据，如下列代码所示。

```
x = pd.merge(data_h1,data_x1, left_on='SMILES',right_on = 'SMILES')
print('化合物活性数据的原始形状为:',data_h1.shape)
print('化合物分子表达的原始形状为:',data_x1.shape)
print('化合物活性数据和分子表达主键合并后的形状为:',x.shape)
```

执行结果：

```
化合物活性数据的原始形状为:(1974, 3)
化合物分子表达的原始形状为:(1974, 730)
化合物活性数据和分子表达主键合并后的形状为:(1974, 732)
```

除了使用 merge 方法外，join 方法也可以实现部分主键合并的功能。但是使用 join 方法时，两个主键的名字必须相同，其具体用法如下：

```
pd.DataFrame.join(self, other, on=None, how='left', lsuffix='', rsuffix='', sort = False)
```

join 方法的具体参数及说明见表 12.4。

表 12.4　join 的常用参数及说明

参数名称	说明
self	接收 DataFrame 或者 Series，表示主键合并的数据集 1
other	接收 DataFrame 或者 Series，表示主键合并的数据集 2
on	接收字符串或者由列名组成的列表或者元组，表示连接的列名

续表

参数名称	说明
how	接收 inner、outer、left、right，表示数据连接方式
lsuffix	接收字符串，表示追加到左侧重叠列名的尾缀
rsuffix	接收字符串，表示追加到右侧重叠列名的尾缀
sort	接收布尔值，表示是否根据连接键对数据进行排序，默认为 False

使用 join 函数合并化合物活性数据和分子表达式数据，如下列代码所示。

```
x1 = data_h1.iloc[:,[1,2]]
x1["nAcid"] = data_x1.iloc[:,1]
x2 = data_x1.iloc[:,1:]
y = x1.join(x2,on='nAcid', rsuffix='sss')
y.iloc[:6,:5]
```

执行结果：

```
IC50_nM  pIC50  nAcid  nAcidsss  ALogP  ALogp2  AMR  apol
 0   2.5  8.602060   0    0  -0.286 0.081796  126.1188   74.170169
 1   7.5  8.124939   0    0  -0.286 0.081796  126.1188   74.170169
 2   3.1  8.508638   0    0  -0.286 0.081796  126.1188   74.170169
 3   3.9  8.408935   0    0  -0.286 0.081796  126.1188   74.170169
 4   7.4  8.130768   0    0  -0.286 0.081796  126.1188   74.170169
 5 490.0  6.309804   0    0  -0.286 0.081796  126.1188   74.170169
```

由上述代码可知，连接列名为“nAcid”，而第二个数据集中的“nAcid”则被修改成了“nAcidsss”。需要注意的是，作为连接列的数据格式必须为数值型，不能是字符串型变量。

12.1.3　重叠合并数据

数据分析和处理过程中偶尔会出现两份数据的内容几乎完全一致的情况，但是某些特征在其中一张表上是完整的，而在另一张表上是缺失的。这时除了使用将数据一对一的比较，然后进行填充的方法外，还有一种方法就是重叠合并。重叠合并在其他工具或者语言中是不常见的，但是在 pandas 库的开发者希望 pandas 能够解决几乎所有的数据分析问题，因此，提供了 combine_first 方法来进行重叠数据合并，其示意图如图 12.4 所示。

	0	1	2
0	NaN	B1	3
1	NaN	B2	3
2	NaN	B3	3
3	NaN	B4	3

	0	1	2
0	4	NaN	3
1	4	B2	3
2	4	B3	3

	0	1	2
0	4	B1	3
1	4	B2	3
2	4	B3	3
3	NaN	B4	3

图 12.4　重叠合并示意图

combine_first 方法的具体用法如下。

```
pd.DataFrame.combine_first(self, other: 'DataFrame')
```

combine_first 方法的常用参数及说明,见表 12.5。

表 12.5　combine_first 方法的常用参数及说明

参数名称	说明
self	接收 DataFrame 或者 Series,表示参与合并的数据集 1
other	接收 DataFrame 或者 Series,表示参与合并的数据集 2

化合物活性数据和分子表达并不存在互补的两个字段,所以在这里新建两个数据框来介绍重叠合并,代码如下:

```
dict1 = {'ID':[1,2,3,4,5,6,7,8,9], 'System':['win10','win10',np.nan,'win10',np.nan,
np.nan,'win7','win7','win8'],'cpu':['i7','i5',np.nan,'i7', np.nan,np.nan,'i5','i5','i3']}
dict2 = {'ID':[1,2,3,4,5,6,7,8,9], 'System':['win7',np.nan,'win7',np.nan,'win8',
'win7',np.nan,np.nan,np.nan], 'cpu':[np.nan,np.nan,'i3',np.nan,'i7','i5',np.nan,np.
nan,np.nan]}
df5 = pd.DataFrame(dict1)
df6 = pd.DataFrame(dict2)
print('经过重叠合并后的数据为:\n',df5.combine_first(df6))
```

执行结果:

```
经过重叠合并后的数据为:
ID System cpu
0  1  win10 i7
1  2  win10 i5
2  3  win7 i3
3  4  win10 i7
4  5  win8 i7
5  6  win7 i5
6  7  win7 i5
7  8  win7 i5
8  9  win8 i3
```

12.2　数 据 清 洗

数据重复会导致数据的方差变小,数据分布发生较大变化。缺失会导致样本的信息量减少,不仅增加了数据分析的难度,而且会导致数据分析的结果产生偏差。异常值则会产生“伪回归”。因此需要对数据进行检测,查询是否有重复值、缺失值和异常值,并且要对这些数据进行适当的处理。

12.2.1　重复值的检测与处理

处理重复数据是数据分析经常面临的问题之一。对重复数据进行处理前,需要分析重复数据产生的原因以及去除这部分数据后可能造成的不良影响。常见的数据重复分为两种：记录重复和特征重复。记录重复是指一个或者多个特征的某几条记录完全相同，特征重复是指有多个特征的名称不同，但是数据完全相同。无论是记录重复还是特征重复，都会对数据分析产生不良的影响。

1）记录重复

化合物分子描述表中的"nH"表示的是化合物的氢原子个数，要找出所有化合物的氢原子个数，最简单的方法就是利用去重操作实现。第一种方法是利用列表去重，如下列代码所示。

```
#定义去重函数
def delRep(list1):
list2 =[]
for i in list1:
if i not in list2:
list2.append(i)
return list2
nh=list(data_x1['nH'])
print('去重前化合物氢原子记录数为:',len(nh))
nhs = delRep(nh)
print('方法一去重后化合物氢原子数为:',len(nhs))
```

执行结果：

```
去重前化合物氢原子记录数为：1974
方法一去重后化合物氢原子数为：61
```

除了使用上述代码的方法去重外，还可以利用集合（set）元素唯一的特性去重，如下列代码所示。

```
print('去重前化合物氢原子记录数为:',len(nh))
nhs2 = set(nh) ##利用 set 的特性去重,有自动排序的功能
print('方法二去重后化合物氢原子数为:',len(nhs2))
print(nhs2)
```

执行结果：

```
去重前化合物氢原子记录数为：1974
方法二去重后化合物氢原子数为：61
{5, 6, 7, 8, 9, 10, 11, 12, 13, 14, 15, 16, 17, 18, 19, 20, 21, 22, 23, 24, 25, 26, 27, 28,
29, 30, 31, 32, 33, 34, 35, 36, 37, 38, 39, 40, 41, 42, 43, 44, 45, 46, 47, 48, 49, 50, 51,
180, 53, 55, 56, 57, 58, 61, 62, 65, 87, 89, 90, 91, 95}
```

比较上述两种方法可以发现，用列表的方法去重，代码冗长，会拖慢数据分析的速度。集合元素的方法虽然代码比较简单，但是用这个方法去重后，数据的排列顺序会发生改变，不利于后续的数据分析。鉴于这两种方法的缺陷，pandas 提供了一个名为 drop_duplicates 的去重方法。该方法只对 DataFrame 或者 Series 类型有效。这种方法不会改变数据的原始排列，并且兼具代码简洁和运行稳定的特点。drop_duplicates 的基本语法如下：

```
pd.DataFrame.drop_duplicates(self, subset = None, keep = 'first', inplace =
False, ignore_index = False)
```

使用 drop_duplicates 方法去重时,当且仅当 subset 参数中指定特征重复时才会执行去重操作,去重时可以选择保留哪一个,甚至可以不保留。该方法的常用数组的属性及说明见表12.6。

表 12.6 数组的属性及说明

属性	说明
self	接收 DataFrame 或者 Series,表示需要去重的数据
subset	接收字符串或者序列,表示需要去重的列
keep	接收特定的字符串,first 保留第一个,last 保留最后一个,false 去掉所有重复
inplace	接收布尔值,表示是否在原表上进行操作

下面代码所示是对化合物分子描述数据中的"nH"列利用 drop_duplicates 方法进行去重操作。

```
nhs3 = data_x1['nH'].drop_duplicates(inplace=False)
print('drop_duplicates 方法去重之后化合物氢原子数为:',len(nhs3))
```

执行结果:

```
drop_duplicates 方法去重之后化合物氢原子数为: 61
```

事实上,drop_duplicates 方法不仅支持单一特征的数据去重,还能够依据 DataFrame 的其中一个或者几个特征进行去重操作,具体用法如下列代码所示。

```
print('去重之前化合物分子描述表的形状为:', data_x1.shape)
data_det = data_x1.drop_duplicates(subset = ['nH','nB'])
shapeDet = data_det.shape
print('依照氢原子数和硼原子数去重之后化合物分子描述表大小为:', shapeDet)
```

执行结果:

```
去重之前化合物分子描述表的形状为:(1974,730)
依照氢原子数和硼原子数去重之后化合物分子描述表大小为:(61,730)
```

2)特征重复

结合相关的数学和统计学知识,要去除连续的特征重复,可以利用特征间的相似度将两个相似度为 1 的特征去掉一个。在 pandas 中,相似度的计算方法为 corr。使用该方法计算相似度时,默认为"pearson",即皮尔逊相关系数。该参数可以进行调节,目前还支持"spearman"(斯皮尔曼相关系数)和"kendall"(肯德尔相关系数)。使用"pearson"法求出化合物分子描述表中的"ALogP"和"AMR"两个特征的相似度矩阵,如下列代码所示。

```
corrDet = data_x1[['ALogP','AMR']].corr(method='spearman')
print('"ALogP" 和 "AMR"的 spearman 相似度为:\n',corrDet)
```

执行结果：

```
"ALogP" 和 "AMR"的 spearman 相似度为:
ALogP      AMR
ALogP  1.000000  0.154591
AMR    0.154591  1.000000
```

通过相似度矩阵,删除相似度高的特征这种方法存在一个弊端,那就是该种方法只能对数值型特征有效,分类型特征之间无法通过计算相关系数来衡量相似度,因此,无法根据相关系数矩阵来删除特征。除了使用相似度矩阵的方法对特征进行去重外,还可以通过 DataFrame.equals 方法进行特征去重,如下列代码所示。

```
def FeatureEquals(df):
dfEquals=pd.DataFrame([],columns=df.columns,index=df.columns) # 空数据框的设置
方法
for i in df.columns:
for j in df.columns:
dfEquals.loc[i,j] = df.loc[:,i].equals(df.loc[:,j])
return dfEquals
## 应用上述函数
detEquals=FeatureEquals(data_x1)
print('detail 的特征相等矩阵的前 5 行 5 列为:\n',detEquals.iloc[:5,:5])
```

执行结果：

```
detail 的特征相等矩阵的前 5 行 5 列为:
SMILES nAcid ALogP ALogp2 AMR
SMILES  True   False  False  False  False
nAcid   False  True   False  False  False
ALogP   False  False  True   False  False
ALogp2  False  False  False  True   False
AMR     False  False  False  False  True
```

再通过遍历的方式筛选出完全重复的特征,如下列代码所示。

```
lenDet = detEquals.shape[0] # 判断矩阵的行数,换成 1 也可以,为什么?
dupCol = [] # 循环之前设置的空列表
for k in range(lenDet):
for l in range(k+1,lenDet):
if detEquals.iloc[k,l] & (detEquals.columns[l] not in dupCol):
dupCol.append(detEquals.columns[l])
dupCol
print('需要删除的列为:',dupCol)
data_x1.drop(dupCol,axis=1,inplace=True)
print('删除多余列后 detail 的特征数目为:',data_x1.shape[1])
```

执行结果：

需要删除的列为: ['nBondsQ', 'nHsNH3p', 'nHssNH2p', 'nHsssNHp', 'nHmisc', ' nsLi', 'nssBe',
'nsssssBem', 'nsBH2', 'nssBH', 'nsssB', 'nsssssBm', 'nddC', 'nsNH3p', 'nssNH2p', 'nsssNHp',
'naOm', 'nsSiH3', 'nssSiH2'....]
删除多余列后 detail 的特征数目为: 466

12.2.2 缺失值的检测与处理

数据中的某个或者某些特征值是不完整的,这些值称为缺失值。pandas 提供了识别缺失值的方法 isnull 和识别非缺失值的方法 notnull,这两种方法在使用时返回的都是布尔值。结合 sum 函数和 isnull、notnull 函数,可以检测数据中缺失值的分布以及数据中一共含有多少个缺失值,具体用法如下列代码所示。

```
print('detail 每个特征缺失的数目为: \n',data_x1.isnull().sum())
print('detail 每个特征非缺失的数目为: \n',data_x1.notnull().sum())
```

执行结果:

```
detail 每个特征缺失的数目为:
 SMILES        0
 nAcid         0
 ALogP         0
 ALogp2        0
 AMR           0
 ..
 WTPT-5        0
 WPATH         0
 WPOL          0
 XLogP         0
 Zagreb        0
 Length:       466,dtype:int64
detail 每个特征非缺失的数目为:
 SMILES        1974
 nAcid         1974
 ALogP         1974
 ALogp2        1974
 AMR           1974

 WTPT-5        1974
 WPATH         1974
 WPOL          1974
 XLogP         1974
 Zagreb        1974
 Length:       466,dtype:int64
```

因为化合物分子描述表中没有缺失值,所以上述代码中显示没有缺失值。isnull 和 notnull 两个函数的结果刚好相反,因此使用其中任何一个都可以判断出数据中缺失值的位置。

1)删除法

删除法是指将含有缺失值的特征或者记录删除。删除法分为删除观测记录和删除特征两种,属于通过减少样本量来换取信息完整性的一种方法,是一种最简单的缺失值处理方法。pandas 中提供了简便的删除缺失值的方法 dropna,通过参数控制,该方法既可以删除观测记录,也可以删除特征,该方法的基本语法如下:

```
pd.DataFrame.dropna(self, axis=0, how='any', thresh=None, subset=None, inplace=False)
```

dropna 函数的具体参数及说明见表 12.7。

表 12.7   dropna 函数的参数及说明

参数名称	说明
axis	接收 0 或者 1,表示轴向
how	接收特定的字符串,表示删除的形式
subset	接收数组,表示进行去重的列或者行
inplace	接收布尔值,表示是否在原表上进行操作

对化合物的分子描述表利用 dropna 方法进行缺失值处理,如下列代码所示。

```
print('去除缺失的列前 data_x1 的形状为:', data_x1.shape)
print('去除缺失的列后 data_x1 的形状为:', data_x1.dropna(axis=1,how='any').shape)
```

执行结果:

```
去除缺失的列前 data_x1 的形状为:(1974,466)
去除缺失的列后 data_x1 的形状为:(1974,466)
```

2)替换法

替换法是指用一个特定的值替换缺失值。其特征可以分为数值型特征和分类型特征、两者出现缺失值时处理的方法也各不相同。缺失值所在的特征为数值型时,通常利用其均值、中位数和众数等描述其集中趋势的统计量来代替缺失值。缺失值所在的特征为分类型特征时,则选择使用众数来替换缺失值。pandas 库中提供了缺失值替换的方法 fillna,其基本语法如下:

```
pd.DataFrame.fillna(self, value=None, method=None, axis=None, inplace=False, limit=None, downcast=None)
```

fillna 参数及说明,见表 12.8。

表 12.8　fillna 参数及说明

参数名称	说明
value	接收数值、字典或者数据框,表示用来替换缺失值的值
method	接收特定的字符串,backfill、bfill、pad、ffill
axis	接收 0 或者 1,表示轴向
inplace	接收布尔值,表示是否在原表上进行操作
limit	接收 int,表示填补缺失值个数的上限

用常值-99 对缺失值进行填充,如下列代码所示。因为化合物分子描述表中没有缺失值,因此先创建一个空的特征"null3"。对该特征进行填充,填充完成后,缺失值已消失。

```
data_x1["null3"] = np.NaN
data_nan = data_x1.iloc[:,461:]
data_nan = data_nan.fillna(-99) #用常量-99 替换缺失值
print('data_nan
每个特征缺失的数目为:\n',data_nan.isnull().sum())
```

执行结果:

```
data_nan 每个特征缺失的数目为:
WTPT-5      0
WPATH       0
WPOL        0
XLogP       0
Zagreb      0
null3       0
dtype:    int64
```

3)插值法

删除法简单易行,但会引起数据结构的变动,样本减少。替换法的使用难度比较低,但是会影响数据的标准差,导致信息量变动。在面对数据缺失问题时,除了上述两种方法外,还有一种常用方法——插值法。

常用的插值法有线性插值、多项式插值和样条插值等。线性插值是一种比较简单的插值方法,它针对已知的值求出线性方程,通过求解线性方程得到需要的插值。多项式插值是利用已知值拟合一个多项式,使得现有的数据满足这个多项式,再利用这个多项式求解缺失值。常见的多项式插值法有拉格朗日插值法和牛顿插值法等。样条插值是以可变样条来做一条经过一些列点的光滑曲线的插值法。插值的样条由一些多项式组成,每一个多项式都由相邻的两个数据决定,这样可以保证两个相邻的多项式及其导数在连接处连续。

pandas 提供了对应的名为 interpolate 的插值法,能够进行上述部分插值操作,但是 Scipy 的 interpolate 模块更加全面,其具体用法如下列代码所示。

```
import numpy as np
from scipy.interpolate import interp1d   # 在 Scipy 中有专门的插值模块
x = np.array([1,2,3,4,5,8,9,10])
y1 = np.array([2,8,18,32,50,128,162,200])
y2 = np.array([3,5,7,9,11,17,19,21])
LinearInsValue1 = interp1d(x,y1,kind='linear') ##线性插值
LinearInsValue2 = interp1d(x,y2,kind='linear')
print('当 x 为 6、7 时,使用线性插值 y1 为:',LinearInsValue1([6,7]))
print('当 x 为 6、7 时,使用线性插值 y2 为:',LinearInsValue2([6,7]))
```

执行结果:

当 x 为 6、7 时,使用线性插值 y1 为:[76.102.]
当 x 为 6、7 时,使用线性插值 y2 为:[13.15.]

```
from scipy.interpolate import lagrange #拉格朗日插值
LargeInsValue1 = lagrange(x,y1)
LargeInsValue2 = lagrange(x,y2)
print('当 x 为 6、7 时,使用拉格朗日插值 y1 为:',LargeInsValue1([6,7]))
print('当 x 为 6、7 时,使用拉格朗日插值 y2 为:',LargeInsValue2([6,7]))
```

执行结果:

当 x 为 6、7 时,使用拉格朗日插值 y1 为:[72.98.]
当 x 为 6、7 时,使用拉格朗日插值 y2 为:[13.15.]

```
from scipy.interpolate import make_interp_spline #样条插值
SplineInsValue1 = make_interp_spline(x,y1)([6,7])
SplineInsValue2 = make_interp_spline(x,y2)([6,7])
print('当 x 为 6、7 时,使用样条插值 y1 为:',SplineInsValue1)
print('当 x 为 6、7 时,使用样条插值 y2 为:',SplineInsValue2)
```

执行结果:

当 x 为 6、7 时,使用样条插值 y1 为:[72.98.]
当 x 为 6、7 时,使用样条插值 y2 为:[13.15.]

上述代码中,两个数组的关系表达式分别为 $y_1 = 2x^2$ 和 $y_2 = 2x+1$。从上述代码中可以看出,多项式插值和样条插值在两种情况下的拟合都非常出色,线性插值方法只有在自变量和因变量为线性关系的情况下拟合才较为出色。而在实际分析过程中,自变量和因变量的关系是线性关系的情况非常少见,所以在大多数情况下,多项式插值和样条插值都是比较合适的选择。

Scipy 库中的 interpolate 模块除了提供常规的插值方法外,还提供了如在图形学领域具有重要作用的中心坐标插值法等。在实际应用中,需要根据不同场景选择合适的插值方法。

12.2.3 异常值的检测与处理

异常值是指数据中个别值的数值明显偏离其余的数值,有时也称为离群点,检测异常值就

是检验数据中是否有输入错误以及是否含有不合理的数据。异常值的存在对数据分析十分危险,如果计算分析过程的数据中有异常值,那么会对结果产生不良影响,从而导致分析的结果产生偏差乃至错误。常用的异常值检测主要为 3σ 原则和箱线图分析方法两种。

1) 3σ 原则

3σ 原则是检测异常值的最常用原则之一。该原则先假设一组检测数据只含有随机误差,对原始数据进行计算处理得到标准差,然后依据区间估计的方法确定一个区间,认为误差超过这个区间的值就是异常值。不过这种方法只对正态分布或者近似正态分布的样本数据有效,其他分布,尤其是非单峰型数据,就不能用该原则,见表 12.9,其中,σ 代表标准差,μ 代表均值。

表 12.9　正态分布的数据的 3σ 原则

数值分布	在数据中的占比
$(\mu-\sigma, \mu+\sigma)$	0.6827
$(\mu-2\sigma, \mu+2\sigma)$	0.9549
$(\mu-3\sigma, \mu+3\sigma)$	0.9973

通过表 12.9 可以看出,正态分布的数据数值分布几乎全部集中在区间 $(\mu-3\sigma, \mu+3\sigma)$ 内,超出这个范围的数据仅占不到 0.3%。故根据小概率原理,可以认为超出 3σ 部分为异常数据。

自行构建 3σ 函数,进行异常值识别,如下列代码所示。

```
def outRange(Ser1): # 单列数据框数据异常值的判断
boolInd = (Ser1.mean()-3 * Ser1.std()>Ser1) |(Ser1.mean()+3 * Ser1.var()< Ser1)
index = np.arange(Ser1.shape[0])[boolInd]
outrange = Ser1.iloc[index]
return outrange
outlier = outRange(data_x1['ALogP'])
print('使用拉依达(3sigma)准则判定异常值个数为:',outlier.shape[0])
print('异常值的最大值为:',outlier.max())
print('异常值的最小值为:',outlier.min())
```

执行结果:

```
使用拉依达(3sigma)准则判定异常值个数为: 10
异常值的最大值为: -3.2134
异常值的最小值为: -23.105
```

上述代码中,ALogP 特征有 1974 个数据,根据 3σ 判定出有 10 个异常值,所有的异常值都被保存在一个 Series 中。需要注意的是,3σ 原则具有一定的局限性,只对正态数据或者近似正态的数据有效,而对其他分布类型的数据无效。一般来说,异常值的个数是比较少的,很少会超过样本数的 1%,如果判定出来的异常值过多,则说明样本数据可能不合适该原则,导致这个原因可能是样本数据的分布和正态相差很远。

2) 箱线图分析

箱线图提供了识别异常的一个标准,即异常值通常被定义为小于 QL-1.5IQR 或者大于QU+

1.5IQR 的值。其中,QL 是下侧四分位数,QU 是上侧四分位数,IQR 是四分位数间距,是上侧四分位数和下侧四分位数之差,其间包含全部观察值的一半。

箱线图依据实际数据绘制,真实、直观地表现出了数据分布的本来面貌,且没有对数据做任何限制性的要求,其判断异常值的标准以四分位数和四分位数间距为基础。四分位数给出了数据分布的中心、散布和形状的某种指示,具有一定的稳健性,即 25% 的数据可以变得任意远,而不会很大的扰动四分位数,所以异常值通常不能对这个标准施加影响。鉴于此,箱线图识别异常值的结果比较客观,因此,在识别异常值方面具有一定的优越性。化合物分子描述表根据箱线图来识别异常值,如下列代码所示。

```
import matplotlib.pyplot as plt
plt.figure(figsize=(6,4))
p = plt.boxplot(data_x1['ALogP'].values,notch=True)
outlier1 = p['fliers'][0].get_ydata()
outlier1
plt.savefig('化合物分子表达表 ALogP 的箱线图.png')
plt.show()
print('分子表达 ALogP 的异常值个数为:',len(outlier1))
print('销售量数据异常值的最大值为:',max(outlier1))
print('销售量数据异常值的最小值为:',min(outlier1))
```

执行结果:

```
分子表达 ALogP 的异常值个数为: 46
销售量数据异常值的最大值为: 5.1817
销售量数据异常值的最小值为: -23.105
```

在如图 12.5 所示的化合物分子表达表 ALogP 的箱线图中,标出了 46 个异常值。

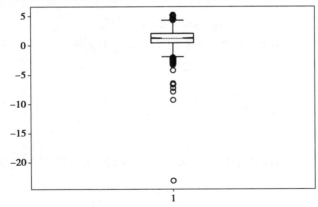

图 12.5　化合物分子表达表 ALogP 的箱线图

从上述两种异常值判定的结果来看,两者之间存在一定的差别,3σ 原则能够依据数据的分布给出判定,当数据分布接近正态时,判定更为准确。而箱线图从数据的取值范围展开分析,没有限制条件,更为稳健。当然,在本例中,笔者认为 3σ 原则相对来说更为准确,因为 ALogP 数据分布接近正态。

12.2.4　数据预处理实例

1) 对订单详情表进行去重

因为产品数据存在重复详情，所以需要对产品销售数据分别进行记录去重和特征去重，如下列代码所示。

```
detail = pd.read_csv("E:\\business_data.csv", index_col=0,encoding='gbk')
print('进行去重操作前订单详情表的形状为:',detail.shape)
## 样本去重
detail.drop_duplicates(inplace=True)
## 特征去重
def FeatureEquals(df):
#定义求取特征是否完全相同的矩阵的函数
dfEquals=pd.DataFrame([],columns=df.columns,index=df.columns)
for i in df.columns:
for j in df.columns:
dfEquals.loc[i,j]=df.loc[:,i].equals(df.loc[:,j])
return dfEquals
detEquals=FeatureEquals(detail)
lenDet = detEquals.shape[0]
dupCol = []
for k in range(lenDet):
for l in range(k+1,lenDet):
if detEquals.iloc[k,l] & (detEquals.columns[l] not in dupCol):
dupCol.append(detEquals.columns[l])
## 删除重复列
detail.drop(dupCol,axis=1,inplace=True)
print('进行去重操作后订单详情表的形状为:',detail.shape)
```

执行结果：

```
进行去重操作前订单详情表的形状为: (537577, 11)
进行去重操作后订单详情表的形状为: (537504, 11)
```

2) 处理订单详情表缺失值

首先对经过去重操作后的各个特征缺失值进行统计，然后根据缺失值情况选择缺失值处理方法，如下列代码所示。

```
##统计各个特征的缺失率
naRate = (detail.isnull().sum()/detail.shape[0]*100).astype('str')+''
print('detail 每个特征的缺失率为:\n',naRate)
##删除全部均为缺失的列
detail.dropna(axis = 1,how = 'all',inplace = True)
print('经过缺失值处理后订单详情表各特征缺失值的数目为:\n',
detail.isnull().sum())
```

执行结果:

```
detail 每个特征的缺失率为:
产品 ID                    0.0%
性别                       0.0%
年龄                       0.0%
职业类型                   0.0%
所在城市类型               0.0%
当前城市停留年数           0.0%
婚姻状况                   0.0%
产品第一类别               0.0%
产品第二类别     31.063768827766864%
产品第三类别     69.44041346669047%
销售金额                   0.0%
dtype:object
经过缺失值处理后订单详情表各特征缺失值的数目为:
产品 ID                    0
性别                       0
年龄                       0
职业类型                   0
所在城市类型               0
当前城市停留年数           0
婚姻状况                   0
产品第一类别               0
产品第二类别           166969
产品第三类别           373245
销售金额                   0
dtype:int64
```

3) 处理产品销售数据异常值

通过探索可知,销售金额特征中存在异常值,准备用替换法来处理这些异常值,如下列代码所示。

```
def outRange(Ser1):
QL  =  Ser1.quantile(0.25)
QU  =  Ser1.quantile(0.75)
IQR = QU-QL
Ser1.loc[Ser1>(QU+1.5*IQR)] = QU
Ser1.loc[Ser1<(QL-1.5*IQR)] = QL
return Ser1
## 处理销售金额的异常值
detail['销售金额'] = outRange(detail['销售金额'])
print('销售金额最小值为:', detail['销售金额'].min())
print('销售金额最大值为:', detail['销售金额'].max())
```

执行结果：

销售金额最小值为：185

销售金额最大值为：21382

12.3　数据标准化

不同的特征之间往往具有不同的量纲，由此造成的数值之间的差异可能很大。在涉及空间距离计算或者梯度下降法等情况时，不对其进行处理会影响数据分析结果的准确性。为了消除特征之间量纲和取值范围差异可能造成的影响，需要对数据进行标准化处理，也称为规范化处理。

12.3.1　离差标准化

离差标准化是对原始数据的一种线性变换，结果是将原始数据的数值映射到 $[0,1]$ 区间，转换公式如下所示。

$$X^* = \frac{X-\min}{\max-\min}$$

其中，max 是原始数据的最大值，min 是原始数据的最小值，max−min 是极差。离差标准化保留了原始数据值之间的联系，是消除量纲和数据取值范围影响最简单的方法之一。用离差标准化方法对订单详情表中的职业类型和销售金额两个特征进行标准化，如下列代码所示。

```
def MinMaxScale(data):
data=(data-data.min())/(data.max()-data.min())
return data
##对职业类型与销售金额做离差标准化
data1=MinMaxScale(detail['职业类型'])
data2=MinMaxScale(detail['销售金额'])
data3=pd.concat([data1,data2],axis=1)
print('离差标准化之前职业类型与销售金额数据为：\n',
detail[['职业类型','销售金额']].head())
print('离差标准化之后职业类型与销售金额数据为：\n',data3.head())
```

执行结果：

离差标准化之前职业类型与销售金额数据为：

职业类型　　销售金额

用户 ID

1000049　12　13353

1000181　17　5396

1000182　4　13301

1000215　14　10620

1000306　0　8297

离差标准化之后职业类型与销售金额数据为:

```
        职业类型      销售金额
用户 ID
1000049   0.60   0.621220
1000181   0.85   0.245837
1000182   0.20   0.618767
1000215   0.70   0.492287
1000306   0.00   0.382696
```

从上述代码的执行结果来看,标准化之后,数值已经发生了变化。从上述代码中可以看出离差标准化的缺点:若数据集中某个数值特别大,则离差标准化的值就会接近于 0,并且相互之间的差别很小。至于 counts 特征标准化以后的值为空值,那是因为该特征的取值都是 1,因此无法进行离差标准化。事实上,这种数据也不需要进行标准化,甚至应该在数据预处理中删除该变量。

12.3.2 标准差标准化

标准差标准化也称为零均值标准化或者 z 分数标准化,是当前使用最为广泛的数据标准化方法。经过该处理的数据均值为 0,标准差为 1,转化公式如下所示。

$$X^* = \frac{X - \overline{X}}{\delta}$$

其中,$\overline{X}$ 表示原始数据的均值,δ 表示原始数据的标准差。用标准差标准化方法对订单详情表中的职业类型和销售金额两个特征进行标准化,如下列代码所示。

```
## 自定义标准差标准化函数
def StandardScaler(data):
data = (data-data.mean())/data.std()
return data
## 对产品订单表职业类型与销售金额做标准化
data4 = StandardScaler(detail['职业类型'])
data5 = StandardScaler(detail['销售金额'])
data6 = pd.concat([data4,data5],axis=1)
print('标准差标准化之前职业类型与销售金额数据为:\n',
detail[['职业类型','销售金额']].head())
print('标准差标准化之后职业类型与销售金额数据为:\n',data6.head())
```

执行结果:

标准差标准化之前职业类型与销售金额数据为:

```
职业类型    销售金额
用户 ID
1000049   12   13353
1000181   17    5396
```

```
1000182    4   13301
1000215   14   10620
1000306    0    8297
```

标准差标准化之后职业类型与销售金额数据为：

```
职业类型          销售金额
用户 ID
1000049    0.600370      0.833640
1000181    1.366747     -0.794450
1000182   -0.625833      0.823001
1000215    0.906921      0.274438
1000306   -1.238934     -0.200873
```

同样地，标准差标准化方法也不适用于 counts 特征。比较上述两种标准化方法可以发现，标准差标准化方法输出值并不局限于[0,1]，并且存在负值。但需要注意的是，通过标准差标准化方法转化的数据，分布情况也不会发生改变。

12.3.3　小数定标标准化数据

通过移动数据的小数位数，将数据映射到区间[-1,1]，移动的小数位数取决于数据绝对值的最大值。转化公式如下所示。

$$X^* = \frac{X}{10^k}$$

用小数定标标准化方法对订单详情表中的销量和售价两个特征进行标准化，如下列代码所示。

```
## 自定义小数定标差标准化函数
def DecimalScaler(data):
data = data/10 * *np.ceil(np.log10(data.abs().max()))
return data
## 对产品订单表职业类型与销售金额做标准化
data7 = DecimalScaler(detail['职业类型'])
data8 = DecimalScaler(detail['销售金额'])
data9 = pd.concat([data7,data8],axis = 1)
print('小数定标标准化之前的职业类型与销售金额数据:\n',
detail[['职业类型','销售金额']].head())
print('小数定标标准化之后的职业类型与销售金额数据:\n',data9.head())
```

执行结果：

小数定标标准化之前的职业类型与销售金额数据：
```
职业类型     销售金额
用户 ID
 1000049 12  13353
```

```
1000181 17   5396
1000182  4  13301
1000215 14  10620
1000306  0   8297
```

小数定标标准化之后的职业类型与销售金额数据：

```
职业类型    销售金额
用户 ID
1000049 0.12 0.13353
1000181 0.17 0.05396
1000182 0.04 0.13301
1000215 0.14 0.10620
1000306 0.00 0.08297
```

上述3种标准化方法各有其优势。离差标准化方法简单，便于理解，标准化后的数据限定在$[0,1]$区间内，标准差标准化受数据分布的影响较小。小数定标标准化方法适用的范围广，并且受数据的分布影响比较小，相比于前面的两种方法，该方法适用程度适中。在 Python 的 scikit-learn 模块中，有专门的数据标准化模块，可以方便地实现数据的标准化。

12.3.4　数据标准化实例

对化合物分子描述表中的 ALogP 和 AMR 特征进行标准化处理，如下列代码所示。

```
##自定义标准差标准化函数
def StandardScaler(data):
data = (data-data.mean())/data.std()
return data
##对描述表中的 ALogP 和 AMR 特征进行标准化
data4 = StandardScaler(data_x1['ALogP'])
data5 = StandardScaler(data_x1['AMR'])
data6 = pd.concat([data4,data5],axis = 1)
print('标准差标准化之后 ALogP 和 AMR 的值为:','\n',data6.head(5))
```

执行结果：

标准差标准化之后 ALogP 和 AMR 的值为:

```
    ALogP        AMR
0  -0.973445   0.302897
1  -1.375048   0.487366
2  -0.265340   0.740424
3  -0.996035   0.536156
4   0.170777   0.843691
```

12.4 数据转换

数据分析的预处理工作除了数据清洗、数据合并和数据标准化外，还包括数据变换过程。数据即使经过了清洗、合并和标准化，依旧不能直接拿来做数据分析与建模。为了能够将数据分析工作继续推进，需要对数据进行合理转换，使之符合分析的要求。

12.4.1 用哑变量处理类别型数据

数据分析中有相当一部分的算法和模型都要求输入的特征为数值型，但是在实际数据中，特征不一定只有数值型，还会存在相当一部分分类型变量。分类型变量需要经过哑变量的处理才能用于数据分析与建模。哑变量处理示意图如图 12.6 所示。

分类变量		哑变量处理结果						
	文化程度		文化_小学	文化_初中	文化_高中	文化_本科	文化_硕士	文化_博士
1	小学	1	1	0	0	0	0	0
2	初中	2	0	1	0	0	0	0
3	高中	3	0	0	1	0	0	0
4	本科	4	0	0	0	1	0	0
5	硕士	5	0	0	0	0	1	0
6	博士	6	0	0	0	0	0	1
7	初中	7	0	1	0	0	0	0
8	本科	8	0	0	0	1	0	0
9	硕士	9	0	0	0	0	1	0
10	高中	10	0	0	1	0	0	0

图 12.6 哑变量处理示意图

Python 中可以用 pandas 库中的 get_dummies 函数对分类型特征进行哑变量处理。该函数的具体用法如下所示。

```
pd.get_dummies(data, prefix=None, prefix_sep='_', dummy_na=False, columns=None, sparse=False, drop_first=False, dtype=None)
```

get_dummies 函数的具体参数名称及说明见表 12.10。

表 12.10 get_dummies 函数的具体参数名称及说明

参数名称	说明
data	接收数组，数据框，表示需要进行哑变量处理的数据
prefix	接收字符串，或者字符串的列表、字典，表示哑变量变化后列名的前缀
prefix_sep	接收字符串，表示前缀的连接符
dummy_na	接收布尔值，表示是否为 NaN 值添加一列，默认为 False
columns	接收类似列表的数据，表示 DataFrame 中需要编码的列名
sparse	接收布尔值，表示虚拟列是否为稀疏，默认为 False
drop_first	接收布尔值，表示是否删除分类型变量的第一个级别，默认为 False

产品订单详情表中的性别就是分类变量，利用 get_dummies 函数对其进行哑变量处理，如下列代码所示。

```
detail = pd.read_table("E:\\business_data2.csv", sep = ',',encoding = 'utf-8')
data=detail.loc[:,'性别']
print('哑变量处理前的数据为:\n',data)
print('哑变量处理后的数据为:\n',pd.get_dummies(data).iloc[:5,:5])
```

执行结果:

```
哑变量处理后的数据为:
F  M
0  0  1
1  0  1
2  0  1
3  0  1
4  0  1
```

从上述代码的结果可以看出,对一个分类型特征,如果水平有 m 个,则经过哑变量的处理之后,就变成了 m 个二元特征,并且这些特征互斥,从而使数据变得稀疏。

综上所述,对分类特征进行哑变量处理主要解决了部分算法模型无法处理分类型数据的问题,这在一定程度上起到了扩充特征的作用。由于数据变成了稀疏矩阵的形式,因此也加快了算法模型的运算速度。

12.4.2 离散化连续型数据

某些模型算法,特别是某些分类算法,比如决策树算法和 Apriori 算法等,要求数据是离散的,此时就需要将连续型的数据转换为分类型的特征。

连续型特征的离散化就是在数据的取值范围内设定若干个离散的划分点,将取值范围划分为一些离散的区间,最后利用不同的符号或者整数值代表落在每个子区间中的数据值。因此离散化涉及两个子任务,即确定分类等级个数以及如何将连续型数据映射到这些分类数据上,其示意图如图 12.7 所示。常用的离散化方法有等宽法、等频法和聚类分析方法等。

连续型变量

	身高
1	156
2	157
3	159
4	160
5	162
6	163
7	164
8	170
9	172
10	173

离散化的身高

	身高区间
1	(155,160]
2	(155,160]
3	(155,160]
4	(155,160]
5	(160,165]
6	(160,165]
7	(160,165]
8	(165,170]
9	(170,175]
10	(170,175]

图 12.7 连续特征的离散化示例

1)等宽法

将数据的值域分成具有相同宽度的区间,区间的个数由数据本身的特点决定或者由用户指定,与制作频率分布表类似。pandas 提供了 cut 函数,可以进行连续型数据的等宽离散化,其基础的语法如下所示。

```
pd.cut(x, bins, right = True, labels = None, retbins = False, precision = 3,
```

include_lowest = False, duplicates = 'raise', ordered = True)

cut 函数的常用参数及说明，见表 12.11。

表 12.11　cut 函数的常用参数及说明

参数名称	说明
x	接收数组或者 Series，表示需要进行离散化处理的数据
bins	接收整数、列表、数组或元组，表示离散化的方式
right	接收布尔值，表示右侧是否为闭区间，默认为 True
labels	接收列表和数组，代表离散化后各个类别的名称，默认为空
retbins	接收布尔值，表示是否返回区间的标签，默认为 False
precision	接收整数值，显示标签的精度，默认为 3

产品销售金额使用 cut 函数进行等宽法离散化处理，如下列代码所示。

```
price = pd.cut(detail['销售金额'],5)
print('离散化后 5 条记录销售金额分布为:\n',price.value_counts())
```

执行结果：

```
离散化后 5 条记录销售金额分布为:
(11523.6,13716.0]    349
(9331.2,11523.6]     346
(7138.8,9331.2]      156
(4946.4,7138.8]       29
(2743.038,4946.4]      8
Name: 销售金额, dtype: int64
```

从上述代码可以看出，使用等宽离散化对连续型变量进行离散化有如下缺陷：首先，等宽法对数据的分布要求比较高，如果数据的分布不均匀，那么各个类别的数据个数也会非常不均匀；其次，有些区间包含许多数据，而另一些区间的数据极少，这会严重损害所建立的模型。

2）等频法

cut 函数虽然不能直接实现等频离散化，但是可以通过定义将相同数量的记录放进每一个区间。对销售金额使用等频法离散化，如下列代码所示。

```
## 自定义等频法离散化函数
def SameRateCut(data,k):
w=data.quantile(np.arange(0,1+1.0/k,1.0/k)) #用分位点函数
data=pd.cut(data,w) # bins=w, 分割区间的参数
return data
result0=SameRateCut(detail['销售金额'],5)
result=SameRateCut(detail['销售金额'],5).value_counts()
print('产品数据等频法离散化后各个类别数目分布状况为:','\n',result)
```

执行结果：

产品数据等频法离散化后各个类别数目分布状况为:

```
(8400.2,10776.0]      178
(13446.4,13716.0]     178
(2754.0,8400.2]       177
(10776.0,11067.6]     177
(11067.6,13446.4]     177
Name: 销售金额, dtype: int64
```

3) 聚类分析方法

　　一维数据的聚类分为两个步骤:一是将连续型数据用聚类算法(如 K-Means 聚类)进行聚类;二是处理聚类得到的簇,为合并到一个簇的连续型数据做同一种标记。聚类分析的离散化方法需要用户指定簇的个数,用来决定产生的区间数。对产品销售金额使用聚类分析方法,如下列代码所示。

```
def KmeanCut(data,k):
from sklearn.cluster import KMeans # 引入 KMeans
kmodel=KMeans(n_clusters=k)
kmodel.fit(data.values.reshape((len(data), 1)))
c=pd.DataFrame(kmodel.cluster_centers_).sort_values(0)
w=c.rolling(2).mean().iloc[1:]
w=[data.min()]+list(w[0])+[data.max()]
data=pd.cut(data,w)
return data
#销售金额等频法离散化
result1=KmeanCut(detail['销售金额'],5)
result=KmeanCut(detail['销售金额'],5).value_counts()
print('销售金额聚类离散化后各个类别数目分布状况为:','\n',result)
```

执行结果:

销售金额聚类离散化后各个类别数目分布状况为:

```
(12130.767,13716.0]      349
(9504.124,12130.767]     346
(6872.262,9504.124]      156
(4222.42,6872.262]        29
(2754.0,4222.42]           7
Name:销售金额,dtype: int64
```

　　K-Means 聚类分析的离散化方法可以很好地根据现有特征的数据分布情况进行聚类,但是由于 K-Means 算法本身的缺陷,用该方法进行离散化时依旧需要指定离散化后类别的数目。

12.4.3　联系型数据离散化的示例

1) 对用户 ID 特征进行哑变量处理

```
data=detail.loc[:,'用户 ID']
print('哑变量处理前的数据为:\n',data.iloc[:5])
```

```
print('哑变量处理后的数据为:\n',pd.get_dummies(data).iloc[:5,:5])
```

执行结果:

哑变量处理前的数据为:

```
0    1000049
1    1000181
2    1000182
3    1000215
4    1000306
Name: 用户 ID, dtype: int64
```

哑变量处理后的数据为:

	1000001	1000006	1000018	1000021	1000023
0	0	0	0	0	0
1	0	0	0	0	0
2	0	0	0	0	0
3	0	0	0	0	0
4	0	0	0	0	0

2) 对销售金额使用等频离散化处理

```
#自定义等频法离散化函数
def SameRateCut(data,k):
w=data.quantile(np.arange(0,1+1.0/k,1.0/k))
data =pd.cut(data,w)
return data
result =SameRateCut(detail['销售金额'],5).value_counts()
print('销售金额等频法离散化后各个类别数目分布状况为:','\n',result)
```

执行结果:

销售金额等频法离散化后各个类别数目分布状况为:

```
(8400.2,10776.0]     178
(13446.4,13716.0]    178
(2754.0,8400.2]      177
(10776.0,11067.6]    177
(11067.6,13446.4]    177
Name: 销售金额, dtype: int64
```

习 题

1. 将文件"business_data1"和"business_data2"进行数据合并。
2. 创建一个带有缺失值和异常值的 100 行 8 列的数据框,要求数据框有相同行与列并且有相同数据的 DataFrame，完成以下问题：去除相同行和相同列，去除重复值；使用两种不同的方法检测数据中的缺失值；使用 3 种不同的方法对缺失值进行处理；使用两种不同的方法对异常值进行检测和处理；使用 3 种不同的方法对数据进行标准化；对处理后的数据合理进行数据转换。

13

使用 scikit-learn 构建模型

scikit-learn 是一个开源项目,可以免费使用和分发,任何人都可以轻松获取源代码来查看其背后的原理。scikit-learn 项目正在不断地开发和改进中,它的用户社区非常活跃,包含许多目前最先进的机器学习算法,每个算法都有详细的文档。scikit-learn 是一个非常流行的工具,也是最有名的 Python 机器学习库。它不仅广泛应用于工业界和学术界,在网上还有大量的教程和代码片段。scikit-learn 也可以与其他大量的 Python 科学计算工具一起使用,本章后面会讲到相关内容。本章将基于官方文档,介绍 scikit-learn 的基础语法、数据处理知识。

监督学习是最常用也是最成功的机器学习类型之一,本章将简单介绍监督学习,并解释几种常用的监督学习算法。监督机器学习问题主要有两种,分别叫作分类(classifica-tion)与回归(regression)。

13.1 分类与回归问题简介

在本节中,将对机器学习中的分类与回归问题进行简要的介绍,并对机器学习模型的评价方法进行说明。

13.1.1 分类与回归

分类问题的目标是预测类别标签(class label),这些标签来自预定义的可选列表。分类问题有时可分为二分类(binary classification,在两个类别之间进行区分的一种特殊情况),和多分类(multiclass classification,在两个以上的类别之间进行区分)。可以将二分类看作尝试回答一道是否问题。将电子邮件分为垃圾邮件和非垃圾邮件就是二分类问题的实例。在这个二分类任务中,要问的是否问题为:"这封电子邮件是垃圾邮件吗?"

在二分类问题中,通常将其中一个类别称为正类(positive class),另一个类别称为反类(negative class)。这里的"正"并不是代表好的方面或正数,而是代表研究对象。因此,在寻找垃圾邮件时,"正"可能指的是垃圾邮件这一类别。而将两个类别中的哪一个作为"正类",往往是依靠主观判断,与具体的领域有关。

回归任务的目标是预测一个连续值,编程术语叫作浮点数(floating-point number),数学术语叫作实数(real number)。根据教育水平、年龄和居住地来预测一个人的年收入,这就是回归的一个例子。在预测收入时,预测值是一个金额(amount),可以在给定范围内任意取值。回归任务的另一个例子是,根据上一年的产量、天气和农场员工数等属性来预测玉米农场的产量。同样,产量也可以取在给定范围内的任意数值。

区分分类任务和回归任务有一个简单方法,就是问一个问题:输出是否具有某种连续性。如果在可能的结果之间具有连续性,那么它就是一个回归问题。回想预测年收入的例子。输出具有非常明显的连续性。一年赚 40000 美元还是 40001 美元并没有实质差别,即使两者金额不同。就如我们的算法在本应预测 40000 美元时的预测结果是 39999 美元或 40001 美元,在此类问题中不必过分在意。

13.1.2 泛化、过拟合与欠拟合

在监督学习中,我们想要在训练数据上构建模型,使之能够对没见过的新数据(这些新数据与训练集具有相同的特性)做出准确预测。如果一个模型能够对没见过的数据做出准确预测,那么就说它能够从训练集泛化(generalize)到测试集。建模的目的是要构建一个泛化精度尽可能高的模型。

通常来说,构建模型使其在训练集上能够做出准确预测。如果训练集和测试集足够相似,可以预计模型在测试集上也能做出准确预测。不过在某些情况下这一点并不成立。例如,如果我们可以构建非常复杂的模型,那么在训练集上的精度可以想多高就多高。为了说明这一点,来看一个虚构的例子。比如有一个新手数据科学家,已知之前船的买家记录和对买船不感兴趣的顾客记录,想要预测某个顾客是否会买船。目的是向可能购买的人发送促销电子邮件,而不去打扰那些不感兴趣的顾客。假设我们有顾客记录,见表 13.1。

表 13.1 顾客数据示例

年龄	拥有小汽车的数量	是否有房子	子女数量	婚姻状况	是否养狗	是否买过船
66	1	是	2	丧偶	否	是
52	2	是	3	已婚	否	是
22	0	否	0	已婚	是	否
25	1	否	1	单身	否	否
44	0	否	2	离异	是	否
39	1	是	2	已婚	是	否
26	1	否	2	单身	否	否
40	3	是	1	已婚	否	否
53	2	是	2	离异	否	是
64	2	是	3	离异	否	是
58	2	是	2	已婚	是	是
33	1	否	1	单身	否	否

对数据观察一段时间后,一个新手数据科学家发现了以下规律:"如果顾客年龄大于 45 岁,并且子女少于 3 个或没有离婚,那么他会想要买船。"如果你问他这个规律的效果如何,新

手数据科学家会回答:"100%准确!"的确,对表中的数据,这条规律完全正确。但我们还可以发现好多规律,都可以完美解释这个数据集中的某人是否想要买船。数据中的年龄都没有重复,因此,可以这样说:66、52、53 和 58 岁的人想要买船,而其他年龄的人都不想买。虽然我们可以编出许多条适用于这个数据集的规律,但要记住,我们感兴趣的并不是对这个数据集进行预测,我们是已经知道这些顾客的答案。而我们想知道新顾客是否可能会买船。因此,想要找到一条适用于新顾客的规律,所以在训练集上实现 100%的精度对此并没帮助。我们可以认为数据科学家发现的规律无法适用于新顾客。它看起来过于复杂,而且只有很少的数据支持。例如,规律里"或没有离婚"这一条对应的只有一名顾客。

判断一个算法在新数据上表现好坏的唯一度量,就是在测试集上的评估。然而从直觉上看,我们认为简单的模型对新数据的泛化能力更好。如果规律是"年龄大于 50 岁的人想要买船",并且这可以解释所有顾客的行为,那么会更加相信这条规律,而不是与年龄、子女和婚姻状况都有关系的那条规律。因此,我们总想找到最简单的模型。构建一个对现有信息量来说过于复杂的模型,正如我们的新手数据科学家做的那样,这被称为过拟合(overfitting)。如果你在拟合模型时过分关注训练集的细节,得到了一个在训练集上表现很好但不能泛化到新数据上的模型,那么就存在过拟合。与之相反,如果你的模型过于简单——比如说,"有房子的人都买船"——那么你可能无法抓住数据的全部内容以及数据中的变化,你的模型可能在训练集上的表现就会很差。选择过于简单的模型被称为欠拟合(underfitting)。模型越复杂,在训练数据上的预测结果就越好。但是,如果模型过于复杂,过多关注训练集中每个单独的数据点,模型就不能很好地泛化到新数据上。二者之间存在一个最佳位置,可以得到最好的泛化性能。这就是我们想要的模型。图 13.1 给出了过拟合与欠拟合之间的权衡。

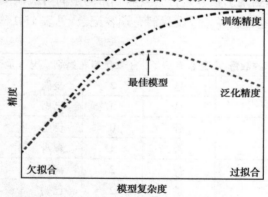

图 13.1　模型复杂度与训练精度和测试精度之间的权衡

需要注意的是,模型复杂度与训练数据集中输入的变化密切相关:数据集中包含的数据点的变化范围越大,在不发生过拟合的前提下可以使用的模型就越复杂。通常来说,收集更多的数据点可以有更大的变化范围,所以更大的数据集可以用来构建更复杂的模型。但是,仅复制相同的数据点或收集非常相似的数据是无济于事的。回到前面卖船的例子,如果我们查看了10000 多行的顾客数据,并且所有数据都符合这条规律:"如果顾客年龄大于 45 岁,并且子女少于 3 个或没有离婚,那么他就想要买船",那么就更有可能相信这是一条有效的规律,比从表13.1 中仅 12 行数据得出来的更为可信。收集更多数据,适当构建更复杂的模型,对监督学习任务通常特别有用。

使用 scikit-learn 库中的模块构建机器学习模型之前,通常需要对数据划分,以及对数据进行标准化,在 13.2 节中将介绍数据集的划分与数据的标准化。

13.2 使用 scikit-learn 转换器处理数据

scikit-learn 提供了 model_selection 模型选择模块、preprocessing 数据预处理模块与 de-compisition 特征分解模块。通过这 3 个模块能够实现数据的预处理与模型构建前的数据标准化、二值化数据集的分割、交叉验证等。

13.2.1 加载 datasets 模块中的数据集

scikit-learn 库中的 datasets 模块集成了部分数据分析的经典数据集,可以使用这些数据集进行数据的预处理、建模等操作,熟悉 scikit-learn 数据处理流程和建模流程。datasets 模块常用数据集的加载函数与解释,见表 13.2。

表 13.2　数组的属性及说明

数据集加载函数	数据集任务类型	数据集加载函数	数据集任务类型
load_boston	回归	load_breast_cancer	分类、聚类
fetch_california_housing	回归	load_iris	分类、聚类
load_digits	分类	load_win	分类

如果需要加载某个数据集,则可以将对应的函数赋值给某个变量,比如加载 breast_cancer 数据集的代码如下所示。

```
from sklearn.datasets import load_breast_cancer
cancer = load_breast_cancer() ##将数据集赋值给 cancer 变量
print('breast_cancer 数据集的长度为:',len(cancer))
print('breast_cancer 数据集的类型为:',type(cancer))
cancer.data
```

执行结果:

```
breast_cancer 数据集的长度为: 7
breast_cancer 数据集的类型为: <class 'sklearn.utils.Bunch'>
```

被命名为 cancer 的数据集,能在 Spyder 界面的变量窗口中进行查看,如图 13.2 所示。

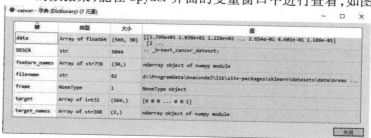

图 13.2　Spyder 界面显示的 cancer 数据集

双击图 13.2 中的"data"，则可以进一步看到数据集的具体数值型数据，如图 13.3 所示。同理，其他信息也可以用双击的方式展现出来。

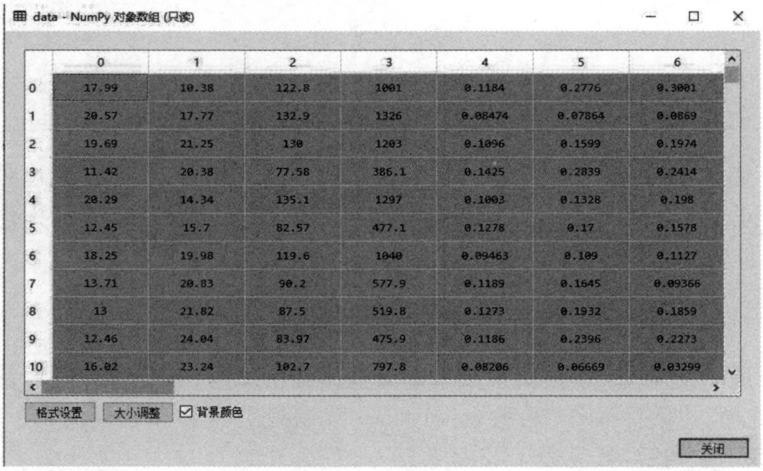

图 13.3　Spyder 界面显示的 cancer 数据集中的具体数值

cancer 数据集是一个典型的数据类型，这几乎是所有 scikit-learn 自带的数据集形式。这些形式的数据集都可以使用 data、target、feature_name、DESCR 分别获取数据集的数据、标签、特征名称和描述信息，如下列代码所示。

```
cancer_data = cancer['data']
print('breast_cancer 数据集的数据为:','\n',cancer_data)
cancer_target = cancer['target'] ## 取出数据集的标签
print('breast_cancer 数据集的标签为:\n',cancer_target)
cancer_names = cancer['feature_names'] ## 取出数据集的特征名
print('breast_cancer 数据集的特征名为:\n',cancer_names)
cancer_desc = cancer['DESCR'] ## 取出数据集的描述信息
print('breast_cancer 数据集的描述信息为:\n',cancer_desc)
```

执行结果:

```
breast_cancer 数据集的数据为:
[[1.799e+01 1.038e+01 1.228e+02 ...2.654e-01 4.601e-01 1.189e-01]
 [2.057e+01 1.777e+01 1.329e+02 ...1.860e-01 2.750e-01 8.902e-02]
 [1.969e+01 2.125e+01 1.300e+02 ...2.430e-01 3.613e-01 8.758e-02]
 ...
 [1.660e+01 2.808e+01 1.083e+02...1.418e-01 2.218e-01 7.820e-02]
 [2.060e+01 2.933e+01 1.401e+02 ...2.650e-01 4.087e-01 1.240e-01]
 [7.760e+00 2.454e+01 4.792e+01 ...0.000e+00 2.871e-01 7.039e-02]]
breast_cancer 数据集的标签为:
[0 0 0 0 0 0 0 0 0 0 0 0 0 0 0 0 0 0 0 1 1 1 0 0 0 0 0 0 0 0 0 0 0 0 0 0
 1 0 0 0 0 0 0 0 1 0 1 1 1 1 1 0 0 1 0 0 1 1 1 1 0 1 0 0 1 1 1 1 0 1 0 0
 ......
 1 1 1 1 1 1 0 0 0 0 0 0 1]
```

breast_cancer 数据集的特征名为:

['mean radius' 'mean texture' 'mean perimeter' 'mean area'

'mean smoothness' 'mean compactness' 'mean concavity'

'mean concave points' 'mean symmetry' 'mean fractal dimension'

......

'worst smoothness' 'worst compactness' 'worst concavity'

'worst concave points' 'worst symmetry' 'worst fractal dimension']

breast_cancer 数据集的描述信息为:

.._breast_cancer_dataset:

Breast cancer wisconsin (diagnostic) dataset

----

* * Data Set Characteristics: * *

:Number of Instances:569

:Number of Attributes: 30 numeric, predictive attributes and the class

:Attribute Information:

_radius (mean of distances from center to points on the perimeter)

_texture (standard deviation of gray-scale values)

_perimeter

_area

_smoothness (local variation in radius lengths)

_compactness (perimeter^2 /area – 1.0)

_concavity (severity of concave portions of the contour)

_concave points (number of concave portions of the contour)

_symmetry

....

13.2.2 将数据集划分为训练集和测试集

在数据分析过程中,为了保证模型在实际系统中能够起到预期的作用,一般需要将样本分为 3 个部分:训练集、验证集和测试集。其中,训练集用于估计模型,验证集用于对模型进行评价、选择或者控制模型的复杂程度,而测试集则用来检验最优模型的性能。经典的划分方式是训练集占样本的 50%,而验证集和测试集则各占 25%。

当数据量比较少时,采用上述的数据划分方法,将数据集划分为 3 个部分就不合适了。常用方法是 K 折交叉验证的方法。K 折交叉验证的思想来自统计学中的留一交叉验证,基本步骤是先将样本随机打乱,然后分成 K 份,轮流选择其中的 K-1 份作为训练集,剩余的一份作为验证集,计算验证集上的预测误差平方和,最后把 K 次误差平方和平均值作为选择最优模型结构的依据。scikit-learn 的 model_selection 模块提供的 train_test_split 函数,能够对数据集进行拆分,使用格式如下所示。

train_test_split(* arrays, test_size = None, train_size = None, random_state = None, shuffle =True, stratify =None)

train_test_split 函数的常用参数名称及说明,见表 13.3。

表 13.3 train_test_split 函数的常用参数名称及说明

参数名称	说明
* arrays	接收一个或者多个数据集,表示需要划分的数据集
test_size	接收浮点数或者整数,表示需测试集的大小
train_size	接收浮点数或者整数,表示需训练集的大小
random_state	接收整数,表示随机种子
shuffle	接收布尔值,表示是否进行有放回的抽样
stratify	接收数组或者 None,如果不为 None,则使用传入的标签进行分层抽样

train_test_split 函数分别将传入的数据划分为训练集和测试集。如果传入的是一组数据,那么生成的就是这一组数据随机划分后的训练集和测试集,总共两组。如果传入的是两组数据,则生成的训练集和测试集分别为两组,总共 4 组。现将 breast_cancer 数据划分为训练集和测试集,如下列代码所示。

```
print('原始数据集数据的形状为:',cancer_data.shape)
print('原始数据集标签的形状为:',cancer_target.shape)
from sklearn.model_selection import train_test_split
cancer_data_train, cancer_data_test, cancer_target_train, cancer_target_test =
train_test_split(cancer_data, cancer_target, test_size=0.2, random_ state=42)
print('训练集数据的形状为:',cancer_data_train.shape)
print('训练集标签的形状为:',cancer_target_train.shape)
print('测试集数据的形状为:',cancer_data_test.shape)
print('测试集标签的形状为:',cancer_target_test.shape)
```

执行结果:

```
原始数据集数据的形状为:(569,30)
原始数据集标签的形状为:(569,)
训练集数据的形状为:(455,30)
训练集标签的形状为:(455,)
测试集数据的形状为:(114,30)
测试集标签的形状为:(114,)
```

train_test_split 是最常用的数据划分方法,在 model_selection 模块中还提供了其他数据集划分的函数,比如 PredefinedSplit、ShuffleSplit 等函数,读者可以通过查看官方文档学习其使用方法。

13.2.3 使用 scikit-learn 转换器进行数据预处理

scikit-learn 库把相关的功能封装为转换器,可以实现大量特征处理的相关操作。转换器主要包含 3 个方法:fit、transform 和 fit_transform。关于这 3 种方法及说明见表 13.4。

表 13.4 转换器的 3 种方法及说明

方法名称	说明
fit	fit 方法主要通过特征分析和目标值提取有价值的信息,拟合模型
transform	transform 方法主要用来对特征进行转换,对拟合的模型进行应用
fit_transform	先调用 fit 方法拟合模型,然后再调用 transform 方法应用模型

目前使用 scikit-learn 转换器能够实现对传入的 NumPy 数组进行标准化处理、归一化处理和二值化处理等操作。在第 12 章中,基于 pandas 库介绍了标准化处理的原理、概念与方法。但是在数据分析过程中,各类特征处理相关的操作都需要对训练集和测试集分开进行,需要将训练集的操作规则、权重系数等应用到测试集中。如果使用 pandas,则应用至测试集的过程将会相对烦琐,使用 scikit-learn 转换器可以解决这一困扰。对鸢尾花数据集 iris 进行离差标准化,如下列代码所示。

```python
from sklearn.preprocessing import MinMaxScaler # 离差标准化函数
Scaler = MinMaxScaler().fit(cancer_data_train) # 生成规则
cancer_trainScaler = Scaler.transform(cancer_data_train)
##将规则应用于测试集
cancer_testScaler = Scaler.transform(cancer_data_test)
print('离差标准化前训练集数据的最小值为:',np.min(cancer_data_train))
print('离差标准化后训练集数据的最小值为:',np.min(cancer_trainScaler))
print('离差标准化前训练集数据的最大值为:',np.max(cancer_data_train))
print('离差标准化后训练集数据的最大值为:',np.max(cancer_trainScaler))

print('离差标准化前测试集数据的最小值为:',np.min(cancer_data_test))
print('离差标准化后测试集数据的最小值为:',np.min(cancer_testScaler))
print('离差标准化前测试集数据的最大值为:',np.max(cancer_data_test))
print('离差标准化后测试集数据的最大值为:',np.max(cancer_testScaler))
```

执行结果:

```
离差标准化前训练集数据的最小值为:0.0
离差标准化后训练集数据的最小值为:0.0
离差标准化前训练集数据的最大值为:4254.0
离差标准化后训练集数据的最大值为:1.0000000000000002

离差标准化前测试集数据的最小值为:0.0
离差标准化后测试集数据的最小值为:-0.057127602776294695
离差标准化前测试集数据的最大值为:3432.0
离差标准化后测试集数据的最大值为:1.3264399566986453
```

通过上述代码可以发现,标准化之后的训练集的最小值和最大值的取值在 $[0,1]$ 区间,而应用于测试集之后,测试集的取值范围已经超出了 $[0,1]$。这从侧面也证明了此处应用了训练集的规则,如果两个数据集单独做标准化,或两个数据集合并做标准化,根据公式取值范围依旧会限定在[0,1]区间。scikit-learn 除了提供离差标准化函数 MinMaxS-caler 外，还提供了一系列数据预处理的函数，具体见表 13.5。

表 13.5　scikit-learn 部分预处理函数及说明

函数名称	说明
StandardScaler	对特征进行标准差标准化
Normalizer	对特征进行归一化
Binarizer	对定量特征进行二值化处理
OneHotEncoder	对分类特征进行独热编码处理
FunctionTransformer	对特征进行自定义函数变换

13.3　监督学习算法——分类与回归

本节中，将详细介绍如何利用 scikit-learn 实现一些基本的分类与回归算法。

13.3.1　k-NN 算法

我们将使用一些模拟的数据集来说明利用 scikit-learn 的实现分类算法。下面模拟了一个二分类数据集示例的 forge 数据集，它有两个特征。下列代码将绘制一个散点图，将此数据集的所有数据点可视化。图像以第一个特征为 x 轴，第二个特征为 y 轴。正如其他散点图一样，每个数据点对应图像中的一点。每个点的颜色和形状对应其类别。

```
os.system("pip install mglearn ")
import mglearn
X, y = mglearn.datasets.make_forge() # 数据集绘图
mglearn.discrete_scatter(X[:, 0], X[:, 1], y)
plt.legend(["Class 0", "Class 1"], loc=4)
plt.xlabel("First feature")
plt.ylabel("Second feature")
print("X.shape: {}".format(X.shape))
```

执行结果：

```
X.shape: (26, 2)
```

上述代码输出了 forge 数据集的数据形状，并画出了数据集的散点图，如图 13.4 所示。

1）k-NN 分类算法

k-NN 算法可以说是最简单的机器学习算法。构建模型只需保存训练数据集即可。想要对新数据点作出预测，算法会在训练数据集中找到最近的数据点，也就是它的"最近邻"。k-NN 算法最简单的版本只考虑一个最近邻，也就是与我们想要预测的数据点最近的训练数据点。下列代码给出了 k-NN 的分类建模过程。

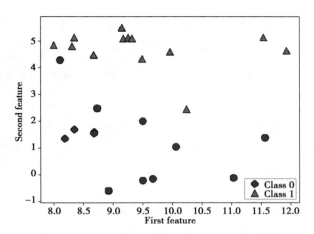

图 13.4　forge 数据集散点图

```
from sklearn.model_selection import train_test_split    # 导入数据分割模块
X, y = mglearn.datasets.make_forge()                     # 导入数据
# 分割数据
X_train, X_test, y_train, y_test = train_test_split(X, y, random_state = 0)
from sklearn.neighbors import KNeighborsClassifier    # 导入 k-NN 算法
clf = KNeighborsClassifier(n_neighbors = 3)           # 定义模型
clf.fit(X_train, y_train)                             # 拟合模型
print("Test set predictions: {}".format(clf.predict(X_test)))    # 应用到测试集
print("Test set accuracy:{:.2f}".format(clf.score(X_test, y_test)))    # 精度
```

执行结果：

```
Test set predictions: [1 0 1 0 1 0 0]
Test set accuracy: 0.86
```

从上述代码可以看出，模型精度约为 86%，也就是说，在测试数据集中，模型对其中 86% 的样本预测的类别都是正确的。进一步分析 KNeighborsClassifier，对于二维数据集，还可以在 xy 平面上画出所有可能的测试点的预测结果。根据平面中每个点所属的类别对平面进行着色。这样可以查看决策边界（decision boundary），即算法对类别 0 和类别 1 的分界线。下列代码分别将 1 个、3 个和 9 个邻居 3 种情况的决策边界可视化，如下列代码所示。

```
fig, axes = plt.subplots(1, 3, figsize = (10, 3))
for n_neighbors, ax in zip([1, 3, 9], axes):
    # fit 方法返回对象本身，所以可以将实例化和拟合放在一行代码中
    clf = KNeighborsClassifier(n_neighbors = n_neighbors).fit(X, y)
    mglearn.plots.plot_2d_separator(clf, X, fill = True, eps = .5, ax = ax, alpha = .4)
    mglearn.discrete_scatter(X[:, 0], X[:, 1], y, ax = ax)
    ax.set_title("{} neighbor(s)".format(n_neighbors))
    ax.set_xlabel("feature 0")
    ax.set_ylabel("feature 1")
axes[0].legend(loc = 3)
```

执行上述代码,可以得到不同 n_neighbors 值的 k 近邻模型的决策边界,如图 13.5 所示。

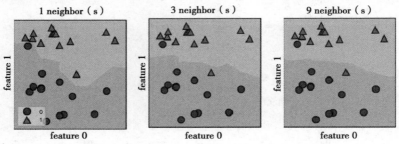

图 13.5　不同 n_neighbors 值的 k 近邻模型的决策边界

从图 13.5 的左图可以看出,使用单一邻居绘制的决策边界紧跟着训练数据。随着邻居个数越来越多,决策边界也会越来越平滑。更平滑的边界对应更简单的模型。换句话说,使用更少的邻居对应更高的模型复杂度(如图 13.5 的右侧所示),而使用更多的邻居对应更低的模型复杂度(如图 13.5 的左侧所示)。如果考虑极端情况,即邻居个数等于训练集中所有数据点的个数,那么每个测试点的邻居都完全相同(即所有训练点),所有预测结果也完全相同(即训练集中出现的次数最多的类别)。

下面将在现实世界的乳腺癌数据集上进行研究。先将数据集分成训练集和测试集,然后用不同的邻居个数对训练集和测试集的性能进行评估。如下列代码所示。

```
from sklearn.datasets import load_breast_cancer
cancer = load_breast_cancer()
X_train, X_test, y_train, y_test = train_test_split(
cancer.data, cancer.target, stratify=cancer.target, random_state=66)
training_accuracy = []
test_accuracy = []
# n_neighbors 取值从 1 到 10
neighbors_settings = range(1, 11)
for n_neighbors in neighbors_settings:
# 构建模型
clf = KNeighborsClassifier(n_neighbors=n_neighbors)
clf.fit(X_train, y_train)
# 记录训练集精度
training_accuracy.append(clf.score(X_train, y_train))
# 记录泛化精度
test_accuracy.append(clf.score(X_test, y_test))
plt.plot(neighbors_settings, training_accuracy, label="training accuracy")
plt.plot(neighbors_settings, test_accuracy, label="test accuracy")
plt.ylabel("Accuracy")
plt.xlabel("n_neighbors")
plt.legend()
```

图 13.6 的 x 轴是 n_neighbors,y 轴是训练集精度和测试集精度。虽然现实世界的图像很少有非常平滑的,但是仍可以看出过拟合与欠拟合的一些特征(注意,由于更少的邻居对应更复杂的模型)。仅考虑单一近邻时,训练集上的预测结果十分完美。但随着邻居个数的增多,

模型变得更简单,训练集精度也随之下降。单一邻居时的测试集精度比使用更多邻居时要低,这表示单一近邻的模型过于复杂。与之相反,当考虑 10 个邻居时,模型又过于简单,性能甚至变得更差。最佳性能在中间的某处,邻居个数大约为 6 时。通过观察这张图的坐标轴刻度,发现最差的性能约为 88% 的精度,这个结果仍然可以接受。其实 k-NN 算法除了可以实现分类外,也能进行回归。

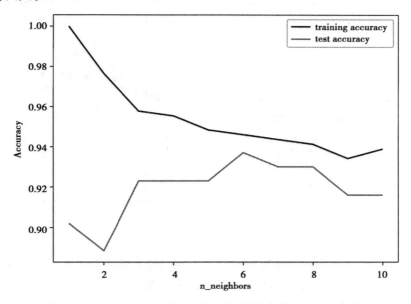

图 13.6　以 n_neighbors 为自变量,对比训练集精度和测试集精度

2) k-NN 回归算法

先从单一近邻开始,这次使用 wave 数据集。我们添加了 3 个测试数据点,在 x 轴上用绿色五角星表示。利用单一邻居的预测结果就是最近邻的目标值。下列代码能画出单一近邻回归的计算原理,如图 13.7 所示。

```
mglearn.plots.plot_knn_regression(n_neighbors=1)
```

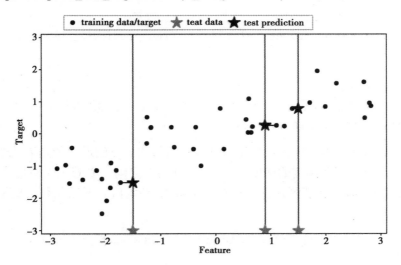

图 13.7　单一近邻回归对 wave 数据集的预测结果

同样,也可以用多个近邻进行回归。使用多个近邻时,预测结果为这些邻居的平均值,如下列代码所示。

```
mglearn.plots.plot_knn_regression(n_neighbors=3)
```

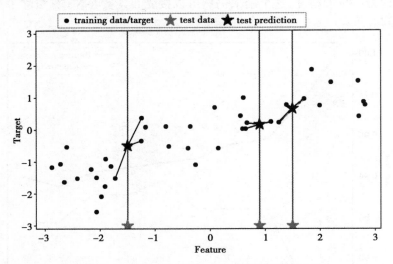

图 13.8　单一近邻回归对 wave 数据集的预测结果

图 13.8 给出了三近邻回归的计算原理。用于回归的 k 近邻算法在 scikit-learn 的 KNeighborsRegressor 类中实现。其用法与 KNeighborsClassifier 类似。

```
from sklearn.neighbors import KNeighborsRegressor
X, y = mglearn.datasets.make_wave(n_samples=40)
# 将 wave 数据集分为训练集和测试集
X_train, X_test, y_train, y_test = train_test_split(X, y, random_state=0)
# 模型实例化,并将邻居个数设为 3
reg = KNeighborsRegressor(n_neighbors=3)
# 利用训练数据和训练目标值来拟合模型
reg.fit(X_train, y_train)
print("Test set predictions:\n{}".format(reg.predict(X_test)))
```

执行结果:

```
Test set predictions:
[-0.05396539 0.35686046 1.13671923 -1.89415682 -1.13881398 -1.63113382
 0.35686046 0.91241374 -0.44680446 -1.13881398]
```

我们还可以用 score 方法来评估模型,对回归问题,这一方法返回的是 R^2 分数。R^2 分数也叫作决定系数,是回归模型预测的优度度量,位于 0 到 1 之间。R^2 等于 1 对应完美预测,R^2 等于 0 对应常数模型,即总是预测训练集响应 y_train 的平均值。下列代码给出了 R^2 值的调用方式。

```
print("Test set R^2: {:.2f}".format(reg.score(X_test, y_test)))
```

执行结果:

Test set R^2: 0.83

对一维数据集,可以查看所有特征取值对应的预测结果。为了便于绘图,我们创建了一个由许多点组成的测试数据集,如下列代码所示。

```
fig, axes = plt.subplots(1, 3, figsize=(15, 4))
# 创建 1000 个数据点,在-3 和 3 之间均匀分布
line = np.linspace(-3, 3, 1000).reshape(-1, 1)
for n_neighbors, ax in zip([1, 3, 9], axes):
# 利用 1 个、3 个或 9 个邻居分别进行预测
reg = KNeighborsRegressor(n_neighbors=n_neighbors)
reg.fit(X_train, y_train)
ax.plot(line, reg.predict(line))
ax.plot(X_train, y_train, '^', c=mglearn.cm2(0), markersize=8)
ax.plot(X_test, y_test, 'v', c=mglearn.cm2(1), markersize=8)
ax.set_title("{} neighbor(s)\n train score: {:.2f} test score: {:.2f}".
    format(
n_neighbors, reg.score(X_train, y_train), reg.score(X_test, y_test)))
ax.set_xlabel("Feature")
ax.set_ylabel("Target")
axes[0].legend(["Model predictions", "Training data/target", "Test data/tar-
get"], loc="best")
```

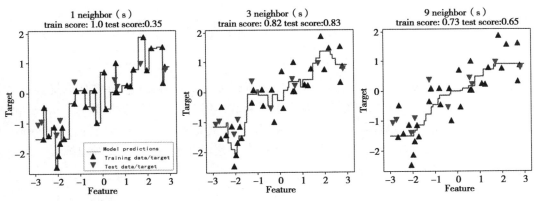

图 13.9　不同 n_neighbors 值的 k 近邻回归的预测结果对比

从图 13.9 中可以看出,仅使用单一邻居,训练集中的每个点都对预测结果有显著影响,预测结果的图像经过所有数据点,这将导致预测结果非常不稳定。而考虑更多的邻居之后,预测结果变得更加平滑,但对训练数据的拟合也不好。

3)k-NN 算法的优缺点

一般来说,KNeighbors 分类器有两个重要参数:邻居个数与数据点之间距离的度量方法。在实践中,使用较小的邻居个数(如 3 个或 5 个)往往可以得到比较好的结果,但你应该调节这个参数。选择合适的距离度量方法超出了本书的范围。默认使用欧式距离,它在许多情况下的效果都很好。

k-NN 算法的优点之一就是模型易于理解,通常不需要过多调节就可以得到不错的性能。

在考虑使用更高级的技术之前,尝试此算法是一种很好的基准方法。构建最近邻模型的速度通常很快,但如果训练集很大(特征数很多或者样本数很大),预测速度可能会比较慢。使用 k-NN 算法时,对数据进行预处理非常重要(见第 3 章)。这一算法对有很多特征(几百或更多)的数据集往往效果不好,对于大多数取值都为 0 的数据集(稀疏数据集)来说,这一算法的效果不太理想。

虽然 k 近邻算法很容易理解,但是由于预测速度慢且不能处理具有很多特征的数据集,所以在实践中通常不会用到。接下来介绍的线性回归模型就没有这两个缺点。

13.3.2 线性回归模型

线性回归或者普通最小二乘法(ordinary least squares,OLS),是回归问题最简单也是最经典的线性方法。线性回归寻找参数 w 和 b,使得对训练集的预测值与真实的回归目标值 y 之间的均方误差最小。均方误差(mean squared error)是预测值与真实值之差的平方和除以样本数。下列代码给出了用线性回归模型对 wave 数据建模的过程。

```
from sklearn.linear_model import LinearRegression
X, y = mglearn.datasets.make_wave(n_samples=60)
X_train, X_test, y_train, y_test = train_test_split(X, y, random_state=42)
lr = LinearRegression().fit(X_train, y_train)
print("lr.coef_: {}".format(lr.coef_))
print("lr.intercept_: {}".format(lr.intercept_))
```

执行结果:

```
lr.coef_: [0.39390555]
lr.intercept_: -0.031804343026759746
```

注意输出的结果 coef_ 和 intercept_ 结尾处的下画线。scikit-learn 总是将从训练数据中得出的值保存在以下画线结尾的属性中。这是为了将其与用户设置的参数区分开。intercept_ 属性是一个浮点数,而 coef_ 属性是一个 NumPy 数组,每个元素对应一个输入特征。由于 wave 数据集中只有一个输入特征,所以 lr.coef_ 中只有一个元素。此外,还可以查看训练集和测试集的性能,如下列代码所示。

```
print("Training set score: {:.2f}".format(lr.score(X_train, y_train)))
print("Test set score: {:.2f}".format(lr.score(X_test, y_test)))
```

执行结果:

```
Training set score: 0.67
Test set score: 0.66
```

R^2 约为 0.66,该结果不是很理想,但可以看出,训练集和测试集上的分数非常接近。这说明可能存在欠拟合,而不是过拟合。对于这个一维数据集来说,过拟合的风险很小,因为模型非常简单(或受限)。然而,对于更高维的数据集(即有大量特征的数据集)来说,线性模型将变得更加强大,过拟合的可能性也会变大。接下来看 LinearRegression 在更复杂的数据集上的表现,如波士顿房价数据集。这个数据集有 506 个样本和 105 个导出特征。首先加载数据集并将其分为训练集和测试集。然后像现在一样构建线性回归模型,如下列代码所示。

```
X, y = mglearn.datasets.load_extended_boston()
X_train, X_test, y_train, y_test = train_test_split(X, y, random_state=0)
lr = LinearRegression().fit(X_train, y_train)
print("Training set score: {:.2f}".format(lr.score(X_train, y_train)))
print("Test set score: {:.2f}".format(lr.score(X_test, y_test)))
```

执行结果:

```
Training set score: 0.95
Test set score: 0.61
```

训练集和测试集之间的性能差异是过拟合的明显标志,因此,应该试图找到一个可以控制复杂度的模型。标准线性回归最常用的替代方法之一就是岭回归(ridge regression)。

13.3.3 岭回归

岭回归也是一种用于回归的线性模型,因此它的预测公式与普通最小二乘法相同。但在岭回归中,对系数(w)的选择不仅要在训练数据上得到好的预测结果,而且还要拟合附加约束。我们还希望系数尽量小。换句话说,w 的所有元素都应接近于 0。从直观上看,这就意味着每个特征对输出的影响应尽可能地小(即斜率很小),同时仍给出很好的预测结果。这种约束是所谓正则化(regularization)的一个例子。正则化是指对模型做显式约束,以避免过拟合。岭回归用到的这种被称为 L2 正则化。岭回归在 linear_model.Ridge 中实现。下列代码给出了岭回归在波士顿房价数据集的效果。

```
from sklearn.linear_model import Ridge
ridge = Ridge().fit(X_train, y_train)
print("Training set score: {:.2f}".format(ridge.score(X_train, y_train)))
print("Test set score: {:.2f}".format(ridge.score(X_test, y_test)))
```

执行结果:

```
Training set score: 0.89
Test set score: 0.75
```

从上述代码可以看出,Ridge 在训练集上的分数要低于 LinearRegression,但在测试集上的分数更高。这同我们的预期一致。线性回归对数据存在过拟合。Ridge 是一种约束更强的模型,所以更不容易过拟合。复杂度更小的模型意味着在训练集上的性能更差,但泛化性能更好。由于只对泛化性能感兴趣,所以应该选择 Ridge 模型而不是 LinearRegression 模型。

Ridge 模型在模型的简单性(系数都接近于 0)与训练集性能之间作出权衡。简单性和训练集性能二者对模型的重要程度可以由用户通过设置 alpha 参数来指定。在前面的例子中,我们用的是默认参数 alpha=1.0。但没有理由认为这会给出最佳权衡。alpha 的最佳设定值取决于用到的具体数据集。增大 alpha 值会使系数更加趋向于 0,从而降低训练集性能,但也可能会提高泛化性能,如下列代码所示。

```
ridge10 = Ridge(alpha=10).fit(X_train, y_train)
```

```
print("Training set score: {:.2f}".format(ridge10.score(X_train, y_train)))
print("Test set score: {:.2f}".format(ridge10.score(X_test, y_test)))
```

执行结果：

```
Training set score: 0.79
Test set score: 0.64
```

减小 alpha 值可以让系数受到更小的限制。对非常小的 alpha 值,系数几乎没有受到限制,将得到一个与 Linear Regression 类似的模型:

```
ridge01 = Ridge(alpha=0.1).fit(X_train, y_train)
print("Training set score: {:.2f}".format(ridge01.score(X_train, y_train)))
print("Test set score: {:.2f}".format(ridge01.score(X_test, y_test)))
```

执行结果：

```
Training set score: 0.93
Test set score: 0.77
```

这里的 alpha=0.1 似乎效果不错。我们可以尝试进一步减小 alpha 值以提高泛化性能。还可以查看 alpha 取不同值时模型的 coef_属性,从而更加定性地理解 alpha 参数是如何改变模型的。因为更大的 alpha 表示约束更强的模型,所以我们预计大 alpha 对应的 coef_元素比小 alpha 对应的 coef_元素要小。下列代码给出了不同 alpha 值的岭回归与线性回归的系数比较图,如图 13.10 所示。

```
plt.plot(ridge.coef_, 's', label="Ridge alpha=1")
plt.plot(ridge10.coef_, '^', label="Ridge alpha=10")
plt.plot(ridge01.coef_, 'v', label="Ridge alpha=0.1")
plt.plot(lr.coef_, 'o', label="LinearRegression")
plt.xlabel("Coefficient index")
plt.ylabel("Coefficient magnitude")
plt.hlines(0, 0, len(lr.coef_))
plt.ylim(-25, 25)
plt.legend()
```

这里的 x 轴对应 coef_的元素:x=0 对应第一个特征系数,x=1 对应第二个特征系数,以此类推,一直到 x=100。y 轴表示该系数的具体数值。这里需要记住的是,对于 alpha=10,系数大多在−3 和 3 之间。对于 alpha=1 的 Ridge 模型,系数要稍大一些。对于 alpha=0.1,点的范围更大。对于没有做正则化的线性回归(即 alpha=0),点的范围很大,许多点都超出了图像的范围。

有一种方法可以用来理解正则化的影响,就是固定 alpha 值,但需改变训练数据量。对于上图来说,我们对波士顿房价数据集做二次抽样,并在数据量逐渐增加的子数据集上分别对 LinearRegression 和 Ridge(alpha=1)两个模型进行评估(将模型性能作为数据集大小的函数进行绘图,这样的图像称为学习曲线)。

通过图 13.11 发现正如所预计的那样,无论是岭回归还是线性回归,所有数据集大小对应的训练分数都要高于测试分数。由于岭回归是正则化的,因此它的训练分数要整体低于线性回归的训练分数。但岭回归的测试分数要更高,特别是对较小的子数据集。如果少于 400 个数据点,线性回归学不到任何内容。随着模型可用的数据越来越多,两个模型的性能都在提升,最终线性回归的性能追上了岭回归。这里要记住的是,如果有足够多的训练数据,正则化变得不那么重要,并且岭回归和线性回归将具有相同的性能(在这个例子中,二者相同恰好发生在整个数据集的情况下,这只是一个巧合)。图 13.11 中还有一个有趣之处,就是线性回归的训练性能在下降。如果添加更多数据,模型将更加难以过拟合或记住所有的数据。

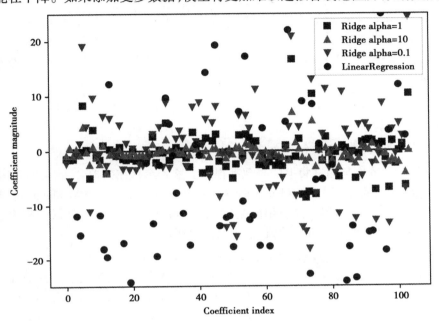

图 13.10 不同 n_neighbors 值的 k 近邻回归的预测结果对比

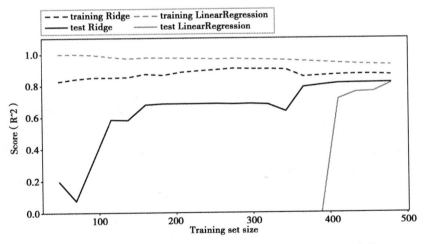

图 13.11 岭回归和线性回归在波士顿房价数据集上的学习曲线

13.3.4 Lasso 回归

除了 Ridge,还有一种正则化的线性回归,那就是 Lasso。与岭回归相同,使用 Lasso 也是约束系数使其接近于 0,但用的方法不同,称为 L1 正则化。L1 正则化的结果是,使用 Lasso 时某些系数刚好为 0。这说明某些特征被模型完全忽略。这可以看作一种自动化的特征选择。某些系数恰好为 0,这样模型更容易解释,也可以呈现模型最重要的特征。下列代码将 Lasso 应用在扩展的波士顿房价数据集上。

```
from sklearn.linear_model import Lasso
lasso = Lasso().fit(X_train, y_train)
print("Training set score: {:.2f}".format(lasso.score(X_train, y_train)))
print("Test set score: {:.2f}".format(lasso.score(X_test, y_test)))
print("Number of features used: {}".format(np.sum(lasso.coef_ != 0)))
```

执行结果:

```
Training set score: 0.29
Test set score: 0.21
Number of features used: 4
```

Lasso 回归在训练集与测试集上的表现都很差。这表示存在欠拟合,这可能是因为模型只用到了 105 个特征中的 4 个。与 Ridge 类似,Lasso 也有一个正则化参数 alpha,可以控制系数趋向于 0 的强度。在上一例中,我们用的是默认值 alpha = 1.0。为了降低欠拟合,尝试减小 alpha 的同时,还可以增加 max_iter 的值,如下列代码所示。

```
# 增大 max_iter 的值,否则模型会警告应该增大 max_iter
lasso001 = Lasso(alpha = 0.01, max_iter = 100000).fit(X_train, y_train)
print("Training set score: {:.2f}".format(lasso001.score(X_train, y_train)))
print("Test set score: {:.2f}".format(lasso001.score(X_test, y_test)))
print("Number of features used: {}".format(np.sum(lasso001.coef_ != 0)))
```

执行结果:

```
Training set score: 0.90
Test set score: 0.77
Number of features used: 33
```

alpha 值变小,可以拟合一个更复杂的模型,在训练集和测试集上的表现也更好。模型性能比使用 Ridge 时稍好一些,而且只用到了 105 个特征中的 33 个。这样模型可能更容易理解。但如果把 alpha 设得太小,那么就会消除正则化的效果,并出现过拟合,得到与 LinearRegression 类似的结果,如下列代码所示。

```
lasso01 = Lasso(alpha = 0.0001, max_iter = 100000).fit(X_train, y_train)
print("Training set score:{:.2f}".format(lasso01.score(X_train,y_train)))
print("Test set score: {:.2f}".format(lasso01.score(X_test, y_test)))
print("Number of features used: {}".format(np.sum(lasso01.coef_ != 0)))
```

执行结果:

```
Training set score: 0.95
Test set score: 0.64
```

Number of features used: 96

再次对不同模型的系数进行作图,如下列代码所示。

```
plt.plot(lasso.coef_, 's', label = "Lasso alpha=1")
plt.plot(lasso001.coef_, '^', label = "Lasso alpha=0.01")
plt.plot(lasso00001.coef_, 'v', label = "Lasso alpha=0.0001")
plt.plot(ridge01.coef_, 'o', label = "Ridge alpha=0.1")
plt.legend(ncol=2, loc=(0, 1.05))
plt.ylim(-25, 25)
plt.xlabel("Coefficient index")
plt.ylabel("Coefficient magnitude")
```

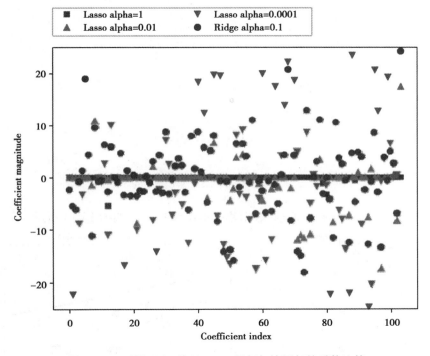

图 13.12　不同 alpha 值的 Lasso 回归与岭回归的系数比较

　　图 13.12 画出了不同参数设置情况下 Lasso 回归系数的散点图。在 alpha=1 时,我们发现不仅大部分系数都是 0,而且其他系数也都很小。将 alpha 减小至 0.01,得到图中向上的三角形,这里大部分特征等于 0。当 alpha=0.0001 时,我们得到正则化很弱的模型,大部分系数都不为 0,并且还很大。为了便于比较,图 13.12 中用圆形表示 Ridge 的最佳结果。alpha=0.1 的 Ridge 模型的预测性能与 alpha=0.01 的 Lasso 模型类似,但 Ridge 模型的所有系数都不为 0。

　　在实践应用中,两种模型一般首选岭回归。但如果特征很多,其中只有几个是重要的,那么选择 Lasso 可能会更好。同样,如果你想要一个容易解释的模型,Lasso 可以给出更容易理解的模型,因为它只选择了一部分输入特征。scikit-learn 还提供了 ElasticNet 类,结合了 Lasso 和 Ridge 的惩罚项。在实践中,这种结合的效果最好,不过代价是要调节两个参数:一个用于 L1 正则化;另一个用于 L2 正则化。

线性模型也可以用作分类。最常见的两种线性分类算法是 Logistic 回归和线性支持向量机（linear support vector machine,线性 SVM）。Logistic 回归在 linear_model.LogisticRegression 中实现,线性支持向量机在 svm.LinearSVC 中实现。虽然 LogisticRegression 的名字中含有回归 regression,但它是一种分类算法,并不是回归算法,不能与 LinearRegression 混淆。

13.3.5 逻辑回归

我们可以将 LogisticRegression 和 LinearSVC 模型应用到 forge 数据集上,并将线性模型找到的决策边界可视化,如下列代码所示。

```
from sklearn.linear_model import LogisticRegression
from sklearn.svm import LinearSVC
X, y = mglearn.datasets.make_forge()
fig, axes = plt.subplots(1, 2, figsize=(10, 3))
for model, ax in zip([LinearSVC(), LogisticRegression()], axes):
clf = model.fit(X, y)
mglearn.plots.plot_2d_separator(clf, X, fill=False, eps=0.5,
ax=ax, alpha=.7)
mglearn.discrete_scatter(X[:, 0], X[:, 1], y, ax=ax)
ax.set_title("{}".format(clf.__class__.__name__))
ax.set_xlabel("Feature 0")
ax.set_ylabel("Feature 1")
axes[0].legend()
```

线性 SVM 和 Logistic 回归在 forge 数据集上的决策边界图如图 13.13 所示。

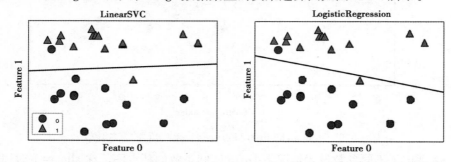

图 13.13　线性 SVM 和 LogisticRegression 在 forge 数据集上的决策边界图（默认参数）

在图 13.13 中,forge 数据集的第一个特征位于 x 轴,第二个特征位于 y 轴,与前面相同。图中分别展示了 LinearSVC 和 LogisticRegression 得到的决策边界,都是直线,把顶部归为类别 1 的区域和底部归为类别 0 的区域分开了。换句话说,对于每个分类器而言,位于黑线上方的新数据点都会被划为类别 1,而在黑线下方的点都会被划为类别 0。两个模型得到了相似的决策边界。注意,两个模型中都有两个点的分类是错误的。两个模型都默认使用 L2 正则化,就像 Ridge 对回归所做的一样。

对 LogisticRegression 和 LinearSVC,决定正则化强度的权衡参数称为 C。C 值越大,对应的正则化越弱。换句话说,如果参数 C 值较大,那么 LogisticRegression 和 LinearSVC 尽可能地将训练集拟合到最好,而如果 C 值较小,那么模型更强调使系数向量(w)接近于 0。参数 C 的作用还有另一个有趣之处。较小的 C 值可以让算法尽量适应"大多数"数据点,而较大的 C 值更强调每个数据点都分类正确的重要性。下列代码给出了不同 C 值的线性 SVM 在 forge 数据集上的决策边界。

```
mglearn.plots.plot_linear_svc_regularization()
```

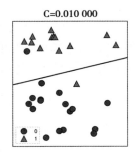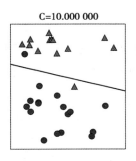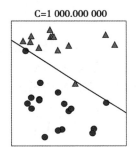

图 13.14　不同 C 值的线性 SVM 在 forge 数据集上的决策边界

在图 13.14 左侧的子图中,C 值很小,对应强正则化。大部分属于类别 0 的点都位于底部,大部分属于类别 1 的点都位于顶部。强正则化的模型会选择一条相对水平的线,有两个点分类错误。在中间的子图中,C 值稍大,模型更关注两个分类错误的样本,使决策边界的斜率变大。在右侧的子图中,模型的 C 值非常大,使得决策边界的斜率也很大,现在模型对类别 0 中所有点的分类都是正确的。类别 1 中仍有一个点分类错误,这是因为对于这个数据集来说,不可能用一条直线将所有点都分类正确。右侧图中的模型尽量使所有点的分类都正确,但可能无法掌握类别的整体分布。换句话说,这个模型很可能过拟合。

与回归情况类似,用于分类的线性模型在低维空间中看起来可能非常受限,决策边界只能是直线或平面。同样,在高维空间中,用于分类的线性模型将变得非常强大,当考虑更多特征时,避免过拟合变得越来越重要。接下来在乳腺癌数据集上详细分析 LogisticRegression,如下列代码所示。

```
from sklearn.datasets import load_breast_cancer
cancer = load_breast_cancer()
X_train, X_test, y_train, y_test = train_test_split(
cancer.data, cancer.target, stratify=cancer.target, random_state=42)
logreg = LogisticRegression().fit(X_train, y_train)
print("Training set score: {:.3f}".format(logreg.score(X_train, y_train)))
print("Test set score: {:.3f}".format(logreg.score(X_test, y_test)))
```

执行结果:

```
Training set score: 0.941
Test set score: 0.965
```

C=1 的默认值给出了相当好的性能,在训练集和测试集上都达到 95% 的精度。但由于训练集和测试集的性能非常接近,所以模型很可能是欠拟合的。我们尝试增大 C 来拟合一个更灵活的模型,如下列代码所示。

```
logreg1 = LogisticRegression(C=100).fit(X_train, y_train)
print("Training set score: {:.3f}".format(logreg1.score(X_train, y_train)))
print("Test set score: {:.3f}".format(logreg1.score(X_test, y_test)))
```

执行结果:

```
Training set score: 0.951
Test set score: 0.958
```

使用 C=100 可以得到更高的训练集精度,也得到了稍高的测试集精度,这也证实了我们的直觉,即更复杂的模型应该性能更好。还可以研究使用正则化更强的模型时会发生什么。设置 C=0.01,如下列代码所示。

```
logreg2 = LogisticRegression(C=0.01).fit(X_train, y_train)
print("Training set score: {:.3f}".format(logreg2.score(X_train, y_train)))
print("Test set score: {:.3f}".format(logreg2.score(X_test, y_test)))
```

执行结果:

```
Training set score: 0.937
Test set score: 0.930
```

正如所料,上述结果已经欠拟合的模型继续向左移动,训练集和测试集的精度都比采用默认参数时更小。最后,来看正则化参数 C 取 3 个不同的值时模型学到的系数,如下列代码所示。

```
plt.plot(logreg.coef_.T, 'o', label="C=1")
plt.plot(logreg1.coef_.T, '^', label="C=100")
plt.plot(logreg2.coef_.T, 'v', label="C=0.001")
plt.xticks(range(cancer.data.shape[1]), cancer.feature_names, rotation=90)
plt.hlines(0, 0, cancer.data.shape[1])
plt.ylim(-5, 5)
plt.xlabel("Coefficient index")
plt.ylabel("Coefficient magnitude")
plt.legend()
```

图 13.15 给出了不同 C 值的对应系数值。注意,由于 LogisticRegression 默认应用 L2 正则化,所以其结果与 Ridge 的结果类似。更强的正则化使得系数更趋向于 0,但系数永远不会正好等于 0。进一步观察图像,还可以在第 3 个系数那里发现有趣之处,这个系数是"平均周长"(mean perimeter)。当 C=100 和 C=1 时,这个系数为负,而 C=0.001 时这个系数为正,其绝对值比 C=1 时还要大。在解释这样的模型时,人们可能会认为,系数可以告诉某个特征与哪个类别有关。例如,人们可能会认为高"纹理错误"(texture error)特征与"恶性"样本有关。但"平均周长"系数的正负号发生变化,说明较大的"平均周长"可以被当作"良性"的指标或"恶性"的指标,具体取决于我们考虑的是哪个模型。这也说明,对线性模型系数的解释应该始终持保留态度。

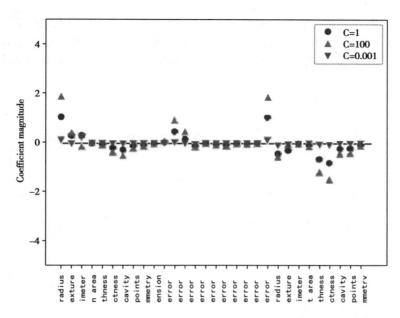

图 13.15　不同 C 值的 Logistic 回归在乳腺癌数据集上学到的系数

如果想要一个可解释性更强的模型,使用 L1 正则化可能会更好,因为它约束模型只使用少数几个特征。下列是使用 L1 正则化的系数图像和分类精度,如下列代码所示。

```
for C, marker in zip([0.001, 1, 1000], ['o', '^', 'v']):
lr_l1 = LogisticRegression(C=C, penalty="l1", solver="saga").fit(X_train, y_
train)
print("Training accuracy of l1 logreg with C={:.3f}:
{:.2f}".format( C, lr_l1.score(X_train, y_train)))
print("Test accuracy of l1 logreg with C={:.3f}:
{:.2f}".format( C, lr_l1.score(X_test, y_test)))
plt.plot(lr_l1.coef_.T, marker, label="C={:.3f}".format(C))
plt.xticks(range(cancer.data.shape[1]), cancer.feature_names, rotation=90)
plt.hlines(0, 0, cancer.data.shape[1])
plt.xlabel("Coefficient index")
plt.ylabel("Coefficient magnitude")
plt.ylim(-1, 1)
plt.legend(loc=3)
```

执行结果:

```
Training accuracy of l1 logreg with C=0.001: 0.91
Test accuracy of l1 logreg with C=0.001: 0.92
Training accuracy of l1 logreg with C=1.000: 0.91
Test accuracy of l1 logreg with C=1.000: 0.92
Training accuracy of l1 logreg with C=1000.000: 0.91
Test accuracy of l1 logreg with C=1000.000: 0.92
```

图 13.16 给出了 L1 惩罚的 Logistic 回归对应的系数值。用于二分类的线性模型与用于回归的线性模型有许多相似之处。与用于回归的线性模型一样,模型的主要差别在于 penalty 参数,这个参数会影响正则化,也会影响模型是使用所有可用特征还是只选择部分特征的一个子集。

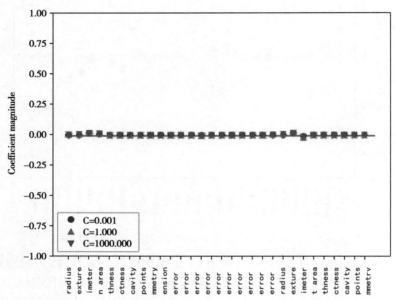

图 13.16 对于不同的 C 值,L1 惩罚的 Logistic 回归在乳腺癌数据集上学到的系数

13.3.6 支持向量机

支持向量机(support vector machine,SVM),其实又可以分为线性支持向量机和核支持向量机,线性支持向量机在 scikit-learn 中的函数为 LinearSVC,而核支持向量机的全称为 kernelized support vector machine,简称 SVM,通常说的支持向量机就是指的核支持向量机。线性支持向量机属于线性模型,核支持向量机属于非线性模型。支持向量机可以同时用于分类和回归,它在 SVC 中实现。类似的概念也适用于支持向量回归,后者在 SVR 中实现。

1)线性模型与非线性特征

线性模型在低维空间中可能非常受限,因为线和平面的灵活性有限。此时有一种方法可以让线性模型更加灵活,即添加更多的特征,比如添加输入特征的交互项或多项式。下列代码随机生成了一个数据集,并展示了利用 LinearSVC 进行分类的结果。

```
from sklearn.datasets import make_blobs
X, y = make_blobs(centers=4, random_state=8)
y = y % 2
mglearn.discrete_scatter(X[:, 0], X[:, 1], y)
plt.xlabel("Feature 0")
plt.ylabel("Feature 1")
```

从图 13.17 中可以看出,两个类别的点相互交叉在一起,而用于分类的线性模型只能用一条直线来划分数据点,对这个数据集无法给出较好的结果,下列代码给出了利用线性支持向量机进行分类的结果。

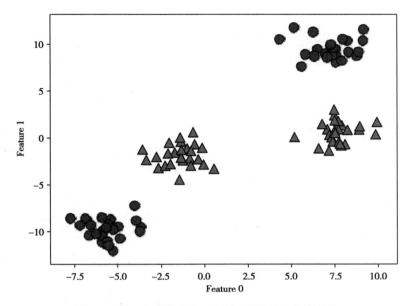

图 13.17　二分类数据集,其类别并不是线性可分的

```
from sklearn.svm import LinearSVC
linear_svm = LinearSVC().fit(X, y)
mglearn.plots.plot_2d_separator(linear_svm, X)
mglearn.discrete_scatter(X[:, 0], X[:, 1], y)
plt.xlabel("Feature 0")
plt.ylabel("Feature 1")
```

很明显,图 13.18 给出的分类边界并不能将两个类别很好地分离出来。考虑对输入特征进行的扩展,比如添加第二个特征的平方(feature 1 ∗∗ 2)作为一个新特征。现在将每个数据点表示为三维点(feature 0,feature1,feature1 ∗∗ 2)。这个新的表示可以画成三维散点图,如下列代码所示。

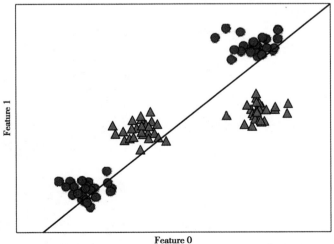

图 13.18　线性 SVM 给出的决策边界

```
# 添加第二个特征的平方,作为一个新特征
X_new = np.hstack([X, X[:, 1:] ** 2])
from mpl_toolkits.mplot3d import Axes3D, axes3d
figure = plt.figure()
# 3D 可视化
ax = Axes3D(figure, elev=-152, azim=-26)
# 首先画出所有 y == 0 的点,然后画出所有 y == 1 的点
mask = y == 0
ax.scatter(X_new[mask, 0], X_new[mask, 1], X_new[mask, 2], c='b',
cmap=mglearn.cm2, s=60)
ax.scatter(X_new[~mask, 0], X_new[~mask, 1], X_new[~mask, 2], c='r', marker='^',
cmap=mglearn.cm2, s=60)
ax.set_xlabel("feature0")
ax.set_ylabel("feature1")
ax.set_zlabel("feature1 ** 2")
```

从图 13.19 中可以看出,扩充维数后,从空间来看,两个类别完全可以被轻松地分开,可以用线性模型拟合扩展后的数据来验证这一点,如下列代码所示。

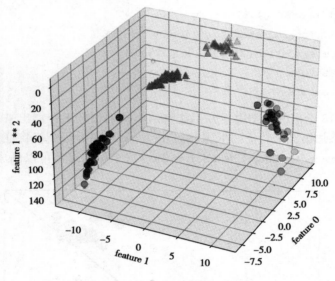

图 13.19　扩充维数以后的数据

```
linear_svm_3d = LinearSVC().fit(X_new, y)
coef, intercept = linear_svm_3d.coef_.ravel(), linear_svm_3d.intercept_
# 显示线性决策边界
figure = plt.figure()
ax = Axes3D(figure, elev=-152, azim=-26)
xx = np.linspace(X_new[:, 0].min() - 2, X_new[:, 0].max() + 2, 50)
yy = np.linspace(X_new[:, 1].min() - 2, X_new[:, 1].max() + 2, 50)
XX, YY = np.meshgrid(xx, yy)
```

```
ZZ = (coef[0] * XX + coef[1] * YY + intercept) /-coef[2]
ax.plot_surface(XX, YY, ZZ, rstride = 8, cstride = 8, alpha = 0.3)
ax.scatter(X_new[mask, 0], X_new[mask, 1], X_new[mask, 2], c = 'b',
cmap = mglearn.cm2, s = 60)
ax.scatter(X_new[~mask, 0], X_new[~mask, 1], X_new[~mask, 2], c = 'r', marker = '^',
cmap = mglearn.cm2, s = 60)
ax.set_xlabel("feature0")
ax.set_ylabel("feature1")
ax.set_zlabel("feature1 ** 2")
```

　　线性支持向量机还属于线性模型的范畴,更适合于线性模型,对非线性模型,核支持向量机的表现更好,其结果如图 13.20 所示。

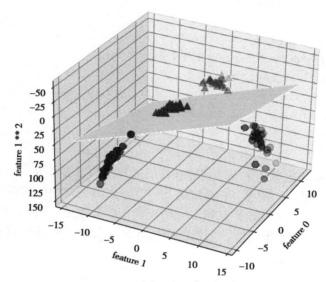

图 13.20　线性 SVM 对扩展后的三维数据集给出的决策边界

2) 核支持向量机

　　从 13.2 节例子可以看出,向数据表中添加非线性特征,可以让线性模型变得更强大。但是,通常并不知道要添加哪些特征,而且添加许多特征的计算开销可能会很大。此时有一种巧妙的数学技巧,让我们可以在更高维空间中学习分类器,而不用实际计算可能非常大的新的数据表示。这种技巧称为核技巧(kernel trick),其原理是直接计算扩展特征表示中数据点之间的距离,而不用实际对扩展进行计算。

　　针对支持向量机,将数据映射到更高维空间中有两种常用的方法:一种是多项式核,在一定阶数内计算原始特征所有可能的多项式;另一种是径向基函数(radial basis function,RBF)核,也称为高斯核。在实践中,核支持向量机背后的数学细节并不是很重要,可以简单地总结出使用 RBF 核支持向量机进行预测的方法。

　　在训练过程中,SVM 学习每个训练数据点对表示两个类别之间的决策边界的重要性。通常只有一部分训练数据点对于定义决策边界来说很重要:位于类别之间边界上的那些点,这些点称为支持向量(support vector),支持向量机正是由此得名的。想要对新样本点进行预测,需要测量它与每个支持向量之间的距离。分类决策是基于它与支持向量之间的距离以及在训练过程中学到的支持向量重要性来做出的。数据点之间的距离由高斯核给出:

$$k_{rbf}(x_1,x_2)=\exp\left(-\gamma\parallel x_1-x_2\parallel^2\right)$$

其中,x_1 和 x_2 是数据点,$\parallel x_1-x_2\parallel^2$ 表示欧氏距离,γ 是控制高斯核宽度的参数。图13.21 给出了支持向量机对一个二维二分类数据集的训练结果。决策边界用黑色表示,支持向量是尺寸较大的点。下列代码给出了如何在 forge 数据集上训练 SVM。

```
from sklearn.svm import SVC
X, y = mglearn.tools.make_handcrafted_dataset()
svm = SVC(kernel='rbf', C=10, gamma=0.1).fit(X, y)
mglearn.plots.plot_2d_separator(svm, X, eps=.5)
mglearn.discrete_scatter(X[:, 0], X[:, 1], y)
# 画出支持向量
sv = svm.support_vectors_
# 支持向量的类别标签由 dual_coef_ 的正负号给出
sv_labels = svm.dual_coef_.ravel() > 0
mglearn.discrete_scatter(sv[:, 0], sv[:, 1], sv_labels, s=15,
    markeredgewidth=3)
plt.xlabel("Feature 0")
plt.ylabel("Feature 1")
```

图 13.21 中,SVM 给出了非常平滑且非线性的边界。SVM 需要调节了两个参数:C 参数和 γ 参数,下面将详细讨论如何调参。γ 参数是上一节给出的公式中的参数,用于控制高斯核的宽度。它决定了点与点之间"靠近"是指多大的距离。C 参数是正则化参数,与线性模型中用到的类似。它限制每个点的重要性。下列代码给计算了几种不同参数设置时的情形,其结果如图 13.22 所示。

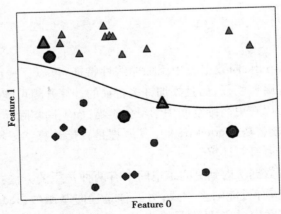

图 13.21   RBF 核 SVM 给出的决策边界和支持向量

```
fig, axes = plt.subplots(3, 3, figsize=(15, 10))
for ax, C in zip(axes, [-1, 0, 3]):
    for a, gamma in zip(ax, range(-1, 2)):
        mglearn.plots.plot_svm(log_C=C, log_gamma=gamma, ax=a)
```

```
axes[0, 0].legend(["class 0", "class 1", "sv class 0", "sv class 1"],
ncol = 4, loc = (.9, 1.2))
```

在图 13.22 中,从左到右,γ 参数的值从 0.1 增至 10。γ 较小,说明高斯核的半径较大,许多点都被看作比较靠近。这一点可以在图中看出:左侧的图决策边界非常平滑,越向右的图决策边界更加关注单个点。小的 γ 值表示决策边界变化很慢,生成的是复杂度较低的模型,而大的 γ 值则会生成更为复杂的模型。从上到下,参数 C 的值从 0.1 增至 1000。C 值很小,说明模型受限,每个数据点的影响范围都有限。左上角的图中,决策边界看起来几乎是线性的,误分类的点对边界几乎没有任何影响。再看左下角的图,增大 C 之后这些点对模型的影响变大,使得决策边界发生弯曲来将这些点正确分类。

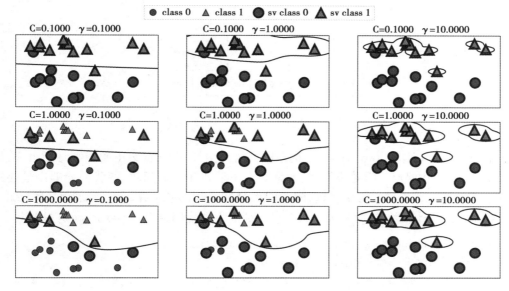

图 13.22　设置不同的 C 和 γ 参数对应的决策边界和支持向量

核支持向量机是非常强大的模型,在各种数据集上的表现都很好。SVM 允许决策边界很复杂,即使数据只有几个特征。它在低维数据和高维数据(即很少特征和很多特征)上的表现都很好,但对样本个数的缩放表现不好。在有多达 10000 个样本的数据上运行 SVM 可能表现良好,如果数据量达到 100000 甚至更多时,在运行时间和内存使用方面可能会面临挑战。SVM 的缺点主要体现在以下两个方面:一方面预处理数据和调参都需要非常小心;另一方面SVM 模型很难检查,难以对模型进行明确的解释。

13.3.7　决策树

决策树是广泛用于分类和回归任务的模型。本质上,它从一层层的是或者否的问题中进行学习,并得出结论。假设需要区分下面这 4 种动物:熊、鹰、企鹅和海豚。目标是通过提出尽可能少的是或者否问题来得到正确答案。比如首先会问:这种动物有没有羽毛,这个问题会将可能的动物减少到只有两种。如果答案是"有",则可以问下一个问题,用来区分鹰和企鹅。例如,可以问这种动物会不会飞。如果这种动物没有羽毛,那么可能是海豚或熊,所以需要问一个问题来区分这两种动物——比如,问这种动物有没有鳍。这一系列问题可以表示为一棵决策树,如下列代码所示。

```
import graphviz
mglearn.plots.plot_animal_tree()
```

在图 13.23 中,树的每个节点代表一个问题或一个包含答案的终节点。树的边将问题的答案与将问的下一个问题连接起来。用机器学习的语言来说就是为了区分四类动物(鹰、企鹅、海豚和熊),利用 3 个特征("有没有羽毛""会不会飞""有没有鳍")来构建一个模型。我们可以利用监督学习从数据中学习模型,而无须人为构建模型。

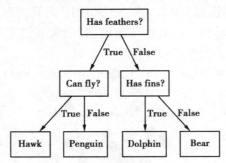

图 13.23　区分几种动物的决策树

1) 构造决策树

下面将在双月数据集 two_moons 上构造决策树模型,这个数据集由两个半月形组成,每个类别都包含 50 个数据点。学习决策树,就是学习一系列 if/else 问题,使我们能够以最快的速度得到正确答案。在机器学习中,这些问题叫作测试。数据通常并不是像动物的例子那样具有二元特征(是/否)的形式,而是表示为连续特征。下列代码给出了 two_moons 数据集。

```
from sklearn.ensemble import RandomForestClassifier
from sklearn.datasets import make_moons
X, y = make_moons(n_samples=200, noise=0.1, random_state=5)
X_train, X_test, y_train, y_test = train_test_split(X, y, stratify=y,
random_state=42)
mglearn.discrete_scatter(X[:, 0], X[:, 1], y)
```

图 13.24 给出了双月数据的散点图。为了构造决策树,算法搜遍所有可能的测试,找出对于目标变量来说信息量最大的那一个。下例展示了选出的第一个测试,详细代码如下所示。

```
from sklearn.tree import DecisionTreeClassifier
tree = DecisionTreeClassifier(max_depth=1, random_state=0)
tree.fit(X, y)
mglearn.plots.plot_tree_partition(X, y, tree)
from sklearn.tree import export_graphviz
export_graphviz(tree, out_file="tree.dot", impurity=False, filled=True)
import graphviz
with open("tree.dot") as f:
dot_graph = f.read()
graphviz.Source(dot_graph)
```

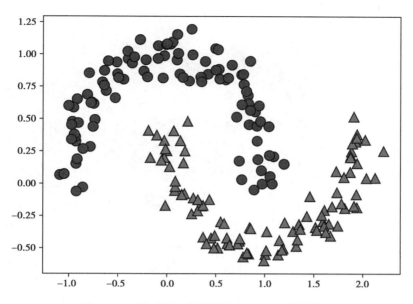

图 13.24   用于构造决策树的 two_moons 数据集

图 13.25 和图 13.26 分别给出了决策树的边界和树形图。图 13.26 显示数据集在 x[1]<=0.424 处水平划分可以得到最多信息,它在最大限度上将类别 0 中的点与类别 1 中的点进行区分。顶节点表示整个数据集,包含属于类别 0 的 100 个点和属于类别 1 的 100 个点。通过测试 x[1]<=0.424 的真假来对数据集进行划分,在图中表示为一条黑线。如果测试结果为真,那么将这个点分配给左节点,左节点中包含属于类别 0 的 98 个点和属于类别 1 的 25 个点。否则将这个点分配给右节点,右节点里包含属于类别 0 的 2 个点和属于类别 1 的 75 个点。尽管第一次划分已经对两个类别做了很好的区分,但底部区域仍包含属于类别 0 的点,顶部区域也仍包含属于类别 1 的点。可以在两个区域中重复寻找最佳测试过程,从而构建出更准确的模型。

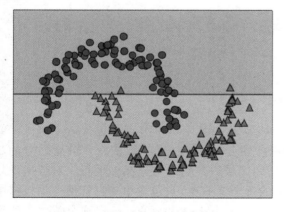

图 13.25   深度为 1 的树的决策边界

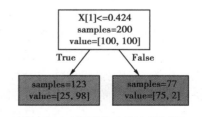

图 13.26   深度为 1 的决策树图

图 13.27 和图 13.28 展示了信息量最大的第二次划分,这次划分是基于 x[0] 做出的,分为左右两个区域。代码和之前的代码类似,只需修改参数 max_depth=2 即可。

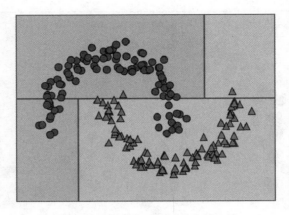

图 13.27   深度为 2 的树的决策边界

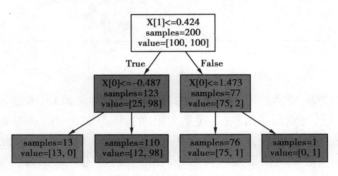

图 13.28   深度为 2 的决策树图

```
from sklearn.tree import DecisionTreeClassifier
tree = DecisionTreeClassifier(max_depth=2, random_state=0)
tree.fit(X, y)
mglearn.plots.plot_tree_partition(X, y, tree)
from sklearn.tree import export_graphviz
export_graphviz(tree, out_file="tree.dot", impurity=False, filled=True)
import graphviz
with open("tree.dot") as f:
dot_graph = f.read()
graphviz.Source(dot_graph)
```

上述代码生成了一棵二元决策树,如图 13.28 所示。其中每个节点都包含一个测试。或者可以将每个测试看作沿一条轴对当前数据进行划分。这是一种将算法看作分层划分的观点。由于每个测试仅关注一个特征,所以划分后的区域边界始终与坐标轴平行。对数据反复进行递归划分,直到划分后的每个区域(决策树的每个叶节点)只包含单一目标值。如果树中某个叶节点所包含数据点的目标值都相同,那么这个叶节点就是纯的。输出这个数据集的最终划分结果,如下列代码所示,最终边界图和树形图如图 13.29 和图 13.30 所示。

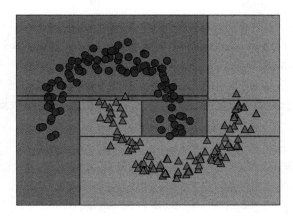

图 13.29   深度为 5 的树的决策边界

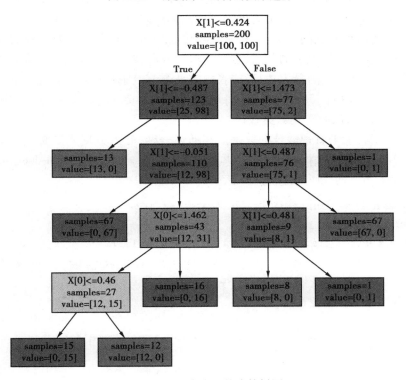

图 13.30   深度为 5 的决策树图

```
from sklearn.tree import DecisionTreeClassifier
tree = DecisionTreeClassifier(max_depth=5, random_state=0)
tree.fit(X, y)
mglearn.plots.plot_tree_partition(X, y, tree)
from sklearn.tree import export_graphviz
export_graphviz(tree, out_file="tree.dot", impurity=False, filled=True)
import graphviz
with open("tree.dot") as f:
dot_graph = f.read()
```

```
graphviz.Source(dot_graph)
```

　　想要对新数据点进行预测,首先要查看这个点位于特征空间划分的哪个区域,然后将该区域的大多数目标值作为预测结果。从根节点开始对树进行遍历就可以找到这一区域,每一步向左还是向右取决于是否满足相应的测试。决策树也可以用于回归任务,使用的方法完全相同。预测的方法是,基于每个节点的测试对树进行遍历,最终找到新数据点所属的叶节点。这一数据点的输出即为此叶节点中所有训练点的平均目标值。

　　2) 控制决策树的复杂度

　　通常来说,构造决策树直到所有叶节点都是纯的叶节点,这会导致模型非常复杂,并且对训练数据高度过拟合。纯叶节点的存在说明这棵树在训练集上的精度是 100%。训练集中的每个数据点都位于分类正确的叶节点中。在所有属于类别 0 的点中间有一块属于类别 1 的区域。另一方面,有一小条属于类别 0 的区域,包围着最右侧属于类别 0 的那个点。这并不是人们想象中决策边界的样子,这个决策边界过于关注远离同类别其他点的单个异常点。

　　防止过拟合有两种常见的策略:一种是及早停止树的生长,也叫预剪枝;另一种是先构造树,随后删除或折叠信息量很少的节点,也叫后剪枝或剪枝。预剪枝的限制条件可能包括限制树的最大深度、限制叶节点的最大数目,或者规定一个节点中数据点的最小数目来防止继续划分。scikit-learn 的决策树在 DecisionTreeRegressor 类和 DecisionTreeClassifier 类中实现。scikit-learn 只实现了预剪枝,没有实现后剪枝。

　　在乳腺癌数据集上来看预剪枝的效果。和前述一样,导入数据集并将其分为训练集和测试集。然后利用默认设置来构建模型,默认将树完全展开。固定树的 ran-dom_state,用于在内部解决平局问题,如下列代码所示。

```
from sklearn.tree import DecisionTreeClassifier
cancer = load_breast_cancer()
X_train, X_test, y_train, y_test = train_test_split(
cancer.data, cancer.target, stratify=cancer.target, random_state=42)
tree = DecisionTreeClassifier(random_state=0)
tree.fit(X_train, y_train)
print("Accuracy on training set: {:.3f}".format(tree.score(X_train, y_train)))
print("Accuracy on test set: {:.3f}".format(tree.score(X_test, y_test)))
```

执行结果:

```
Accuracy on training set: 1.000
Accuracy on test set: 0.937
```

　　不出所料,训练集上的精度是 100%,这是因为叶节点都是纯的,树的深度很大,足以完美地记住训练数据的所有标签。如果不限制决策树的深度,它的深度和复杂度都可以变得特别大。因此,未剪枝的树容易过拟合,对新数据的泛化性能不佳。现在将预剪枝应用在决策树上,可以在完美拟合训练数据之前阻止树的展开。一种选择是在到达一定深度后停止树的展开。设置 max_depth=4,通过限制树的深度可以减少过拟合,这会降低训练集的精度,但可以提高测试集的精度,如下列代码所示。

```
tree = DecisionTreeClassifier(max_depth=4, random_state=0)
```

```
tree.fit(X_train, y_train)
print("Accuracy on training set: {:.3f}".format(tree.score(X_train, y_train)))
print("Accuracy on test set: {:.3f}".format(tree.score(X_test, y_test)))
```

执行结果：

Accuracy on training set：0.988

Accuracy on test set：0.951

3）决策树模型的可视化

事实上，在上面的内容中实现过决策树的可视化，现在重新进行详细说明。可以利用 tree 模块的 export_graphviz 函数来将树可视化。这个函数会生成一个 .dot 格式的文件，这是一种用于保存图形的文本文件格式。我们设置为节点添加颜色的选项，颜色表示每个节点中的多数类别，同时传入类别名称和特征名称，这样可以对树正确标记。

利用 graphviz 模块读取这个文件并将其可视化，在此可以使用任何能够读取 .dot 文件的程序，如下列代码所示。

```
from sklearn.tree import export_graphviz
export_graphviz(tree, out_file="tree.dot", class_names=["malignant",
"benign"],
feature_names=cancer.feature_names, impurity=False, filled=True)
import graphviz
with open("tree.dot") as f:
dot_graph = f.read()
graphviz.Source(dot_graph)
```

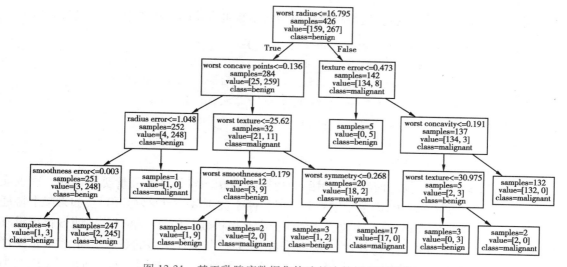

图 13.31　基于乳腺癌数据集构造的决策树的可视化

图 13.31 给出了乳腺癌分类树形图。树的可视化有助于深入理解算法是如何进行预测的，也是易于向非专家解释的机器学习算法的优秀示例。不过，即使这里树的深度只有 4 层，也有点太大了。深度更大的树更加难以理解。一种观察树的方法可能有用，就是找出大部分

数据的实际路径。图 13.31 中每个节点的 samples 给出了该节点中的样本个数，values 给出的是每个类别的样本个数。观察 worst radius<=16.795 分支右侧的子节点，我们发现它只包含 8 个良性样本，但有 134 个恶性样本。树的这一侧的其余分支只是利用一些更精细的区别将这 8 个良性样本分离出来。在第一次划分右侧的 142 个样本中，几乎所有的样本最后都进入了最右侧的叶节点中。

再来看根节点的左侧子节点，对于 worst radius>16.795，得到 25 个恶性样本和 259 个良性样本。几乎所有良性样本最终都进入左数第二个叶节点中，大部分其他叶节点都只包含很少的样本。

4）树的特征重要性

查看整个树可能非常费劲，除此之外，还可以利用一些有用的属性来总结树的工作原理。其中最常用的是特征重要性（feature importance），它为每个特征树的决策的重要性进行排序。对于每个特征来说，它都是一个介于 0 和 1 之间的数字，其中，0 表示"根本没用到"，1 表示"完美预测目标值"。下列代码给出了调出特征重要性的方法。

```
print("Feature importances:\n{}".format(tree.feature_importances_))
```

执行结果：

```
Feature  importances:
[0.        0. 0.        0.        0.        0.
 0.        0. 0.        0.        0.01019737 0.04839825
 0.        0. 0.0024156 0.        0.        0.
 0.        0. 0.72682851 0.0458159 0.        0.
 0.0141577 0. 0.018188  0.1221132 0.01188548 0.]
```

可以将特征重要性可视化，这与将线性模型的系数可视化的方法类似，如下列代码所示。

```
def plot_feature_importances_cancer(model):
    n_features = cancer.data.shape[1]
    plt.barh(range(n_features), model.feature_importances_, align='center')
    plt.yticks(np.arange(n_features), cancer.feature_names)
    plt.xlabel("Feature importance")
    plt.ylabel("Feature")
plot_feature_importances_cancer(tree)
```

从图 13.32 中可以看出，顶部划分用到的特征（"worst radius"）是最重要的特征。这也证实了在分析树时的观察结论，即第一层划分已经将两个类别区分得很好。但是，如果某个特征的 feature_importance_ 很小，并不能说明这个特征没有提供任何信息。这只能说明该特征没有被树选中，可能是因为另一个特征也包含了同样的信息。与线性模型的系数不同，特征重要性始终为正数，也不能说明该特征对应哪个类别。特征重要性告诉我们"worst radius"（最大半径）特征很重要，但并没有告诉我们半径大表示样本是良性的还是恶性的。

5）决策树的优点、缺点和参数

如前所述，控制决策树模型复杂度的参数是预剪枝参数，它在树完全展开之前停止树的构造。通常来说，选择一种预剪枝策略（设置 max_depth、max_leaf_nodes 或 min_samples_leaf）足以防止过拟合。与前面讨论的许多算法相比,决策树有两个优点:一是得到的模型很容易可视化,非专家也很容易理解;二是算法完全不受数据缩放的影响。由于每个特征被单独处理,而且数据的划分也不依赖于缩放,因此决策树算法不需要特征预处理,例如,归一化或标准化。特别是特征的尺度完全不一样时或者二元特征和连续特征同时存在时,决策树的效果很好。决策树的主要缺点在于,即使做了预剪枝,它也经常会过拟合,泛化性能很差。因此,在大多数应用中,往往使用集成方法来替代单棵决策树。

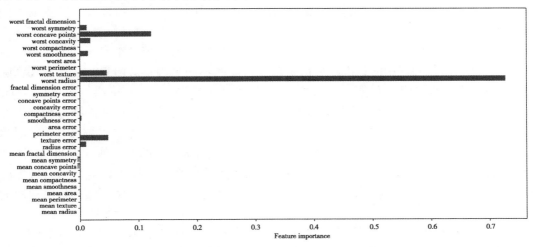

图 13.32　在乳腺癌数据集上学到的决策树的特征重要性

13.3.8　决策树集成——随机森林

1) 随机森林的集成思想

集成(ensemble)是合并多个机器学习模型来构建更强大模型的方法。在机器学习文献中有许多模型都属于这一类,但已证明有两种集成模型对大量分类和回归的数据集都是有效的,二者都以决策树为基础,分别是随机森林(random forest)和梯度提升决策树(gradient boosted decision tree),本节主要介绍随机森林。

如上所述,决策树的一个主要缺点在于经常对训练数据过拟合。随机森林是解决这个问题的一种方法。随机森林本质上是许多决策树的集合,其中每棵树都和其他树略有不同。随机森林背后的思想是,每棵树的预测可能都相对较好,但可能对部分数据过拟合。如果构造很多树,并且每棵树的预测都很好,但都以不同的方式过拟合,那么我们可以对这些树的结果取平均值来降低过拟合。既能减少过拟合又能保持树的预测能力,这可以在数学上严格证明。

为了实现这一策略,需要构造许多决策树。每棵树都应该对目标值作出可以接受的预测,还应该与其他树不同。随机森林的名字来自将随机性添加到树的构造过程中,以确保每棵树都各不相同。随机森林中树的随机化方法有两种:一种是通过选择用于构造树的数据点;另一种是通过选择每次划分测试的特征。想要构造一个随机森林模型,你需要确定树的个数(RandomForestRegressor 或 RandomForestClassifier 的 n_estimators 参数)。比如,想要构造 10 棵树。这些树在构造时彼此完全独立,算法对每棵树进行不同的随机选择,以确保树和树之间是有区别的。

想要构造一棵树,首先要对数据进行自助采样(bootstrap sample)。也就是说,从 n_

samples 个数据点中有放回地（即同一样本可以被多次抽取）重复随机抽取一个样本，共抽取 n_samples 次。这样会创建一个与原数据集大小相同的数据集，但有些数据点会缺失（大约三分之一），有些会重复。举例说明，比如想要创建列表 ['a','b','c','d'] 的自助采样。一种可能的自主采样是 ['b','d','d','c']，另一种可能的采样是 ['d','a','d','a']。接下来，基于这个新创建的数据集来构造决策树。在每个节点处，算法随机选择特征的一个子集，并对其中一个特征寻找最佳测试，而不是对每个节点都寻找最佳测试。选择的特征个数由 max_features 参数来控制。每个节点中特征子集的选择是相互独立的，这样树的每个节点可以使用特征的不同子集来作出决策。

由于使用了自助采样，随机森林中构造每棵决策树的数据集都是略有不同的。由于每个节点的特征选择，每棵树中的每次划分都是基于特征的不同子集。这两种方法共同保证随机森林中所有树都不相同。在这个过程中的一个关键参数是 max_features。如果设置 max_features 等于 n_features，那么每次划分都要考虑数据集的所有特征，在特征选择过程中没有添加随机性（不过自助采样依然存在随机性）。如果设置 max_features 等于 1，那么在划分时将无法选择对哪个特征进行测试，只能对随机选择的某个特征搜索不同的阈值。因此，如果 max_features 较大，那么随机森林中的树将会十分相似，利用最独特的特征可以轻松拟合数据。如果 max_features 较小，那么随机森林中的树将会差异很大，为了很好地拟合数据，每棵树的深度都要很大。

想要利用随机森林进行预测，算法首先对森林中的每棵树进行预测。针对回归问题，可以对这些结果取平均值作为最终预测。针对分类问题，则用到了"软投票"（soft voting）策略。也就是说，每个算法做出"软"预测，给出每个可能的输出标签的概率。对所有树的预测概率取平均值，然后将概率最大的类别作为预测结果。

2）随机森林分类举例

下列代码将由 5 棵树组成的随机森林应用到前面研究过的 two_moons 数据集上，如下列代码所示。

```
from sklearn.ensemble import RandomForestClassifier
from sklearn.datasets import make_moons
X, y = make_moons(n_samples=100, noise=0.25, random_state=3)
X_train, X_test, y_train, y_test = train_test_split(X, y, stratify=y,
random_state=42)
forest = RandomForestClassifier(n_estimators=5, random_state=2)
forest.fit(X_train, y_train)
fig, axes = plt.subplots(2, 3, figsize=(20, 10))
for i, (ax, tree) in enumerate(zip(axes.ravel(), forest.estimators_)): ax.set_title("Tree {}".format(i))
mglearn.plots.plot_tree_partition(X_train, y_train, tree, ax=ax) mglearn.plots.plot_2d_separator(forest, X_train, fill=True, ax=axes[-1,-1], alpha=.4)
axes[-1, -1].set_title("Random Forest")
mglearn.discrete_scatter(X_train[:, 0], X_train[:, 1], y_train)
```

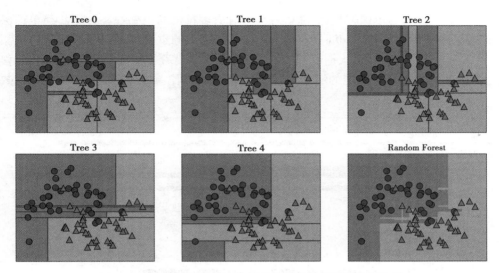

图 13.33　5 棵随机化的决策树的决策边界及平均决策边界

从图 13.33 中可以看出,这 5 棵树学到的决策边界大不相同。每棵树都犯了一些错误,因为这里画出的一些训练点实际上并没有包含在这些树的训练集中,原因在于自助采样。随机森林比单独每一棵树的过拟合都要小,给出的决策边界也更符合直觉。在任何实际应用中,会用到更多棵树(通常是几百或上千棵),从而得到更平滑的边界。再举一个例子,我们将包含 100 棵树的随机森林应用在乳腺癌数据集上,如下列代码所示。

```
from sklearn.tree import DecisionTreeClassifier
cancer = load_breast_cancer()
X_train, X_test, y_train, y_test = train_test_split(
cancer.data, cancer.target, stratify=cancer.target, random_state=42)
forest = RandomForestClassifier(n_estimators=100, random_state=0)
forest.fit(X_train, y_train)
print("Accuracy on training set: {:.3f}".format(forest.score(X_train, y_train)))
print("Accuracy on test set: {:.3f}".format(forest.score(X_test, y_test)))
```

执行结果:

```
Accuracy on training set: 1.000
Accuracy on test set: 0.958
```

在没有调节任何参数的情况下,随机森林的精度为 95.8%,比线性模型或单棵决策树都好。可以调节 max_features 参数,或者像单棵决策树那样进行预剪枝。但是,随机森林的默认参数通常可以给出很好的结果。

与决策树类似,随机森林也可以给出特征重要性,计算方法是将森林中所有树的特征重要性求和并取平均。一般来说,随机森林给出的特征重要性要比单棵树给出的更为可靠,下列代码画出了随机森林的特征重要性。

```
plot_feature_importances_cancer(forest)
```

由图 13.34 可知,与单棵树相比,随机森林中有更多特征的重要性不为零。与单棵决策树类似,随机森林也给了"worst radius"(最大半径)特征很大的重要性,但从总体来看,它实际上却选择了"worst perimeter"(最大周长)作为信息量最大的特征。由于构造随机森林过程中的随机性,算法需要考虑多种可能的解释,结果就是随机森林比单棵树更能从总体上把握数据的特征。

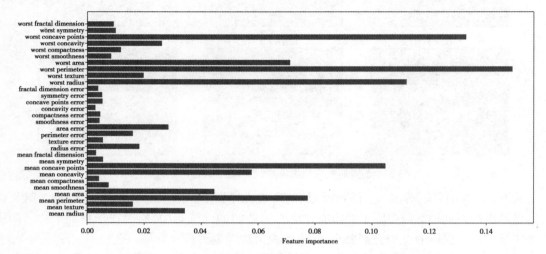

图 13.34　拟合乳腺癌数据集得到的随机森林的特征重要性

3) 随机森林的优点、缺点和参数

用于回归和分类的随机森林是目前应用最广泛的机器学习方法之一。这种方法非常强大,通常不需要反复调节参数就可以给出很好的结果,也不需要对数据进行缩放。从本质上看,随机森林拥有决策树的所有优点,同时弥补了决策树的一些缺陷。仍然使用决策树的一个原因是需要决策过程的紧凑表示。基本上不可能对几十棵甚至上百棵树作出详细解释,随机森林中树的深度往往比决策树还要大。因此,如果你需要以可视化的方式向非专家总结预测过程,那么选择单棵决策树可能更好。

虽然在大型数据集上构建随机森林可能比较费时,但是在一台计算机的多个 CPU 内核上并行计算也很容易。如果你用的是多核处理器,那么你可以用 n_jobs 参数来调节使用的内核个数。使用更多的 CPU 内核,可以让速度线性增加(使用 2 个内核,随机森林的训练速度会加倍),但设置 n_jobs 大于内核个数是没有用的。你可以设置 n_jobs＝−1 来使用计算机的所有内核。注意,随机森林本质上是随机的,设置不同的随机状态(或者不设置 random_state 参数)可以彻底改变构建的模型。森林中的树越多,它对随机状态选择的鲁棒性就越好。如果希望结果可以重现,固定 random_state 是很重要的。

对维度非常高的稀疏数据,随机森林的表现往往不是很好。对于这种数据来说,使用线性模型可能更合适。即使是非常大的数据集,随机森林的表现通常也很好,训练过程很容易并行在功能强大的计算机的多个 CPU 内核上。不过,随机森林需要更大的内存,训练和预测的速度也比线性模型要慢。对于一个应用来说,如果时间和内存很重要的话,那么换用线性模型可能更为明智。

随机森林需要调节的重要参数有 n_estimators 和 max_features,可能还包括预剪枝选项(如 max_depth)。n_estimators 总是越大越好。对更多的树取平均可以降低过拟合,从而得到鲁棒性更好的集成。不过收益是递减的,而且树越多需要的内存也越多,训练时间也越长。常用的经验法则就是"在你的时间内存允许的情况下尽量多"。前面说过,max_features 决定每棵树的随机性大小,较小的 max_features 可以降低过拟合。一般来说,好的经验就是使用默认值:对于分类,默认值是 max_features = sqrt(n_features);对于回归,默认值是 max_features = n_features。增大 max_features 或 max_leaf_nodes 有时也可以提高性能,还可以大大降低用于训练和预测的时间和空间要求。

习 题

1.假设有一项工程,施工管理人员需要决定下月是否开工。如果开工后天气好,则可为国家创收 4 万元,若开工后天气不好,将给国家造成损失 1 万元,不开工则损失 1000 元。根据过去的统计资料,下月天气好的概率是 0.3,天气不好的概率是 0.7,请作出决策。现采用决策树的方法进行决策。

2.对 iris 数据集使用 PCA 降维,目的是把现有的 4 维数据减到 3 维,这样处理可以减少数据维度,保留各数据的主要特征。要求是使用 PCA 构造函数,用 n_components 参数指定鸢尾花的维度为 3。

3.使用 SVM 对 iris 数据集进行分类,并评价。

4.构建基于 wine 数据集的 K-Means 聚类模型。wine 数据集的葡萄酒总共分为 3 种,通过将 wine 数据集的数据进行聚类,聚集为 3 个簇,能够实现葡萄酒的类别划分。

5.构建基于 wine_quality 数据集的回归模型。wine_quality 数据集的葡萄酒评分为 1~10,构建线性回归模型与梯度提升回归模型,训练 wine_qualitu 数据集的训练集数据,训练完成后预测测试集的葡萄酒评分。结合真实评分,可评价构建的两个回归模型的好坏。

14

基于机器学习方法的中小微企业信贷决策

随着我国经济的繁荣发展,中小微企业逐渐成为经济发展的重要组成部分。银行作为以风险为经营商品的特殊行业,其信贷决策对风险的防范与把控都与之息息相关,银行信贷人员的决策过程关系到以后银行信贷资产是否能够安全回收,只有更全面的去考核借款企业的各项指标,包含财务报表指标、财务非报表指标、非财务因素及信用因素等,才能对信贷资产的安全性做出风险衡量和评级。在中小企业正成为银行业发展新机遇的同时,我国商业银行对中小企业的评价水平和效率仍处于较低水平,还没有形成一套完整的、健全的评价体系,如何提高信贷效率,有效控制中小微企业的信贷风险已逐渐成为我国商业银行当前亟待解决的问题。

14.1 问题的提出

某商业银行拟对中小微企业信贷决策问题展开研究。银行收集了 123 家有信贷记录企业的相关数据、302 家无信贷记录企业的相关数据和贷款利率与客户流失率之间关系的 2019 年统计数据,分别记为附件 1、附件 2 和附件 3,利用这些数据,拟完成以下 3 个问题:

①对附件 1 中 123 家企业的信贷风险进行量化分析,给出该银行在年度信贷总额固定时对这些企业的信贷策略。

②在问题 1 的基础上,对附件 2 中 302 家企业的信贷风险进行量化分析,并给出该银行在年度信贷总额为 1 亿元时对这些企业的信贷策略。

③企业的生产经营和经济效益可能会受到一些突发因素的影响,而且突发因素往往对不同行业、不同类别的企业会有不同的影响。综合考虑附件 2 中各企业的信贷风险和可能的突发因素(如新冠肺炎疫情)对各企业的影响,给出该银行在年度信贷总额为 1 亿元时的信贷调整策略。

上述问题来自 2020 年全国大学生数学建模竞赛 C 题,这里主要对第一个问题的求解进行说明。

在经济学中,信贷风险包括财务风险和非财务风险,下列将从这两个方面考虑并定义信贷风险的影响因子,比如年平均进项金额、年平均销项金额、现金流、成本利润率、净收利润率、进项有效发票个数和进项有效发票金额等。根据附件 3 的信息可知,信贷策略包括针对不同企业的信贷额度和信贷的年利率,而不同的年利率和企业信誉评级会对客户流失率造成不同影响,使用年利率和信誉评级的多项式拟合模型,给出年利率和信誉评级的函数关系。

14.1.1　问题 1 的分析

问题 1 首先要求我们依据一般商业银行对中小微企业的信贷风险综合评价指标体系,从企业以往发票流水和信贷记录提取相应特征,建立评估信贷风险模型,计算出每一个企业的风险值并验证其有效性。在进行风险评估的基础上,对信贷风险较小的企业给予利润优惠,又在年利率和客户流失率之间做平衡,以银行收益最大为目标求解最优的信贷策略。

14.1.2　问题 2 的分析

问题 2 要求我们在信息不全的情况下再次给出信贷策略,即在问题 1 的基础上,对没有信誉评级和违约记录的中小微企业,将附录 1 中的 123 个有信誉记录的企业作为样本,先通过随机森林模型给出企业信誉评级,再根据问题 1 的信贷风险模型,算出每一个企业的风险值。最后求解银行在年度信贷总额为 1 亿元时的收益最大情况下的信贷策略。

14.1.3　问题 3 的分析

问题 3 要求在特殊情形下,考虑特殊特性对不同类别下的企业的影响,调整该银行在年度信贷总额为 1 亿元时的信贷策略。我们将特殊情形下不同类别企业受到的影响情况,抽象成一个范围在 $[0,+\infty]$ 的变量,作为引起风险变化的因素。然后使用自然语言处理,将附录 2 中的企业划分到不同的行业归属下,计算该企业受影响程度的数值,重新给出策略。

14.2　数据预处理

在求解问题前,需要对已知的数据进行提炼与处理。因此首先查找文献资料,了解影响企业型客户信贷风险的指标有哪些。

14.2.1　一般商业银行企业型客户信贷风险指标体系

根据参考文献[13]可知,通常商业银行信贷风险预警指标体系,如图 14.1 所示。

由图 14.1 可以看出,一般的商业银行企业型客户指标体系相当程度上依赖企业客户的基本信息,如管理层信息、经营管理信息、银企关系信息、负债信息等。因为本题的数据只有部分财务信息,没有企业的基本信息,所以需要重新提取可用的指标。

14.2.2　信贷风险特征提取

根据一般商业银行企业型客户信贷风险指标体系以及附件所给出的数据,提取了如下的特征,从上述方面提供了如下指标作为信贷风险的特征。

①收入金额 x_1(年平均,单位万元):该指标可反映该企业的实力和还款能力,收入越大,则企业的实力越强,风险越小;反之,风险越大。

②支出金额 x_2(年平均,单位万元):该指标也可以反映企业的实力,企业的支出金额越

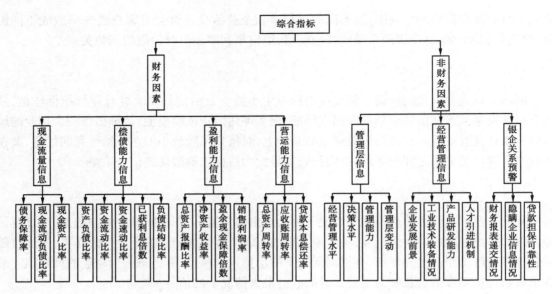

图 14.1　一般商业银行企业型客户信贷风险指标体系

大，消费能力就越大。当贷款额度远大于该企业的正常支出时，风险较大；反之，风险较小。

③现金流 x_3（年平均，单位万元）：x_1+x_2 该指标也可以反映企业的实力，企业的现金流越大，说明企业的业务能力越强，资产越大，风险相对来说就越低。

④供货商个数 x_4（年平均，单位个数）：该指标用于了解企业货源的稳定性，当供应商个数极少时，供应链易断裂，风险越大；反之，风险较小。

⑤销售客户个数 x_5（年平均，单位个数）：该指标从下游客户的分散性来反映该企业在市场占有地位，市场占有地位越大，其风险越小；反之，风险越大。

⑥销售客户平均交易金额 x_6（年平均，单位万元）：该指标从对下游客户的价格谈判能力来反映该企业在市场占有地位越大，其风险越小；反之，风险越大。

⑦成本利润率 x_7（年平均）：该指标反映一定时期利润水平的相对指标，比率越高，意味着企业有较强能力获得更多的利润，其风险越小；反之，风险越大。

⑧销售净利率 x_9（年平均）：该指标体现企业综合营业能力，比率越高，意味着企业有较强能力获得更多的利润，其风险越小；反之，风险越大。

⑨进项有效交易次数 x_{10}（年平均，单位次数）：该指标体现企业的进项正常交易活动情况，其次数越高，则说明企业业务的销售情况越好，风险越小；反之，风险越大。

⑩进项有效交易次数占比 x_{11}（年平均，单位万元）：该指标用于反映企业货源决策情况，有效占比越大，决策能力越强，其风险越小；反之，风险越大。

⑪进项有效发票金额 x_{12}（年平均，单位次数）：该指标和 x_1 类似，可反映该企业的实力和还款能力，收入越大，则企业的实力越强，风险越小；反之，风险越大。

⑫销项有效交易次数 x_{13}（年平均，单位万元）：该指标体现企业的进项正常交易活动，其次数越高，正面说明企业业务的销售情况越好，其风险越小；反之，风险越大。

⑬销项有效交易次数占比 x_{14}（年平均，单位万元）：该指标用于反映企业产品接受情况，有效占比越大，产品越容易被接受，其风险越小；反之，风险越大。

⑭销项有效发票金额 x_{15}（年平均，单位万元）：该指标用于反映企业产品接受情况，有效占

比越大,产品越容易被接受,其风险越小;反之,风险越大。

⑮信誉评级 x_{16}:银行根据以往信贷记录和其固定的信用评级指标,评级越高,风险越小;反之,风险越大。

数据预处理、变量的提取是建模的前提,下面将详细介绍变量处理的过程。

1)读取数据,了解原始数据结构

读取附件 1 中的数据,对原始数据的结构、原始的变量进行深入了解。读取数据代码如下。

```
import pandas as pd
import numpy as np
cp_raw = pd.read_excel(r'附件 1:123 家有信贷记录企业的相关数据.xlsx', sheet_name =
'企业信息')
in_raw = pd.read_excel(r'附件 1:123 家有信贷记录企业的相关数据.xlsx', sheet_name =
'进项发票信息')
out_raw = pd.read_excel(r'附件 1:123 家有信贷记录企业的相关数据.xlsx', sheet_name =
'销项发票信息')
```

通过上述语句,可以读取到 3 个相互关联的表格,分别表示 123 家企业的名称、信誉信息、进项发票信息和销项发票信息,从这些信息中就能提取出相应的财务指标。读取出的数据结构如图 14.2 至图 14.4 所示。

原始数据大约有 720000 条记录,3 个表格之间可以用企业名称或者企业编号进行关联,而且数据之间有可能有重复、无效的数据,因此,需要进行细致的预处理。

图 14.2　123 家有信贷记录企业的名称、信誉及违约信息

in_raw - DataFrame

索引	企业代号	发票号码	开票日期	销方单位代号	金额	税额	价税合计	发票状态
0	E124	18891676	2017-09-01 00:00:00	C00014	338.46	57.54	396	有效发票
1	E124	18691267	2017-09-01 00:00:00	C00480	230.1	6.9	237	有效发票
2	E124	12995412	2017-09-01 00:00:00	C23675	223.3	6.7	230	有效发票
3	E124	6378193	2017-09-01 11:11:03	C00333	90090.1	9909.91	100000	有效发票
4	E124	6378194	2017-09-01 11:12:01	C00333	90090.1	9909.91	100000	有效发票
5	E124	6378195	2017-09-01 11:12:51	C00333	90090.1	9909.91	100000	有效发票
6	E124	6378196	2017-09-01 11:13:53	C00333	59333.3	6526.67	65860	有效发票
7	E124	6038114	2017-09-01 12:24:33	C00332	92347.8	10158.2	102506	有效发票
8	E124	6038115	2017-09-01 12:26:00	C00332	92347.8	10158.2	102506	有效发票
9	E124	6038116	2017-09-01 12:30:27	C00332	-92347.8	-10158.2	-102506	有效发票
10	E124	9870614	2017-09-01 17:23:23	C01201	-34188	-5811.97	-40000	有效发票
11	E124	7300693	2017-09-01 20:58:30	C01426	499.03	14.97	514	有效发票

格式设置　大小调整　□ 背景颜色　□ 列宽最小/最大化　保存并关闭　关闭

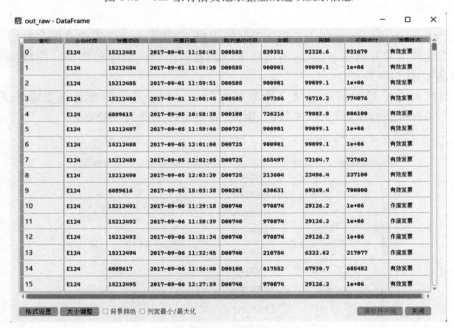

图 14.3　123 家有信贷记录企业的进项发票信息

out_raw - DataFrame

索引	企业代号	发票号码	开票日期	购方单位代号	金额	税额	价税合计	发票状态
0	E124	15212483	2017-09-01 11:58:43	D00585	839351	92328.6	931679	有效发票
1	E124	15212484	2017-09-01 11:59:20	D00585	900901	99099.1	1e+06	有效发票
2	E124	15212485	2017-09-01 11:59:51	D00585	900901	99099.1	1e+06	有效发票
3	E124	15212486	2017-09-01 12:00:45	D00585	697366	76710.2	774076	有效发票
4	E124	6089615	2017-09-05 10:58:38	D00108	726216	79883.8	806100	有效发票
5	E124	15212487	2017-09-05 11:59:46	D00725	900901	99099.1	1e+06	有效发票
6	E124	15212488	2017-09-05 12:01:00	D00725	900901	99099.1	1e+06	有效发票
7	E124	15212489	2017-09-05 12:02:05	D00725	655497	72104.7	727602	有效发票
8	E124	15212490	2017-09-05 12:03:20	D00725	213604	23496.4	237100	有效发票
9	E124	6089616	2017-09-05 15:03:38	D00201	630631	69369.4	700000	有效发票
10	E124	15212491	2017-09-06 11:29:18	D00740	970874	29126.2	1e+06	作废发票
11	E124	15212492	2017-09-06 11:30:39	D00740	970874	29126.2	1e+06	作废发票
12	E124	15212493	2017-09-06 11:31:34	D00740	970874	29126.2	1e+06	作废发票
13	E124	15212494	2017-09-06 11:32:45	D00740	210754	6322.62	217077	作废发票
14	E124	6089617	2017-09-06 11:56:40	D00108	617552	67930.7	685482	有效发票
15	E124	15212495	2017-09-06 12:27:59	D00740	970874	29126.2	1e+06	有效发票

格式设置　大小调整　□ 背景颜色　□ 列宽最小/最大化　保存并关闭　关闭

图 14.4　123 家有信贷记录企业的销项发票信息

2)数据预处理

原始数据中绝大部分的数据都是发票数据,经过初步分析,发现这些数据中存在重复数据,因此先对数据进行去重。

```
out_df = out_raw.copy() # 将原始销项数据集另存为新的数据集
in_df = in_raw.copy() # 将原始进项数据集另存为新的数据集
print(out_df.shape)
print(in_df.shape)
out_df.drop_duplicates(subset=['发票号码'], keep='first', inplace=True)
```

```
in_df.drop_duplicates(subset =['发票号码'], keep='first', inplace=True)
print('原始销项发票数:', in_raw.shape[0], ',',' 去重后销项发票数:', in_df.shape[0] )
print('原始进项发票数:', out_raw.shape[0], ',',' 去重后进项发票数:', out_df.shape[0] )
```

执行结果：

```
(330835, 8)
(395175, 8)
原始销项发票数：395175, 去重后销项发票数：365808
原始进项发票数：330835, 去重后进项发票数：320670
```

　　从执行结果来看，发票数据中存在大量的重复记录，尤其是销项数据中，有近 30000 条重复记录被删除。上述代码中有 copy 和 pd.drop_duplicates 两个关键的函数。copy 函数表示对数据进行复制，pd.drop_duplicates 函数表示对重复数据进行删除。

　　在去除重复数据后，还需要对缺失值进行判断和处理。下列代码给出了缺失值判断方法。

```
for i in range(in_df.shape[1]):
print(any(in_raw.iloc[:,i].isnull()))
for i in range(out_df.shape[1]):
print(any(out_raw.iloc[:,i].isnull()))
for i in range(cp_raw.shape[1]):
print(any(cp_raw.iloc[:,i].isnull()))
```

　　上述程序字段的执行结果都是“False”，表明数据中都不存在缺失值，不需要进行处理。

3）变量的提取

　　前文中给出了需要提取的变量清单，下面详细介绍变量的提取过程。首先设置好提取变量存储的数据框，设置两个列表 cps_in 和 cps_out，用来存储每个企业的相关数据。

```
res = pd.DataFrame()      #所有的指标都将被存储在 res 数据框中
cpids = cp_raw['企业代号']; res['企业代号'] = cpids
#因为需要单独统计每个公司的数据,所以需要按照公司对数据进行分割
cps_in = list()
cps_out = list()
for cp in cpids:
cps_in.append(in_df[in_df['企业代号'] == cp])
cps_out.append(out_df[out_df['企业代号'] == cp])
#得到按公司分割后的数据集,列表的每一个元素都是一个数据框,代表一个公司的数据集
```

　　从上述代码可知，每个企业分别将统计和计算的数据存储在两个列表 cps_in 和 cps_out 中，列表元素为数据框，最终提取的变量将被存储在数据框 res 中。下面是具体的变量计算、提取的过程。

```
#% %  获取企业年平均收入与支出金额
def get_average_money(e): #定义计算年平均支出金额的函数
e = e.values              # 提取数据框中的数据进行处理
begin = e[0][2]           #进项和销项数据的第 2 列都是开票时间,可以提取日期
end = e[len(e)-1][2]
```

```
offset = (end-begin).days          # 天数
if offset == 0:              # 如果只有一条记录,就算成 1 天
offset = 1
sum_money = np.sum(np.abs(e.T[4])) # 总金额
# 有些发票的金额是负数,因此取绝对值
try:
average_out = sum_money / offset * 365 # 假设公司开具发票是均衡的
except Exception as ex:
print(e[0])
return average_out
average_in_money_list = list()
average_out_money_list = list()
for e1, e2 in zip(cps_in, cps_out):
average_in_money_list.append(get_average_money(e1))
average_out_money_list.append(get_average_money(e2))
res['年平均进项金额'] = average_in_money_list# 收入 x1
res['年平均销项金额'] = average_out_money_list# 支出 x2
# 获取现金流,收入和支出之和,用来估计现金流
cash_stream = np.array(average_in_money_list) + np.array(average_out_money_
list)
res['现金流'] = cash_stream
```

上述代码用定义函数的方式获取了每个企业的年平均收入和支出金额,然后调用函数,提取出了"年平均进项金额""年平均销项金额""年平均现金流"3 个变量。下列代码用类似的方法提取变量"年成本利润率"。

```
#% %   年成本利润率收入减支出为利润,提取年成本利润率
def get_year_cost_rate(e_in, e_out):
e_in = e_in.values
e_out = e_out.values
in_money = np.sum(np.abs(e_in.T[4]))
out_money = np.sum(np.abs(e_out.T[4]))
if in_money == 0:
return 1
return (out_money - in_money) / in_money
# 年净收利润率和成本利润率相对,分母是支出
def get_year_earn_rate(e_in, e_out):
e_in = e_in.values
e_out = e_out.values
in_money = np.sum(np.abs(e_in.T[4]))
out_money = np.sum(np.abs(e_out.T[4]))
if out_money == 0:
return 0
return (out_money - in_money) / out_money
```

```
cost_list = list()
earn_list = list()
for e_in, e_out in zip(cps_in, cps_out):
cost_list.append(get_year_cost_rate(e_in, e_out))
earn_list.append(get_year_earn_rate(e_in, e_out))
res['成本利润率'] = cost_list
res['净收利润率'] = earn_list
```

分析发票数据的具体属性,发现有些发票是有效的,有些发票是无效的,无效的信息显然不能作为分析与建模的依据,因此对这类数据进行处理,如下列代码所示。

```
#% %有效发票相关数据的提取
def get_valid_tickets(e):
e = e.values
tickets_info = e.T[7]
money = e.T[4]
cnt = 0
cnt_money = 0
for index, item in enumerate(tickets_info):
if item == '有效发票':
cnt += 1
cnt_money += money[index]
rate = cnt/len(tickets_info)
return cnt, rate, cnt_money
cnt_list_in = list()
cnt_list_out = list()
cnt_money_in = list()
cnt_money_out = list()
rate_in = list()
rate_out = list()
for e_in, e_out in zip(cps_in, cps_out):
c, r, m = get_valid_tickets(e_in)
cnt_list_in.append(c)
cnt_money_in.append(m)
rate_in.append(r)
c, r, m = get_valid_tickets(e_out)
cnt_list_out.append(c)
cnt_money_out.append(m)
rate_out.append(r)
res['进项有效发票个数'] = cnt_list_in
res['进项有效发票个数'] = cnt_money_in
res['进项有效发票个数'] = rate_in
res['销项有效发票个数'] = cnt_list_out
```

```
res['销项有效发票金额'] = cnt_money_out
res['销项有效发票占比'] = rate_out
```

上述代码提取了"进项有效发票个数""进项有效发票个数""进项有效发票个数""销项有效发票个数""销项有效发票金额""销项有效发票占比"6 个变量。交易商的相关数据也能提供重要的信息,因此可以提取相关的变量,如下列代码所示。

```
#% %提取交易商的信息
def get_exchange_info(e):
e = e.values
money = np.sum(e.T[4])
hs = len(set(e.T[3]))
if hs == 0:
return 0
return money / hs, hs
hs_in_list = list()
hs_in_average_list = list()
hs_out_list = list()
hs_out_average_list = list()
for e_in, e_out in zip(cps_in, cps_out):
ave, s = get_exchange_info(e_in)
hs_in_list.append(s)
hs_in_average_list.append(ave)
ave, s = get_exchange_info(e_out)
hs_out_list.append(s)
hs_out_average_list.append(ave)
res['进项交易商个数'] = hs_in_list
res['进项交易商个数'] = hs_in_average_list
res['销项交易商个数'] = hs_out_list
res['销项平均交易商金额'] = hs_out_average_list
```

上述代码提取了"进项交易商个数""进项交易商个数""销项交易商个数""销项平均交易商金额"4 个变量。此外,企业成立的时间信息也是关键信息,下列代码提取了企业的年限信息。

```
#% %获取企业年限数据
def get_years_number(e):
e = e.values
begin = e[0][2]
end = e[len(e)-1][2]
offset = (end-begin).days # 天数
if offset == 0:
return 0
return np.ceil(offset / 365)
years_number = list()
```

```
for e_in, e_out in zip(cps_in, cps_out):
n1 = get_years_number(e_in)
n2 = get_years_number(e_out)
years_number.append(n1 if n1 > n2 else n2)
res['年限'] = years_number
```

至此,所有的变量都已经提取出来了,将所有的变量存储进数据框“res”,如下列代码所示。

```
#% %数据保存
print(res.head(10))
writer = pd.ExcelWriter('data_1.xlsx')
res.to_excel(writer, sheet_name='data')
writer.save()
```

将数据框“res”存储进 Excel 表格“data_1.xlsx”。数据框“res”中给出了所有的变量数据,如图 14.5 所示。

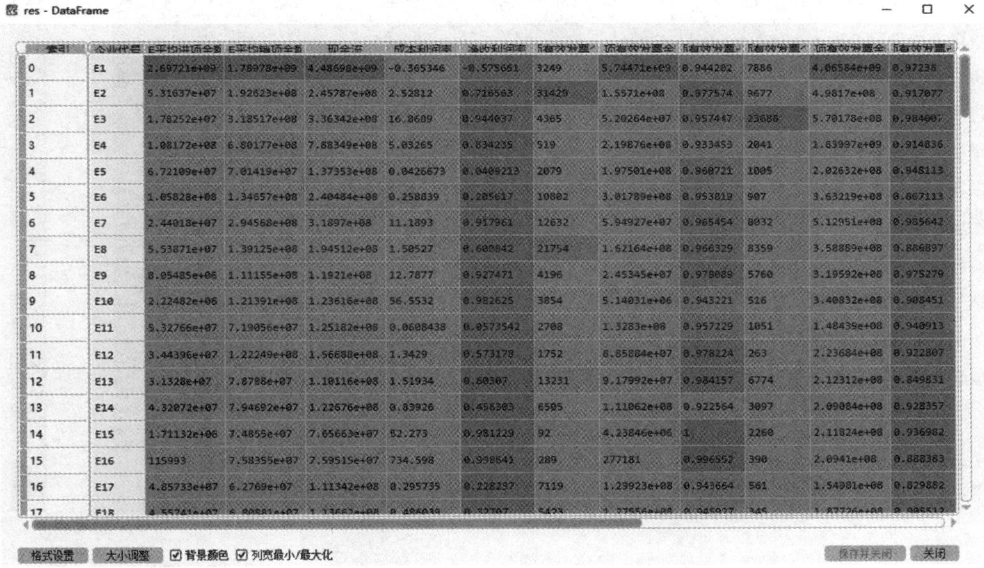

索引	企业代号	E平均进项金额	E平均销项金额	现金流	成本利润率	净的利润率	E有效发票/	顶有效发票金	E有效发票/	E有效发票/	顶有效发票金	E有效发票/
0	E1	2.69721e+09	1.78978e+09	4.48698e+09	-0.365346	-0.575661	3249	5.74471e+09	0.944202	7886	4.06584e+09	0.97238
1	E2	5.31637e+07	1.92623e+08	2.45787e+08	2.52812	0.716563	31429	1.5571e+08	0.977574	9677	4.9817e+08	0.917077
2	E3	1.78252e+07	3.18517e+08	3.36342e+08	16.8689	0.944037	4365	5.20264e+07	0.957447	23688	5.70178e+08	0.984007
3	E4	1.08172e+08	6.80177e+08	7.88349e+08	5.03265	0.834235	519	2.19876e+06	0.933453	2041	1.83997e+09	0.914836
4	E5	6.72109e+07	7.01419e+07	1.37353e+08	0.0426673	0.0409213	2079	1.97501e+08	0.960721	1005	2.02632e+08	0.948113
5	E6	1.05828e+08	1.34657e+08	2.40484e+08	0.258839	0.205617	10802	3.01789e+08	0.953819	907	3.63219e+08	0.867113
6	E7	2.44018e+07	2.94568e+08	3.1897e+08	11.1893	0.917961	12632	5.94927e+07	0.965454	8032	5.12951e+08	0.985642
7	E8	5.53871e+07	1.39125e+08	1.94512e+08	1.50527	0.600842	21754	1.62164e+08	0.966329	8359	3.58889e+08	0.886897
8	E9	8.05485e+06	1.11155e+08	1.1921e+08	12.7877	0.927471	4196	2.45345e+07	0.978089	5760	3.19592e+08	0.975279
9	E10	2.22482e+06	1.21391e+08	1.23616e+08	56.5532	0.982625	3854	5.14031e+06	0.943221	516	3.40832e+08	0.908451
10	E11	5.32766e+07	7.19056e+07	1.25182e+08	0.0608438	0.0573542	2708	1.3283e+08	0.957229	1051	1.48439e+08	0.940913
11	E12	3.44396e+07	1.22249e+08	1.56688e+08	1.3429	0.573178	1752	8.85884e+07	0.978224	263	2.23684e+08	0.922807
12	E13	3.1328e+07	7.8788e+07	1.10116e+08	1.51934	0.60307	13231	9.17992e+07	0.984157	6774	2.12312e+08	0.849831
13	E14	4.32072e+07	7.94692e+07	1.22676e+08	0.83926	0.456303	6505	1.11062e+08	0.922564	3097	2.09084e+08	0.928357
14	E15	1.71132e+06	7.4855e+07	7.65663e+07	52.273	0.981229	92	4.23846e+06	1	2260	2.11824e+08	0.936982
15	E16	115993	7.58355e+07	7.59515e+07	734.598	0.998641	289	277181	0.996552	390	2.0941e+08	0.888383
16	E17	4.85733e+07	6.2769e+07	1.11342e+08	0.295735	0.228237	7119	1.29923e+08	0.943664	561	1.54981e+08	0.829882

图 14.5　提取出的变量

14.3　问题 1 的求解

前文中已经对数据进行了预处理,并提取出了与信贷风险相关的变量,下面将对信贷风险特征的相关性进行分析,建立中小微企业信贷风险模型,最后给出最优的信贷策略。

14.3.1　信贷风险特征的相关性

上文中提取的特征之间的相关性需要进行讨论,相关性高的特征不应该同时出现在一个模型中。相关性分析最常用的方式是计算特征之间的相关系数。计算各个评价指标之间的相关系数，并将其绘成如热力图，颜色越亮（彩色颜色为越黄），表示相关性结果越高。从图 14.6 中可以看出年平均支出金额、年平均销项金额、现金流、进项有效交易金额、销项有效交易金额、进项平均交易金额之间的相关性较高，为了使评价指标体系简洁有效，选择删除现金流、供货商平均交易金额、供货商个数等相关系数较大的指标，避免了评价指标所反映的信息重复。

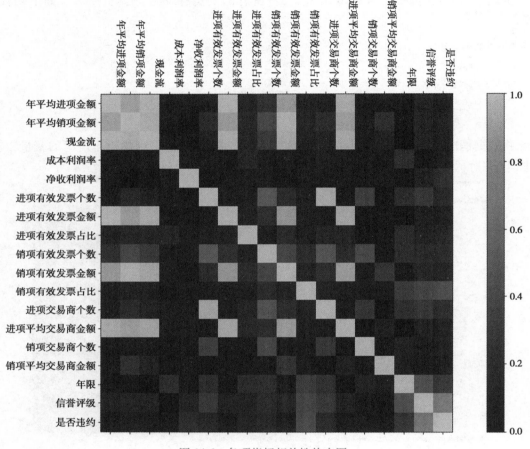

图 14.6　各项指标相关性热力图

14.3.2　中小微企业信贷风险 Logistic 回归模型

从银行信贷业务来说，银行在预期能收到本金和利息的情况下，由于受到各种不确定因素尤其是不利因素的影响而不能实现，这将导致银行在预定时间本金利息不能收回，这种损失发生的可能性就是所谓的银行信贷风险。而信贷风险是可以量化并预测的，信用风险度是用来衡量风险大小的标准。在放贷前，通过综合考量指标就能通过 Logistic 模型预测到该贷款按期回收的概率，且区间在(0,1)之间，其贷款风险越接近 1，表示该笔贷款风险较高，按期回收的可能性较低；反之，回收的可能性越高，相应的风险越低。接下来将以收入金额、支出金额、供应商个数、销售商个数、销售商平均交易金额、成本利润率、销售净利率、进项有效交易次数、进项有效交易次数占比、销项交易金额、销项有效交易次数占比、企业经营年限作为自变量建立信贷风险 Logistic 回归模型。

　　Logistic 回归模型属于非线性回归模型,可以对企业的各项指标等变量进行回归,预测出企业的违约概率,此时企业的违约概率为银行衡量借贷给企业的风险度,即企业的信贷风险值。

　　以 123 家中小微企业是否违约为因变量,以收入金额、支出金额、供应商个数、销售商个数、销售商平均交易金额、成本利润率、销售净利率、进项有效交易次数、进项有效交易次数占比、销项交易金额、销项有效交易次数占比、企业经营年限作为自变量建立信贷风险 Logistic 回归模型,具体代码如下所示。

```python
from sklearn.linear_model import LogisticRegression
from sklearn.preprocessing import StandardScaler
from sklearn.model_selection import train_test_split
import numpy as np
import pandas as pd
# 导入数据,对是否违约的信息进行初步处理
data_E = pd.read_excel(r'附件1:123 家有信贷记录企业的相关数据.xlsx',sheet_name='企业信息')
labels_true = np.array(data_E['是否违约']).tolist()
labels_rate = np.array(data_E['信誉评级']).tolist()
data = pd.read_excel('./data_1.xlsx') # 读取已经提取的变量
feature = np.delete(np.array(list(data)[2:]),[2,6,12], axis=0).tolist()
X = np.delete(np.array(data)[:,2:],[2,6,12], axis=1).tolist()
labels_true=str(labels_true)
labels_true=labels_true.replace('是','1')
labels_true=labels_true.replace('否','0')
y=eval(labels_true)
y=[int(i) for i in y]
y_pre=[int(i) for i in y]


for i in range(123):
  if labels_rate[i] ! = 'D':
    y_pre[i]=0
scaler = StandardScaler()
scaler.fit(X)
x = scaler.fit_transform(X)
model = LogisticRegression()
model.fit(x,y_pre)            # 训练模型
y_pro=model.predict_proba(x) # 预测
risk_score = y_pro[:,1]      # 预测得到的概率值就是风险值
predict = model.predict(x)
right = sum(predict == y)
weight = model.coef_.T
compare = np.hstack((predict.reshape(-1,1),np.array(y).reshape(-1,1)))
print('测试集准确率:% f% %'% (right * 100.0/compare.shape[0]))
```

训练得到逻辑回归模型的系数,见表 14.1。

表 14.1 Logistic 回归模型系数表

指标	系数值
收入金额	0.0956853
支出金额	−0.209157
供货商个数	−0.536159
销售商个数	−0.193165
销售商客户平均交易金额	−0.366552
成本利润率	−0.388476
净收利润率	−0.486928
进项有效交易次数	−0.554761
进项有效交易占比	0.154072
销项有效交易次数	−0.900682
销项交易金额	−0.213736
销项有效交易占比	−0.900682
企业经营年限	−0.250004

从表 14.1 中可以看出,所有的系数值都显著不为零,说明这些指标都是和企业信贷风险相关的变量。模型在训练集上的精确度为 87.80%,这说明模型的准确度尚可。将预测出的企业风险值和实际的信誉等级进行比对,见表 14.2。

表 14.2 部分企业风险预测结果

企业代号	风险值	信誉等级
E1	1.36E-34	A
E2	1.61E-38	A
E3	8.53E-17	C
E4	1.15E-09	C
E5	0.001101	B
E6	5.67E-12	A
E7	3.88E-19	A
⋮	⋮	⋮
E117	0.806839	D
E118	0.266986	D
E119	0.93732	D
E120	0.935091	D
E121	0.99743	D
E122	0.456111	D
E123	0.758894	D

从表 14.2 中可以看出，企业预测出的风险值和企业的信誉等级基本一致，风险值高的企业信誉等级比较低，风险值低的企业信誉等级比较高，这说明预测的结果也符合实际情况。模型结果的 ROC 曲线如图 14.7 所示（Logistic 回归模型的 RDC 曲线的代码略）。

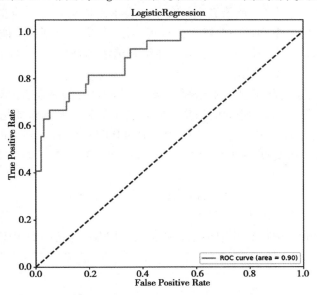

图 14.7　Logistics 回归模型的 ROC 曲线

14.3.3　银行信贷规划模型

银行信贷策略是指在一定年度信贷总额的限制条件下，如何根据不同企业的情况，给出不同的借贷方案，使银行获得利润最大值的投资安排。银行获得的利润与每家企业的风险值、年利率、信誉等级和贷款额度相关。银行最后的利润既要从收入方面考虑各企业的风险值、贷款额度大小、年利率与客户流失率的平衡，又要从损失方面考虑风险带来的违约损失。

首先根据银行放贷的一般原则，给出银行对中小微企业放贷的约定，具体如下：

①银行只对信誉等级为 A、B 和 C 的企业放款，对信誉等级为 D 的企业，不予放款。

②对信誉等级为 A、B、C 的企业，设 w_i 为贷款给第 i 家公司获得的利润，W 为银行获得的总利润：p_i, r_i, c_i, x_i 分别为第 i 家企业的风险值、年利率、客户流失率、可分配的银行贷款金额，$i = 1, 2, \cdots, n, n$ 表示中小微企业数量。

根据上述约定，一般银行信贷规划模型可以表述如下。

$$\max W = \sum_{i=1}^{n} x_i r_i (1 - p_i)(1 - c_i)$$

$$\text{s.t.} \begin{cases} \sum_{i=1}^{n} x_i \leq M \\ 0.04 \leq r_i \leq 0.15 \\ 0 \leq p_i \leq 1 \\ 0 \leq c_i \leq 1 \\ x_i \geq 0 \end{cases} \tag{14.1}$$

式(14.1)中,目标函数 W 表示银行借贷的利润总和;第一个约束条件表示放贷总和不能超过银行总的贷款额度,W 表示银行总的贷款额度;第二个约束条件表示银行给每个中小微企业的贷款利率为 $0.04 \sim 0.15$;第三个约束条件表示借贷企业的风险值为 $0 \sim 1$;第四个约束条件表示企业客户的流失率为 $0 \sim 1$;第五个约束条件表示借贷企业的金额非负。

式(14.1)中所给出的模型是一般银行信贷规划模型,这个模型还不能直接求解,因为模型中的企业贷款利率和企业客户流失率 r_i 与 c_i 还没有确定,需要作进一步的讨论。

1) 企业贷款利率和信贷风险的关系

一般来说,银行会优先将资金借贷给财务状况、信誉良好的企业,如增加放贷金额,或者在同等条件下降低利率等。因此,企业的信贷风险是确定贷款利率的重要指标。基于此,将利率看作企业信贷风险值的函数,因企业贷款利率范围为 $0.04 \sim 0.15$,且利率的变化应该是两端变化平稳,中间变化迅速,因此采用正弦函数 $y = a\,\sin(bx + c) + d$ 进行近似拟合,拟合函数表达式为:

$$r_i = 0.055\big[\sin(\pi(p_i - 0.5)) + 1\big] + 0.04 \tag{14.2}$$

式(14.2)的拟合效果如图 14.8 所示。

根据式(14.2)和前文中得到的中小微企业信贷风险值,就能得到相应的贷款利率。

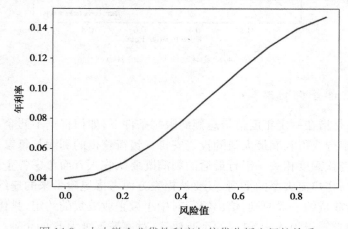

图 14.8　中小微企业贷款利率与信贷分析之间的关系

2) 企业客户流失率和贷款利率的关系

附录 3 给出了不同贷款年利率与不同信誉评级下对不同企业客户流失率的数据,企业客户的流失率和企业的贷款利率是高度相关的。银行所给的贷款利率越高,企业的还贷负担就越重,企业客户为了追求利率比较低的贷款,可能会向其他资质一般、利率较低的银行贷款,从而导致企业客户的流失。结合企业客户的流失率数据和企业客户的贷款利率,图 14.9 中给出了几类不同信誉客户的贷款利率和流失率之间的散点图。

从图 14.9 中可以看出,企业客户的流失率随着企业贷款利率的增加逐渐增大,呈现出明显的非线性增长的趋势,而且不同信誉等级企业的流失率变化趋势基本相同。因此,在图 14.9 中也给出了平均的流失率变化趋势(右下方图)。最后利用多项式拟合的方法,得到了企业的流失率随着企业贷款利率变化的曲线方程,其表达式为:

$$c_i = -0.64 + 19.59 r_i - 69.44 r^2 \tag{14.3}$$

相关系数的检验即拟合优度检验,是检验回归方程对样本观测的拟合程度,用相关系数 2

这一指标来判定所有自变量和因变量之间的线性相关程度。R^2 的取值范围是 $[0,1]$，R^2 的值越接近 1，说明回归方程的拟合程度越好，越接近 0，说明拟合程度越差。图 14.9 中的 R^2 值分别为 0.993、0.994、0.995，都接近 1，说明拟合情况较好。

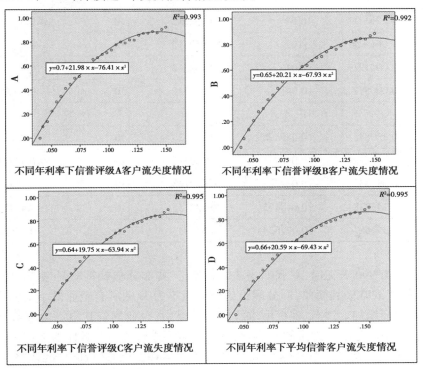

图 14.9　中小微企业贷款利率与信贷分析之间的关系

3) 中小微企业银行信贷规划模型

综合考虑上述目标函数和约束条件，可以得到银行利润最大化的线性规划模型为：

$$\max\ W = \sum_{i=1}^{n} x_i r_i (1 - p_i)(1 - c_i)$$

$$\text{s.t.} \begin{cases} \sum_{i=1}^{n} x_i \leqslant 10000 \\ 0.04 \leqslant r_i = 0.055\left[\sin(\pi(p_i - 0.5)) + 1\right] + 0.04 \\ c_i = -0.64 + 19.59 r_i - 69.44 r^2 \\ 0 \leqslant p_i \leqslant 1 \\ 0 \leqslant x_i \leqslant 100 - 90 p_i \end{cases} \tag{14.4}$$

式 (14.4) 中，第一个约束条件是由于给定银行的贷款总额度为 1 亿元；第二个约束条件是根据利率和企业信贷风险之间的关系，限制企业的贷款利率上限；第三个约束条件是根据贷款利率，给出企业客户的流失率；第四个约束条件是限定企业的贷款额度。于是，上面的问题就可以求解。求解需要用到 Python 的优化函数，因为本节没有介绍，因此没有给出相应的代码。求解得到银行的信贷决策的部分结果见表 14.3。

4）中小微企业银行信贷规划模型结果分析

表 14.3　银行贷款总额设定为 990 万元时的信贷决策方案

企业代号	风险值	年利率	客户流失率	贷款金额	利润
E1	1.47E-05	0.04	0.052512	10	0.4
E2	1.96E-06	0.04	0.052512	10	0.4
E3	0.000191	0.04	0.052512	10	0.4
E4	0.000877	0.04	0.052515	10	0.400002
⋮	⋮	⋮	⋮	⋮	⋮
E98	0.189845	0.049496	0.189023	10	0.494955
E104	0.159252	0.046741	0.150712	10	0.46741
E105	0.081338	0.041786	0.079143	10	0.417859
E106	0.143238	0.045475	0.132755	10	0.454753
E110	0.397687	0.077624	0.519933	10	0.776244

当总额设定为 990 万元时，总利润为 23.39 万元，其部分贷款策略见表 14.3，可知在贷款总额极小时，信贷策略极其简单，即分配给信誉等级不为 D 的所有企业最小贷款额度，年利率随着风险值增加而增加。注意，在模型求解出的结果中，企业的贷款金额为实数，但是银行贷款的金额至少为 10 万元，因此求解出贷款金额后，需要进行调整。具体如下：若求解贷款金额 $x_i<5$，则令 $x_i=0$；若求解的贷款金额 $5\leqslant x_i<10$，则令 $x_i=10$，下面进行同样的调整。

表 14.4　银行贷款总额设定为 2700 万元时的信贷决策方案

企业代号	风险值	年利率	客户流失率	贷款金额	利润
E1	1.47345E-05	0.042501584	0.089690328	99.99864593	4.250100846
E2	1.96007E-06	0.042500211	0.089670157	99.99979565	4.250012386
E3	0.000190881	0.04252052	0.089968436	99.98279242	4.251320295
E4	0.000877451	0.042594326	0.091051947	99.9209998	4.256067637
⋮	⋮	⋮	⋮	⋮	⋮
E104	0.159252	0.059547319	0.319888634	10.000002	0.595473314
E105	0.0813381	0.051234208	0.21266247	10.00000401	0.512342281
E106	0.143238	0.057845485	0.298718803	10.00000218	0.578454975
E110	0.397687	0.084133341	0.580850851	10.00000128	0.841333513

表 14.4 中给出了当总额设定为 2700 万元时的决策方法，总利润为 82.5 万元。可知在 [990,2700] 的贷款总额区间内，增加贷款额度，利润的增长极快，信贷额度分配策略也更加多样化，在考虑风险值的情况下仍然不常考虑将大额资金借给风险值相对较高的企业。

表 14.5 银行贷款总额设定为 5600 万元时的信贷决策方案

企业代号	风险值	年利率	客户流失率	贷款金额	利润
E1	1.47345E-05	0.042501584	0.089690328	99.99867376	4.250102028
E2	1.96007E-06	0.042500211	0.089670157	99.99982345	4.250013568
E3	0.000190881	0.04252052	0.089968436	99.98282057	4.251321492
E4	0.000877451	0.042594326	0.091051947	99.92102927	4.256068892
⋮	⋮	⋮	⋮	⋮	⋮
E104	0.159252	0.059547319	0.319888634	10.00000017	0.595473205
E105	0.0813381	0.051234208	0.21266247	89.51288852	4.586121909
E106	0.143238	0.057845485	0.298718803	10.00000021	0.578454861
E110	0.397687	0.084133341	0.580850851	10.00000005	0.84133341

表 14.5 中给出了当总额设定为 5600 万元时的决策方法,总利润为 161.91 万元,此时的贷款规模较大,信贷策略可以选择借贷大额资金给部分风险相对较高的企业以此获得大额利润,因此贷款总额在 5600 万元左右时,利润的增长速度也很快。

表 14.6 银行贷款总额设定为 7200 万元时的信贷决策方案

企业代号	风险值	年利率	客户流失率	贷款金额	利润
E1	1.47345E-05	0.042501584	0.089690328	99.99867388	4.250102034
E2	1.96007E-06	0.042500211	0.089670157	99.99982358	4.250013573
E3	0.000190881	0.04252052	0.089968436	99.9828207	4.251321498
⋮	⋮	⋮	⋮	⋮	⋮
E104	0.159252	0.059547319	0.319888634	10.00000003	0.595473197
E105	0.0813381	0.051234208	0.21266247	92.67957096	4.748364375
E106	0.143238	0.057845485	0.298718803	10.00000005	0.578454852
E110	0.397687	0.084133341	0.580850851	10.00000001	0.841333406

表 14.6 中给出了当总额设定为 7200 万元时的决策方法,总利润为 188.84 万元,此时的贷款规模足以支持银行给风险较高的企业借贷大额资金,但获得的利润空间有限,利润的增长速度减缓。

表 14.7 银行贷款总额设定为 9900 万元时的信贷决策方案

企业代号	风险值	年利率	客户流失率	贷款金额	利润
E1	1.47345E-05	0.042501584	0.089690328	99.99867388	4.250102034
E2	1.96007E-06	0.042500211	0.089670157	99.99982358	4.250013573
E3	0.000190881	0.04252052	0.089968436	99.9828207	4.251321498

续表

企业代号	风险值	年利率	客户流失率	贷款金额	利润
E4	0.000877451	0.042594326	0.091051947	99.9210294	4.256068897
⋮	⋮	⋮	⋮	⋮	⋮
E104	0.159252	0.059547319	0.319888634	85.66731998	5.101259272
E105	0.0813381	0.051234208	0.21266247	92.67957099	4.748364376
E106	0.143238	0.057845485	0.298718803	87.10857999	5.03883805
E110	0.397687	0.084133341	0.580850851	10.00000003	0.841333408

表 14.7 中给出了当总额设定为 9900 万元时的决策方法,总利润为 199.61 万元,此时的贷款利润值最大,但几乎挖掘了可获得利润的所有潜力,利润不再因为贷款额度的增加而大量增加。将上述表格给出的结果画图展示,如图 14.10 所示。

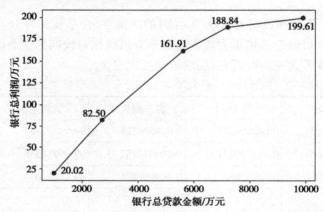

图 14.10　银行不同贷款总额下的最大利润值

图 14.10 表明,当银行的信贷总额在 [990, 2700](单位:万元)内时,银行的总收益呈现快速上升的趋势,此时有最大的收益比 0.036,但贷款规模较小,收益在 [20.02, 82.5](单位:万元)内;当银行信贷总额在 10000 万元时,银行的利润值最大,为 199.61 万元,但此时的收益比较小,为 0.0072。当银行贷款总额在 5600 万元时,银行在收益比、收益值与贷款规模之间达到较好的平衡,此时收益比为 0.030,收益值为 161.91 万元。更多相关方法或者算法见参考文献 [14—17]。

习　题

1.假设 12 个销售价格记录已经排序:5、10、11、13、15、35、50、55、72、92、204、215。使用等宽法对其进行离散化处理。

2.自定义一个能够自动实现数据去重、缺失值中位数填补的函数。

3.读取 mtcars 数据集并查看 mtcars 数据集的纬度、大小等信息。

4.读取 mtcars 数据集并使用 describe 方法对整个 mtcars 数据集进行描述性统计。

5.读取 mtcars 数据集并计算不同 cyl（气缸数）、carb（化油器）对应的 mpg（油耗）和 hp（马力）的均值。

6.读取并查看 P2P 网络贷款数据主表的基本信息。P2P 网络贷款主表数据主要存放了网贷用户的基本信息。探索数据的基本信息能够洞察数据的整体分布、数据的类属关系，从而发现数据间的关联。

15

抗乳腺癌候选药物的优化建模与分析

研究发现,乳腺癌的发展与雌激素受体 α 亚型(Estrogen receptors alpha,ERα)密切相关,ERα 在不超过 10% 的正常乳腺上皮细胞中表达,但在 50% ~ 80% 的乳腺肿瘤细胞中表达,对 ERα 基因缺失小鼠的实验结果也表明,ERα 在乳腺发育过程中扮演了十分重要的角色,而抗激素可以通过调节雌激素受体活性来控制体内雌激素水平从而治疗 ERα 表达的乳腺癌患者,因此,ERα 被认为是治疗乳腺癌的重要靶标,能够拮抗 ERα 活性的化合物可能是治疗乳腺癌的候选药物。

在目前的药物研发中,为了节约时间与成本,可以通过建立化合物活性预测模型的方法来筛选潜在活性化合物。针对与疾病相关的某个靶标此处为 ERα,可以收集一系列作用于该靶标的化合物及其生物活性数据,然后以一系列分子结构描述符作为自变量,以化合物的生物活性值作为因变量,构建化合物的定量结构-活性关系(Quantitative Structure-Activity Relationship,QSAR)模型,并用该模型预测具有更好生物活性的新化合物分子,或者指导已有活性化合物的结构优化。

本章将利用化合物分子描述符数据和相应的 ERα 生物活性数据,对抗乳腺癌候选药物的 QSAR 模型进行研究。下面将从数据的预处理、特征的选取和预测模型的建立等几个方面进行说明。(该案例来自 2021 年全国研究生数学建模竞赛 D 题)

①对所给出的数据进行预处理,为后续建模做准备。

②对 1974 个化合物的 729 个分子描述符进行变量选择,筛选出对生物活性影响的前 20 个最具有显著影响的分子描述符(即变量),并说明分子描述符筛选过程及其合理性。

③根据问题 1 筛选的 20 个分子描述符变量,构建化合物对 ERα 生物活性的定量预测模型,详细叙述建模过程,并使用构建的预测模型完成测试集中 50 个化合物的 IC50 值及相应 pIC50 值的预测。

15.1 数据预处理

在建模分析前,需要对数据进行预处理,本节分别对无变化变量、重复数据、异常值进行处理,最后利用变异系数进行数据清洗。该问题主要有两个数据集:化合物分子描述符数据和相应的 ER 生物活数据性,两者的结构如图 15.1 所示。

图 15.1 和图 15.2 给出了化合物分子描述和 ERα 生物活性的部分数据,事实上,两个表中给出了 1974 种化合物的分子描述数据对应的 ERα 生物活性数据。需要注意的是,两个数据集的第一列是化合物的分子表达式,用字符串的方式表示。因此,数据预处理的第一步就需要合并两个表的数据,并对冗余的数据进行删除。冗余的数据是指数据集中无法提供新的信息的数据,通常来说包括重复的数据、不能提供信息量的数据,如重复的列、取值完全相同的列等。

1	SMILES	nAcid	ALogP	ALogp2	AMR	apol	naAromA	nAromBo	nAtom
2	Oc1ccc2O[C@H]([C@H](Sc2c1)C3CCCC3)c4ccc(OCCN5CCCCC5)cc4	0	-0.286	0.081796	126.1188	74.17017	12	12	64
3	Oc1ccc2O[C@H]([C@H](Sc2c1)C3CCCCC3)c4ccc(OCCN5CCCCC5)cc4	0	-0.862	0.743044	131.942	80.35734	12	12	70
4	Oc1ccc(cc1)[C@H]2Sc3cc(O)ccc3O[C@H]2c4ccc(OCCN5CCCCC5)cc4	0	0.7296	0.53231616	139.9304	74.065	18	18	62
5	Oc1ccc2O[C@H]([C@H](CC3CCCC3)Sc2c1)c4ccc(OCCN5CCCCC5)cc4	0	-0.3184	0.10137856	133.4822	80.35734	12	12	70
6	Oc1ccc2O[C@H]([C@@H](Sc2c1)c3cccc3)Sc2c1)c4ccc(OCCN5CCCCC5)cc4	0	1.3551	1.83629601	143.1903	76.35658	18	18	64
7	Oc1ccc2O[C@H]([C@H](Sc2c1)c3cccnc3)c4ccc(OCCN5CCCCC5)cc4	0	-0.3921	0.15374241	134.7554	71.9362	18	18	60
8	Oc1ccc(cc1)C2=Cc3cc(O)ccc3C24C5cccc(OCCN6CCCCC6)cc5C4	0	1.5155	2.29674025	142.3273	76.97658	18	18	65
9	Oc1ccc(cc1)C2=Cc3cc(O)ccc3)c4ccc(OCCN5CCCCC5)cc4	0	-0.1014	0.01028196	129.4149	69.21141	17	17	58
10	Oc1ccc(cc1)C2=Cc3cc(O)ccc3C24C5cccc5C4	0	2.9208	8.53107264	110.8989	54.08627	18	18	43
11	Oc1ccc(cc1)C2=Cc3cc(O)ccc3C24C(=O)c5cccc5C4=O	0	1.4808	2.19276864	112.3889	53.0231	18	18	41
12	Oc1ccc(cc1)C2=Cc3cc(O)ccc3C24C(=O)c5ccc(OCCN6CCCCC6)cc5C4=O	0	0.0755	0.00570025	143.8173	75.91341	18	18	63
13	Oc1ccc(cc1)C2=Cc3cc(O)ccc3C24C5cccc5C4	0	2.9208	8.53107264	110.8989	54.08627	18	18	43
14	CC(C)[C@H]1Sc2cc(O)ccc2O[C@H]1c3ccc(OCCN4CCCCC4)cc3	0	1.6411	2.69320921	127.716	72.41017	12	12	63
15	Oc1ccc2O[C@H]([C@H](Sc2c1)C3CCCC3)c4ccc(OCCN5CCCCC5)cc4	0	-0.574	0.329476	129.0304	77.26375	12	12	67
16	Oc1ccc2O[C@H]([C@H](Sc2c1)c3cccnc3)c4ccc(OCCN5CCCCC5)cc4	0	-0.3921	0.15374241	134.7554	71.9362	18	18	60
17	CC(C)C[C@H]1Sc2cc(O)ccc2O[C@H]1c3ccc(OCCN4CCCCC4)cc3	0	0.9134	0.83429956	127.3088	72.41017	12	12	63
18	Oc1ccc(C[C@H]2Sc3cc(O)ccc3O[C@H]2c4ccc(OCCN5CCCCC5)cc4)cc1	0	0.792	0.627264	144.7958	77.15858	18	18	65
19	CC(C)[C@H]1Sc2cc(O)ccc2O[C@H]1c3ccc(OCCN4CCCCC4)cc3	0	0.6578	0.43270084	122.857	69.31658	12	12	60
20	Oc1ccc(cc1)C2=Cc3cc(O)ccc3C24C(=O)c5cccc5C4=O	0	1.4808	2.19276864	112.3889	53.0231	18	18	41
21	Oc1ccc2O[C@H]([C@H](Sc2c1)c3cccs3)c4ccc(OCCN5CCCCC5)cc4	0	0.6433	0.41383489	135.5893	71.30941	17	17	58
22	Oc1ccc2O[C@H]([C@@H](CC3CCCC3)Sc2c1)c4ccc(OCCN5CCCCC5)cc4	0	-0.0304	9.24E-04	130.5706	77.26375	12	12	67
23	Oc1ccc(cc1)c2sc3cc(O)ccc3c2(=O)c4ccc(OCCN5CCCCC5)cc4	0	0.7973	0.63568729	144.7399	74.49141	21	23	61

图 15.1 化合物分子描述数据

1	SMILES	nAcid	ALogP	ALogp2	AMR	apol	naAromA	nAromBo	nAtom
2	Oc1ccc2O[C@H]([C@H](Sc2c1)C3CCCC3)c4ccc(OCCN5CCCCC5)cc4	0	-0.286	0.081796	126.1188	74.17017	12	12	64
3	Oc1ccc2O[C@H]([C@H](Sc2c1)C3CCCCC3)c4ccc(OCCN5CCCCC5)cc4	0	-0.862	0.743044	131.942	80.35734	12	12	70
4	Oc1ccc(cc1)[C@H]2Sc3cc(O)ccc3O[C@H]2c4ccc(OCCN5CCCCC5)cc4	0	0.7296	0.53231616	139.9304	74.065	18	18	62
5	Oc1ccc2O[C@H]([C@H](Sc2c1)C3CCCC3)c4ccc(OCCN5CCCCC5)cc4	0	-0.3184	0.10137856	133.4822	80.35734	12	12	70
6	Oc1ccc2O[C@H]([C@@H](Cc3cccc3)Sc2c1)c4ccc(OCCN5CCCCC5)cc4	0	1.3551	1.83629601	143.1903	76.35658	18	18	64
7	Oc1ccc2O[C@H]([C@H](Sc2c1)c3cccnc3)c4ccc(OCCN5CCCCC5)cc4	0	-0.3921	0.15374241	134.7554	71.9362	18	18	60
8	Oc1ccc(cc1)C2=Cc3cc(O)ccc3C24C5cccc(OCCN6CCCCC6)cc5C4	0	1.5155	2.29674025	142.3273	76.97658	18	18	65
9	Oc1ccc2O[C@H]([C@H](Sc2c1)c3cccc3)c4ccc(OCCN5CCCCC5)cc4	0	-0.1014	0.01028196	129.4149	69.21141	17	17	58
10	Oc1ccc(cc1)C2=Cc3cc(O)ccc3C24C5cccc5C4	0	2.9208	8.53107264	110.8989	54.08627	18	18	43
11	Oc1ccc(cc1)C2=Cc3cc(O)ccc3C24C(=O)c5cccc5C4=O	0	1.4808	2.19276864	112.3889	53.0231	18	18	41
12	Oc1ccc(cc1)C2=Cc3cc(O)ccc3C24C(=O)c5ccc(OCCN6CCCCC6)cc5C4=O	0	0.0755	0.00570025	143.8173	75.91341	18	18	63
13	Oc1ccc(cc1)C2=Cc3cc(O)ccc3C24C5cccc5C4	0	2.9208	8.53107264	110.8989	54.08627	18	18	43
14	CC(C)(C)[C@H]1Sc2cc(O)ccc2O[C@H]1c3ccc(OCCN4CCCCC4)cc3	0	1.6411	2.69320921	127.716	72.41017	12	12	63
15	Oc1ccc2O[C@H]([C@H](Sc2c1)C3CCCC3)c4ccc(OCCN5CCCCC5)cc4	0	-0.574	0.329476	129.0304	77.26375	12	12	67
16	Oc1ccc2O[C@H]([C@H](Sc2c1)c3cccnc3)c4ccc(OCCN5CCCCC5)cc4	0	-0.3921	0.15374241	134.7554	71.9362	18	18	60
17	CC(C)[C@H]1Sc2cc(O)ccc2O[C@H]1c3ccc(OCCN4CCCCC4)cc3	0	0.9134	0.83429956	127.3088	72.41017	12	12	63
18	Oc1ccc(C[C@H]2Sc3cc(O)ccc3O[C@H]2c4ccc(OCCN5CCCCC5)cc4)cc1	0	0.792	0.627264	144.7958	77.15858	18	18	65
19	CC(C)[C@H]1Sc2cc(O)ccc2O[C@H]1c3ccc(OCCN4CCCCC4)cc3	0	0.6578	0.43270084	122.857	69.31658	12	12	60
20	Oc1ccc(cc1)C2=Cc3cc(O)ccc3C24C(=O)c5cccc5C4=O	0	1.4808	2.19276864	112.3889	53.0231	18	18	41
21	Oc1ccc2O[C@H]([C@H](Sc2c1)c3cccs3)c4ccc(OCCN5CCCCC5)cc4	0	0.6433	0.41383489	135.5893	71.30941	17	17	58
22	Oc1ccc2O[C@H]([C@@H](C3CCCC3)Sc2c1)c4ccc(OCCN5CCCCC5)cc4	0	-0.0304	9.24E-04	130.5706	77.26375	12	12	67
23	Oc1ccc(cc1)c2sc3cc(O)ccc3c2(=O)c4ccc(OCCN5CCCCC5)cc4	0	0.7973	0.63568729	144.7399	74.49141	21	23	61

图 15.2 ERα 生物活性数据

15.1.1 冗余变量的处理

对化合物的分子描述符数据进行分析,发现有的变量取值全部为空值,而有的变量取值完全相同,这些变量不能提供任何有用的信息应删除。下列代码给出了合并数据集、删除空值列、取值相同列的方法。

```
def dropNullStd(data):
beforelen = data.shape[1]#原始表的列数
colisNull = data.describe().loc['count'] == 0#转换为 bool 型
```

```
for i in range(len(colisNull)):
if colisNull[i]:
data.drop(colisNull.index[i], axis = 1, inplace = True)

stdisZero = data.describe().loc['std'] == 0
for i in range(len(stdisZero)):
if stdisZero[i]:
data.drop(stdisZero.index[i], axis = 1, inplace = True)

afterlen = data.shape[1]
print("剔除列的数目:", beforelen - afterlen)
print("剔除后数据的形状为:", data.shape)
return data
```

导入原始数据,并将数据进行合并,执行删除相同列的操作,具体代码如下所示。

```
data_x = pd.read_csv("Molecular_Descriptor_training.csv")
data1 = pd.read_csv("ER_activity_training.csv")
hb = pd.merge(data_x, data1[['SMILES','pIC50']], left_on = 'SMILES', right_on =
'SMILES')
data2 = dropNullStd(hb)
```

执行结果:

```
剔除列的数目: 225
剔除后数据的形状为: (1974, 506)
```

上述代码中,首先读取了 ERα 活性数据集和化合物分子描述符数据集,然后用 pandas 中
的数据合并函数 merge() 对两个数据集进行合并。而 ERα 活性的两列数据被添加在数据集
的最后两列。然后调用之前定义的函数 dropNullStd 删除没有变化的列,结果显示,删除没有
变化的变量有 225 个,删除完这些变量后,有效的数据集的形状为(1974,506)。

15.1.2 重复记录的处理

通过对数据的整理,本节发现在各种化合物的分子描述符数据中,有一些分子描述符之间
的数据完全一样。也就是说,尽管有的分子描述符的名称不同,但是分子描述符所对应的
ERα 生物活性数据是完全一样的。这样的数据无法对不同的化合物进行区分,将其视为重复
观测数据,必须删除。通常采用的方法是保留第一条记录,删除其他重复记录。在 pandas 中
有一个删除重复记录的函数 drop_duplicates(),利用该函数就能对重复的记录进行删除,如下
列代码所示。

```
df1 = data2.drop_duplicates(subset = data2.columns.tolist()[1:-1], keep =
'first')
print("删除的行数为:{}".format(data2.shape[0] - df1.shape[0]))
```

执行结果:

删除的行数为:97

在使用 drop_duplicates( )时,并不是对所有的列进行操作,因为合并后的数据第一列是化合物分子结构,不同化合物的分子结构肯定是不同的,因此必须从第二列开始,参数 keep 选择为 first,表示保留第一个重复的记录。

15.1.3 异常值的处理

异常值是指在数据中,特别大或者特别小的值,异常值会对模型性能或者预测结果产生影响,因此,在数据清洗前,通常需要对异常值进行处理。本问题的数据是化合物分子数据,变量都是化合物分子描述符,分子描述符数据分布不确定,很多都不是正态分布或者不是类似正态分布,很难用统一的方法来进行异常值的处理。常用来处理异常值的方法有 3σ 原则和箱线图法。这两者的原理比较相似,而且都对正态或者类正态的单峰数据比较合适,对于不是正态或者不是单峰的数据效果比较差,因此在用这类方法处理异常值时,需要十分小心。

这里采用 3σ 原则的方法来对异常值进行判断。首先对数据集进行简单分解,可分成因变量和自变量,然后进行异常值的判断,如下列代码所示。

```
y = df3.iloc[:,-1]
X = df3.iloc[:,1:-1]
data = X
data1 = np.abs((data - data.mean())) > (3 * data.std())
nabnormal = []
pff = pd.DataFrame()
dff = pd.DataFrame()
for m in range(data1.shape[1]):
number = np.sum(data1.iloc[:,m])
nabnormal.append(number)
```

异常值的处理都是针对自变量进行的,因此先将自变量分出来,然后对自变量进行异常值的判断。根据 3σ 原则,可以对每个数值进行判断,最后判断出每个变量的异常值点的个数存在 nabnormal 列表中。异常值在数据中的占比是非常小的,如果异常值的占比非常大,则说明数据不是类正态的数据或者不是单峰数据,不适合用该方法,不能用该方法进行判断,具体的实现方法如下列代码所示。

```
t = pd.DataFrame(nabnormal) < 20
t1 = t.iloc[:,0]
for i in range(data1.shape[1]):
if t1[i] == True:
pff = pd.concat([pff,data.iloc[:,i]], axis = 1)
if t1[i] == False:
dff = pd.concat([dff,data.iloc[:,i]], axis = 1)
```

数据个数为 1877 个(原始数据 1977 个,删除相同数据 97 个),我们认为异常值的个数不会超过整个数据的 1%,因此设定阈值为 20,如果异常值不超过 20 个,则认为判定异常值是有效的,可以作进一步的处理,如果异常值判定超过 20 个,则认为该判定方法不适合用来处理相应的分子描述符。上述代码中,还将判断有效和判断无效的变量依次分开。下列代码给出了异常值的处理方法,我们用中位数将异常值进行修改。

```
def deal_abnormal(data): # 定义处理异常值的函数
data1 = np.abs((data - data.mean())) > (3 * data.std())
for i in range(len(data)):
for j in range(len(data.columns)):
if data1.iloc[i, j] == True:
data.iloc[i, [j]] = data.iloc[:, j].median()
return data
# 执行上述的函数
pff1 = deal_abnormal(pff)
X1 = pd.concat([dff,pff1],axis = 1)
a = dropNullStd(X1)
```

至此,该问题给出的数据已经进行了初步处理,具体有数据合并、删除空值列和取值相同的列、删除重复的行、异常值的处理。接下来将对变量的筛选进行探讨。

15.2　变量的筛选

问题 2 需要从 729 分子描述符中选择对 ERα 影响最重要的 20 个分子描述符,在本节中将专门讨论变量的选择这个问题。首先应该明确,这不是一个一般的数据降维问题,类似主成分、矩阵分解等方法不能采用,因为这类方法无法选择出相对重要的分子描述符。下面将从变异系数和特定模型等 3 个方面来对变量进行初步的筛选。

15.2.1　利用变异系数对变量进行筛选

不同的变量提供的信息量是不一样的,新信息量的大小可以用信息熵衡量,信息熵大的数据信息量就大。重要的变量一定是信息量比较大的向量,因此可以从数据信息量的角度对变量进行筛选。信息熵是在概率分布的基础上定义的,计算上比较烦琐,而变异系数也能从一定程度上反映信息熵,因此这里用变异系数来进行变量的筛选。变异系数的定义为 σ/μ,反映的是数据的集中程度。变异系数越大,说明数据越分散,数据提供的信息量就越大,才有可能是重要的分子描述符;反之,变异系数越小,越不可能是重要的分子描述符。在 scipy.stats 模块中,有 variation 函数能直接计算变量的变异系数值。下列代码利用这个函数对变量的变异系数进行计算。

```
from scipy.stats import variation
cv_y = variation(y, axis = 0)
cv = variation(a, axis = 0)
mark = abs(cv)>0.3
X_dropcv = a.iloc[:,mark]
```

上述代码中,利用 variation 函数对所有的变量的变异系数值进行计算并设定阈值为 0.3,

只有变异系数大于 0.3 的变量才有可能是重要的描述符。阈值 0.3 的选取没有明确的方法,本节通过多次尝试比较后才选定。执行上述代码后,X_dropcv 的数据形状为(1877,351),接下来将在 351 个分子描述符中选出最重要的 20 个。

接下来将采用随机森林模型、Lasso 回归模型和 XGboost 模型对变量进行筛选。事实上,随机森林模型和 XGboost 模型对变量的单位并不敏感,但是 Lasso 回归模型对变量的单位很敏感,需要对所有的变量进行标准化变换。下列代码给出了标准化的程序。

```
X_standard = X_dropcv.apply(lambda x : (x - np.mean(x))/np.std(x))
```

上述代码不是通过 Python 自带的模块来实现的,而是利用行内函数的方法实现的。一般来说,一些简单的变换,可以用这种方式来实现。

15.2.2   利用随机森林模型对变量进行筛选

在 sklearn 模块中,封装了很多机器学习模型,其中,最常见的模型是决策树模型。而且在决策树模型的基础上还有随机森林、梯度提升决策树、XGboost 等方法,这些封装好的方法都能从模型中提取出"特征的重要程度"来对引入模型的变量的重要性进行衡量。于是可以用这些方法对变量进行筛选,利用随机森林模型对变量进行筛选,如下列代码所示。

```
from sklearn.ensemble import RandomForestRegressor
X_train = X_standard
y_train = y
forest = RandomForestRegressor(random_state = 123).fit(X_train, y_train)
print("train accurary:{:.4f}".format(forest.score(X_train,y_train)))

features = X_train.columns
importances = forest.feature_importances_
features_random = pd.DataFrame()
features_random["特征"] = features
features_random['特征重要性'] = importances
features_random.sort_values("特征重要性",ascending=False,inplace=True)
```

上述代码首先利用数据训练了一个随机森林模型"forest",然后可以用 forest.feature_importances_提取出变量的重要程度,并存储在数据框 features_random 中。代码的最后一行是对所有的变量按照特征的重要程度进行排序,排序后就能选择重要的特征进行可视化,如下列代码所示。

```
import matplotlib.pyplot as plt
plt.rcParams['font.sans-serif'] = 'SimHei'#设置中文显示
plt.rcParams['axes.unicode_minus'] = False
name = features_random['特征'][:20]
values = features_random['特征重要性'][:20]
plt.figure(figsize=(8,6))
plt.bar(name,values)
plt.xlabel('特征')
```

```
plt.ylabel('特征重要性')
plt.xticks(name,rotation=45)
plt.savefig('feature.pdf')
plt.show()
```

上述代码的执行结果如图 15.3 所示,图中给出了随机森林的 20 个相对重要的特征。可以发现,很多特征的名字之间很相似。根据特征命名的规则,这说明选择出来的特征其实相互之间有比较强的相关性,而这会对预测模型产生不利的影响。所以下面还用了其他两种方法来对变量进行筛选。

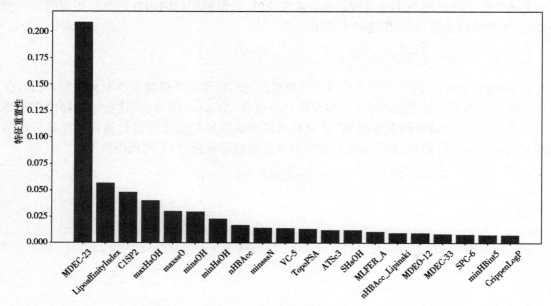

图 15.3　随机森林模型筛选出的最重要的 20 个特征条形图

15.2.3　利用 Lasso 模型对变量进行筛选

Lasso 回归是在线性回归模型的代价函数后面加上 L1 正则化的约束项的模型,它通过控制参数 λ 对最小二乘估计加入罚约束,使某些变量的系数估计值为 0,从而剔除某些不重要的变量,进行变量筛选。利用 Lasso 回归模型对变量进行筛选,如下列代码所示。

```
from sklearn.linear_model import LassoCV
lasso = LassoCV(max_iter = 10000).fit(X_train,y_train)
print ("training set score:{:.4f}".format(lasso.score(X_train,y_train)))
print ("Number of features used:{}".format(np.sum(lasso.coef_! =0)))
lasso_coef = pd.DataFrame(abs(lasso.coef_), columns = ['lasso'])
lasso_coef = pd.concat([features_random["特征"],lasso_coef],axis = 1)
lasso_coef1 = lasso_coef.sort_values(by="lasso", ascending=False)
```

上述代码,利用数据训练了一个 Lasso 回归模型"lasso",然后用 lasso.coef_提取出变量的系数,并存储在数据框 lasso_coef 中。代码的最后一行是对所有的变量按照特征系数的大小进行排序,排序后就能选择重要的特征进行可视化,如下列代码所示。

```
name = lasso_coef1[' 特征 '][:20]
values = lasso_coef1['lasso'][:20]
plt.figure(figsize=(8,6))
plt.bar(name,values)
plt.xlabel(' 特征 ')
plt.ylabel('lasso 模型的系数值 ')
plt.xticks(name,rotation=45)
plt.savefig('lasso-xishu.pdf')
plt.show()
```

上述代码的执行结果如图 15.4 所示，图中给出了 Lasso 回归模型提取出的 20 个相对重要的特征。

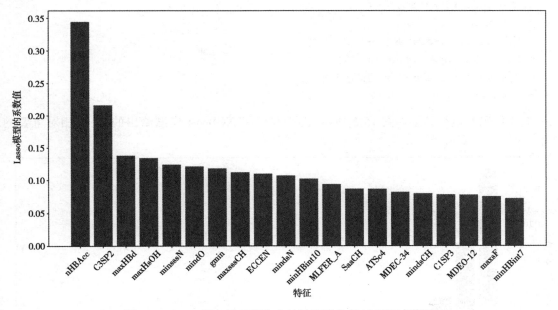

图 15.4   Lasso 回归模型筛选出的最重要的 20 个特征条形图

15.2.4   利用 XGBoost 模型对变量进行筛选

与随机森林模型筛选变量相似，XGBoost 模型也能够计算出每个变量的特征重要性，以此来衡量各个分子描述符对 ER 生物活性的重要性程度，然后根据特征重要性大小按照降序方式对变量进行排序，从而筛选出特征重要性较强的分子描述符。利用 XGBoost 模型对变量进行筛选，如下列代码所示。

```
from xgboost import XGBRegressor
xgb = XGBRegressor()
xgb = xgb.fit(X_train, y_train)
print("train accurary:{:.4f}".format(xgb.score(X_train,y_train)))
features_x = X_train.columns
importances_x = xgb.feature_importances_
features_xg = pd.DataFrame()
```

```
features_xg[" 特征 "] = features_x
features_xg['特征重要'] = importances_x
features_xg1 = features_xg.sort_values(by="特征重要", ascending=False)
```

上述代码中,首先利用数据训练了一个 XGBoost 模型"xgb",然后可以用 xgb.feature_im-portances_提取出特征的重要程度,并存储在数据框 features_xg 中。代码的最后一行是对所有的变量按照特征系数的大小进行排序,排序后就能选择重要的特征进行可视化,如下列代码所示。

```
name = features_xg1[' 特征 '][:20]
values = features_xg1[' 特征重要 '][:20]
plt.figure(figsize=(8,6))
plt.bar(name,values)
plt.xlabel(' 特征 ')
plt.ylabel('XGBoost 模型特征重要程度 ')
plt.xticks(name,rotation=45)
plt.savefig('XGboost-xishu.pdf')
plt.show()
```

上述代码的执行结果如图 15.5 所示,图中显示了 XGBoost 模型给出的 20 个相对重要的特征。

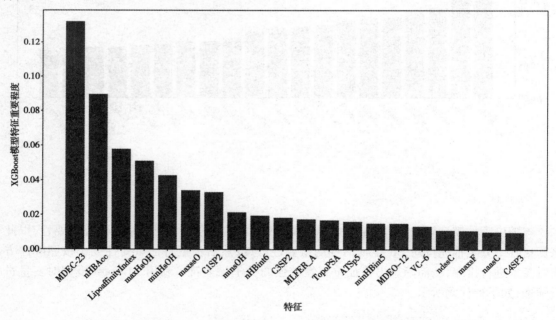

图 15.5　XGBoost 模型筛选出的最重要的 20 个特征条形图

15.2.5　基于 Topsis 方法的综合特征筛选方法

在上节中,采用 3 种方法分别给出了和 ERα 活性值最相关的 20 个特征。从 3 种模型筛选的特征来看,相同特征在不同模型中的重要性程度不一样,即各个模型中特征重要性较高的变量都各不相同,无法单独从一种模型中筛选出对 ERα 生物活性具有显著影响的分子描述符。因此,需要对特征的重要性进行综合性的评价。

Topsis 方法是一种常用的组内评价方法,能充分利用数据的信息,精确地反映各评价方案之间的差距。基本过程为基于归一化后的数据矩阵,采用余弦法找出有限方案中的最优方案和最劣方案,然后分别计算各评价对象与最优方案和最劣方案之间的距离,获得各评价对象与最优方案的相对接近程度,以此作为评价优劣的依据。Topsis 方法的具体原理见参考文献。

在得到随机森林、Lasso 回归、XGBoost 3 个模型的特征重要性大小及排序后,通过 Topsis 方法计算变量的综合得分并进行排序,综合得分越高的变量其重要性越高。首先,计算出随机森林、Lasso 回归、XGBoost 模型的特征重要性熵值分别为 0.7240、0.7905、0.6457。熵是对不确定性的一种度量,当信息量越大时,不确定性就越小,熵也就越小;而信息量越小,不确定性就越大,熵也就越大,所以 Lasso 回归的熵权最小,为 0.2494,随机森林、XGBoost 模型的熵权分别为 0.3286 和 0.4219。在得到每种方法的熵权之后,把熵权值代入 Topsis 模型中,计算出各个变量的综合得分指数,根据综合得分指数的大小按降序对特征变量进行排序,并取 MDEC-23 等 20 个排名靠前的变量作为对生物活性最具有显著影响的分子描述符,选取的 20 个分子描述符及其综合得分指数和排序见表 15.1。

表 15.1 3 种模型的特征重要性综合排序

特征	随机森林	Lasso	XGBoost	Topsis	排序
MDEC-23	0.8650	0.1921	0.5058	0.7714	1
nHBAcc	0.1107	0.3022	0.6461	0.5102	2
maxHsOH	0.2929	0.1846	0.2699	0.3859	3
ATSp5	0.0541	0.1703	0.3047	0.2718	4
LipoaffinityIndex	0.1890	0.2048	0.2186	0.2632	5
minHsOH	0.0743	0.1975	0.2499	0.2362	6
minsOH	0.1521	0.1874	0.1150	0.1712	7
C3SP2	0.0081	0.2324	0.0258	0.1557	8
ETA_Shape_X	0.0025	0.2172	0.0045	0.1434	9
ECCEN	0.0138	0.2092	0.0086	0.1406	10
nsssCH	0.0009	0.1945	0.0029	0.1300	11
SaaCH	0.0184	0.1853	0.0046	0.1267	12
C1SP3	0.0047	0.1804	0.0015	0.1218	13
MLFER_A	0.0657	0.1427	0.0258	0.1180	14
SP-7	0.0081	0.1732	0.0027	0.1179	15
TopoPSA	0.0968	0.0898	0.0432	0.1135	16
mindO	0.0336	0.1440	0.0342	0.1105	17
DELS2	0.0063	0.1584	0.0017	0.1086	18
MDEC-34	0.0079	0.1565	0.0060	0.1080	19
minHBint10	0.0539	0.1345	0.0114	0.1060	20

15.3　ERα 生物活性的定量预测

通过问题 1 得到的 20 个最具影响的分子描述符,可以建立机器学习模型对 ERα 生物活性进行定量预测。考虑建立线性回归、支持向量机、随机森林、梯度提升树、XGBoost、LightGBM等模型对 ERα 生物活性进行定量预测,并对模型参数进行调优处理来不断优化预测模型,然后综合各个预测模型的结果再建立综合预测模型,从而选出对 ERα 生物活性定量预测的最优模型,图 15.6 为本节的融合模型结构图。

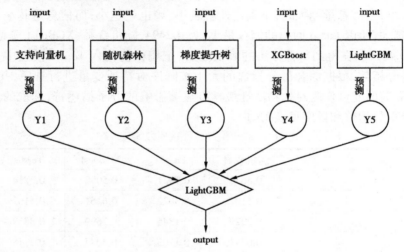

图 15.6　融合预测模型示意图

15.3.1　线性回归模型

线性回归是用来确定两种或两种以上变量间相互依赖的定量关系的一种传统的统计分析方法。对分子描述符和 ERα 生物活性建立线性回归模型,具体代码如下。

```
from sklearn.linear_model import LinearRegression
regr = LinearRegression()
regr.fit(X_train,y_train)
regr.coef_
print('各系数为:' + str(regr.coef_))
print('常数项系数 k0 为:' + str(regr.intercept_))
```

上述代码给出了模型的拟合过程,下列程序给出了模型在测试集上的效果。

```
from sklearn.metrics import r2_score
from sklearn import metrics # 在测试集上看效果
regr_pre = regr.predict(X_test)
mae=np.sum(np.absolute(regr_pre-y_test))/len(y_test)
print(mae)
```

```
RMSE = metrics.mean_squared_error(y_test, regr_pre) ** 0.5
print(RMSE)
r2 = r2_score(y_test, regr_pre)
print(r2)
```

模型在测试集上的结果,见表15.2。

表 15.2　线性回归模型的拟合结果

模型	MAE	RMSE	R 方
线性回归	0.718	0.897	0.574

　　从表15.2中可以看出,模型的 MAE、RMSE 和 R 方值分别为 0.718、0.897、0.574。可以看出线性回归的 R 方值较小,说明模型的拟合效果较差,分子描述符和 ERα 生物活性之间不存在明显的线性关系,需要进一步建立非线性模型来寻找最优的预测模型。

15.3.2　支持向量回归模型

　　支持向量回归是一种常见的机器学习模型,在大多数情况下都具有良好的表现。支持向量回归模型中需要调整的参数有两个,分别是 kernel 和 C。kernel 指算法中使用的核函数,常用的核函数主要有线性核函数(linear)、多项式核函数(poly)和径向基核函数(rbf)。C 表示正则化强度的倒数,其默认值为 1。C 越小,损失函数会越小,模型对损失函数的惩罚越重,正则化的效果越强。首先固定核函数类型和 C 分别为 'rbf' 和 1,建立模型之后再调整参数的取值来优化模型,具体调参过程如下列代码所示。

```
from sklearn.svm import SVR
from sklearn.model_selection import GridSearchCV
svr = SVR(kernel='rbf')# 用径向基函数作核
svr.fit(X_train,y_train)
print("train accurary:{:.4f}".format(svr.score(X_train,y_train)))
print("test accurary:{:.4f}".format(svr.score(X_test,y_test)))
from sklearn import metrics
svr_pre = svr.predict(X_test)
mae=np.sum(np.absolute(svr_pre-y_test))/len(y_test)
print(mae)
RMSE =metrics.mean_squared_error(y_test,svr_pre) ** 0.5
print(RMSE)
''' 调参 '''
parameters = {"kernel":['linear','poly','rbf'],"C":[10,50,100,200,300]}
svr_tiaocan = SVR()
grid_search = GridSearchCV(svr_tiaocan,parameters,cv=5)
grid_search.fit(X_train,y_train)
print(grid_search.best_params_)
''' 调优后 '''
adjust_svr = SVR(kernel='rbf',C = 10).fit(X_train,y_train)
```

```
print("train accurary:{:.4f}".format(adjust_svr.score(X_train,y_train)))
print("test accurary:{:.4f}".format(adjust_svr.score(X_test,y_test)))
''' 调优后的 MAE 和 RMSE'''
svr_pre = adjust_svr.predict(X_test)
mae=np.sum(np.absolute(svr_pre-y_test))/len(y_test)
print(mae)
RMSE =metrics.mean_squared_error(y_test,svr_pre) ** 0.5
print(RMSE)
```

上述代码中使用了 GridSearchCV 函数,该函数使用交叉验证的方法对参数进行搜索与比对,调参结果见表 15.3。支持向量回归模型在测试集上的结果,见表 15.4 。

表 15.3　支持向量机调参过程及结果

参数名称	初始值	调参范围	调参结果
kernel	rbf	linear、poly、rbf	rbf
C	1	10、50、200、300	10

表 15.4　支持向量机调参前后的评价对比

模型	MAE	RMSE	R 方
调参前	0.5663	0.7599	0.6936
调参后	0.5318	0.7460	0.7048

表 15.4 给出了调参前后模型的 MAE、RMSE 和 R 方值。从表 15.4 中可以看出,在对参数进行调整过后,模型的 MAE 值和 RMSE 值有小幅下降,而 R 方值也比调参前模型的 R 值大一些,说明调参后的模型更优。

15.3.3　随机森林模型

随机森林模型需要调整的参数主要有 4 个,分别是 n_estimators:弱学习器的个数;max_depth:树的最大深度;min_samples_leaf:叶子节点最少样本数;min_samples_split:中间节点要分支所需要的最小样本数。随机森林模型的调参过程如下列代码所示。

```
"""随机森林回归模型"""
forest = RandomForestRegressor(random_state=1234).fit(X_train,y_train)
print("train accurary:{:.4f}".format(forest.score(X_train,y_train)))
print("test accurary:{:.4f}".format(forest.score(X_test,y_test)))
fromsklearn import metrics
forest_pre = forest.predict(X_test)
mae=np.sum(np.absolute(forest_pre-y_test))/len(y_test)
print(mae)
RMSE =metrics.mean_squared_error(y_test,forest_pre) ** 0.5
print(RMSE)
```

```
''' 随机森林调参 '''
parameters = {"n_estimators":[100,200,300,400,500,600],"max_depth":[10,20,30,
40,50],'min_samples_leaf':[10,20,30,40,50],'min_samples_ split':[5,7,9,11,13,15]}
forest_tiaocan = RandomForestRegressor()
grid_search = GridSearchCV(forest_tiaocan,parameters,cv=5)
grid_search.fit(X_train, y_train)
print(grid_search.best_params_)


''' 调参后 '''
adjust_forest = RandomForestRegressor(n_estimators = 300,max_depth = 30,min_
samples_leaf = 10,min_samples_split = 7,random_state = 1234).fit(X_ train,y_
train)
print("train accurary:{:.4f}".format(adjust_forest.score(X_train,y_train)))
print("test accurary:{:.4f}".format(adjust_forest.score(X_test,y_test)))


''' 调参后的 MAE 和 RMSE '''
from sklearn import metrics
forest_pre = adjust_forest.predict(X_test)
mae=np.sum(np.absolute(forest_pre-y_test))/len(y_test)
print(mae)
RMSE =metrics.mean_squared_error(y_test,forest_pre) ** 0.5
print(RMSE)
```

使用 GridSearchCV 函数对随机森林模型的参数进行搜索与比对,调参结果见表 15.5。

表 15.5　随机森林模型调参过程及结果

参数名称	初始值	调参范围	调参结果
n_estimators	10	100、200、300、400、500、600	300
max_depth	None	10、20、30、40、50	30
min_samples_leaf	20	10、20、30、40、50	10
min_samples_split	2	5、7、9、11、13、15	7

　　表 15.6 是对随机森林模型进行调参前后模型的评价对比。从表中可以看出,在对参数进行调整之后,模型的 MAE 和 RMSE 值比调参前减小了一些,而 R 方值也比参数调整前的 R 方值大了一些,说明在对参数调整后,模型的拟合效果变优了。而对比随机森林模型和支持向量机模型的各评价指标可以发现,参数调整后随机森林模型的 MAE 与 RMSE 值均小于支持向量机参数调整之后的模型,R 方值也更大,说明随机森林模型更优。

表 15.6　随机森林模型调参前后的评价对比

模型	MAE	RMSE	R 方
调参前	0.5553	0.7352	0.7133
调参后	0.5113	0.6903	0.7472

15.3.4　梯度提升决策树模型

GBDT(Gradient Boosting Decision Tree)算法是集成算法中的一种,它的最基本分类器为CART 二分类回归树,集成方式为梯度提升。GBDT 模型的参数调优主要包括 3 个参数,即 n_estimators:弱学习器的个数;learning_rate:学习率;max_depth:树的最大深度。梯度提升树模型的调参过程如下列代码所示。

```python
"""梯度提升树回归模型"""
GBDT = GradientBoostingRegressor(random_state=123)
GBDT.fit(X_train, y_train)
print("train set accuracy:{:,.4f}".format(GBDT.score(X_train, y_train)))
print("test set accuracy:{:,.4f}".format(GBDT.score(X_test, y_test)))
GBDT_pre = GBDT.predict(X_test)
mae=np.sum(np.absolute(GBDT_pre-y_test))/len(y_test)
print(mae)
RMSE = metrics.mean_squared_error(y_test, GBDT_pre) ** 0.5
print(RMSE)


''' 参数调优 '''
parameters = {"n_estimators":[50, 100, 200, 300, 400, 500], "max_depth":[10,20,
30,40,50], "learning_rate":[0.1,0.2,0.3,0.4,0.5,0.6,0.7,0.8,0.9,1]}
GBDT_tiaocan = GradientBoostingRegressor()
grid_search = GridSearchCV(GBDT_tiaocan, parameters, cv=5)
grid_search.fit(X_train, y_train)
print(grid_search.best_params_)


''' 调优之后 '''
adjust_GBDT = GradientBoostingRegressor(random_state = 123, max_depth=10, n_
estimators = 200, learning_rate = 0.1)
adjust_GBDT.fit(X_train, y_train)
print("train set accuracy:{:,.4f}".format(adjust_GBDT.score(X_train, y_
train)))
print("train set accuracy:{:,.4f}".format(adjust_GBDT.score(X_test, y_test)))


''' 调优后的 MAE 和 RMSE'''
GBDT_pre = adjust_GBDT.predict(X_test)
mae=np.sum(np.absolute(GBDT_pre-y_test))/len(y_test)
print(mae)
RMSE = metrics.mean_squared_error(y_test, GBDT_pre) ** 0.5
print(RMSE)
```

使用 GridSearchCV 函数对 GBDT 模型的参数进行搜索与比对,调参结果见表 15.7。

表 15.7　GBDT 模型调参过程及结果

参数名称	初始值	调参范围	调参结果
n_estimators	100	50、100、200、300、400、500	200
learning_rate	0.1	0.1、0.2、0.3、0.4、0.5、0.6、0.7、0.8、0.9、1	0.1
max_depth	3	10、20、30、40、50	10

表 15.8　GBDT 模型调参前后的评价对比

模型	MAE	RMSE	R 方
调参前	0.5658	0.7569	0.6961
调参后	0.5406	0.7429	0.7072

表 15.8 是梯度提升决策树模型调参前后的模型评价对比，从表中可以看出，在对参数进行调整后，MAE 和 RMSE 值小于调参前的值，R 方值大于调参前的值，说明对参数进行调整后，模型的拟合效果更好，但与随机森林模型相比，梯度提升决策树模型的拟合效果相对较差。

15.3.5　XGBoost 模型

XGBoost 模型的参数调优主要包括 3 个参数，即 n_estimators：弱学习器的个数；max_depth：树的最大深度；learning_rate：学习率。具体调优过程如下列代码所示。

```
""" XGBoost 模型"""
xgb = XGBRegressor()
xgb = xgb.fit(X_train, y_train)
print("train accurary:{:.4f}".format(xgb.score(X_train,y_train)))
print("test accurary:{:.4f}".format(xgb.score(X_test,y_test)))
xgb_pre = xgb.predict(X_test)
mae=np.sum(np.absolute(xgb_pre-y_test))/len(y_test)
print(mae)
RMSE =metrics.mean_squared_error(y_test,xgb_pre) ** 0.5
print(RMSE)

''' 参数调优 '''
parameters ={"n_estimators":[50,100,200,300,400,500],"max_depth":
    [3,4,5,6,7,8,9],"learning_rate":[0.1,0.2,0.3]}
xgb_tiaocan = XGBRegressor(use_label_encoder=False) #,objective = "reg:logis-
tic")
grid_search = GridSearchCV(xgb_tiaocan,parameters,cv=5)
grid_search.fit(X_train,y_train)
print(grid_search.best_params_)

''' 调优之后 '''
adjust_xgb = XGBRegressor(use_label_encoder=False,max_depth = 7,n_ estimators =
```

```
200,learning_rate = 0.1)
adjust_xgb.fit(X_train,y_train)
print("Accuracy on training set:{:.4f}".format(adjust_xgb.score(X_train,y_
train)))
print("Accuracy on test set:{:.4f}".format(adjust_xgb.score(X_test,y_test)))

''' 调优后的 MAE 和 RMSE'''
xgb_pre = adjust_xgb.predict(X_test)
mae=np.sum(np.absolute(xgb_pre-y_test))/len(y_test)
print(mae)
RMSE =metrics.mean_squared_error(y_test,xgb_pre) ** 0.5
print(RMSE)
```

使用 GridSearchCV 函数对 XGBoost 模型的参数进行搜索与比对,调参结果见表 15.9。

表 15.9　XGBoost 模型的调参过程及结果

参数名称	初始值	调参范围	调参结果
n_estimators	100	50、100、200、300、400、500	200
learning_rate	0.1	0.1、0.2、0.3	0.1
max_depth	3	3、4、5、6、7、8、9	7

表 15.10　XGBoost 模型调参前后的评价对比

模型	MAE	RMSE	R 方
调参前	0.5277	0.7186	0.7261
调参后	0.5187	0.7009	0.7394

表 15.10 是 XGBoost 模型参数调整前后模型的评价对比,从表中可以发现,调参后的 MAE 和 RMSE 值均小于调参前的值,而 R 方值大于调参前的 R 方值,说明通过调整变量参数,增强了模型的拟合效果,模型也相对更优。与随机森林模型相比,XGBoost 的 MAE、RMSE 以及 R 方值和随机森林模型相对应的值相近,说明两个模型的拟合效果相近。

15.3.6　LightGBM 模型

LightGBM 相较于 XGBoost,提出了 Histogrm 算法,对特征进行分桶,减少查询分裂节点的事件复杂度;此外,提出 GOSS 算法减少小梯度数据;同时,提出 EFB 算法捆绑互斥特征,降低特征维度,减少模型复杂度。LightGBM 模型的参数调优主要包括 4 个参数,即 boosting_type:估计器类型;n_estimators:弱学习器的个数;num_leaves:最大叶子节点数;learning_rate:学习率。具体调参过程如下列代码所示。

```
"""LGBM 模型"""
lgbm = LGBMRegressor()
lgbm = lgbm.fit(X_train,y_train)
```

```
print("train accurary:{:.4f}".format(lgbm.score(X_train,y_train)))
print("train accurary:{:.4f}".format(lgbm.score(X_test,y_test)))
lgbm_pre = lgbm.predict(X_test)
mae=np.sum(np.absolute(lgbm_pre-y_test))/len(y_test)
print(mae)
RMSE =metrics.mean_squared_error(y_test,lgbm_pre) ** 0.5
print(RMSE)


''' 参数调优 '''
parameters = {'boosting_type':['gbdt','dart','goss','rf'],'num_leaves':[20,25,30,35,
40],'n_estimators':[50,100,200,300,400,500,600,700],'learning_rate':[0.01,0.05,
0.1,0.15,0.2]}
lgbm_tiaocan = LGBMRegressor() #构建分类器
grid_search = GridSearchCV(lgbm_tiaocan,parameters,cv=5)
grid_search.fit(X_train,y_train)
print(grid_search.best_params_)


''' 调优之后 '''
adjust_lgbm = LGBMRegressor(boosting_type ='dart' ,num_leaves=30,n_ estimators=
400,learning_rate=0.15)
adjust_lgbm.fit(X_train,y_train)
print("train accurary:{:.4f}".format(adjust_lgbm.score(X_train,y_train)))
print("test accurary:{:.4f}".format(adjust_lgbm.score(X_test,y_test)))


''' 调优后的 MAE 和 RMSE'''
lgbm_pre = adjust_lgbm.predict(X_test)
mae=np.sum(np.absolute(lgbm_pre-y_test))/len(y_test)
print(mae)
RMSE = metrics.mean_squared_error(y_test, lgbm_pre) ** 0.5
print(RMSE)
```

使用 GridSearchCV 函数对 LightGBM 模型的参数进行搜索与比对,调参结果见表 15.11。

表 15.11   LightGBM 模型调参过程及结果

参数名称	初始值	调参范围	调参结果
boosting_type	gbdt	gbdt、dart、goss、rf	dart
n_estimators	100	50、100、200、300、400、500、600、700	400
learning_rate	0.1	0.01、0.05、0.1、0.15、0.2	0.15
num_leaves	3	20、25、30、35、40	30

表 15.12　LightGBM 模型调参前后的评价对比

模型	MAE	RMSE	R 方
调参前	0.5157	0.6864	0.7501
调参后	0.5012	0.6770	0.7569

表 15.12 是 LightGBM 模型调参前后的评价对比,从表中可以看出,在模型的参数变化之后,模型的 MAE、RMSE 和 R 方值有微弱调整,其中 MAE 和 RSME 的值略小于调参前的值,R 方值略大于调参前的值,说明调整参数后,模型的拟合效果得到了优化。通过与随机森林模型进行对比,可以发现 LightGBM 模型拟合效果更好,模型更优。

15.3.7　融合预测模型

从前一节各个模型的评价指标来看,5 种机器学习模型的拟合效果均优于线性回归模型,说明分子描述符与 ERα 生物活性之间存在非线性关系,应该用非线性模型来预测 ERα 生物活性。其中,LightGBM 模型的 R 方值均高于其他 4 种非线性模型的 R 方值,说明 LightGBM 模型的拟合效果优于其他几种模型,但模型的 R 方值较低,模型的拟合效果还有待提高。为了进一步提升模型的预测效果和泛化能力,本书中将支持向量机、随机森林、梯度提升树、XGBoost、LightGBM 5 种机器学习模型进行融合,即把这几个学习器的预测结果作为新的训练集,然后输入 LightGBM 去学习一个新的学习器,得到最终预测模型。

模型融合是指训练多个模型,然后按照一定的方法集成各个模型,结合多个机器学习算法来构建综合模型去完成学习目标。模型融合一般先产生一组个体学习器,再用某种策略将它们结合起来,加强模型效果。随着集成中个体分类器数目 T 的增大,集成的错误率将指数级下降,最终趋向于零。个体学习器准确性越高、多样性就越大,则融合就越好。

本模型融合分为两层:第一层模型主要用于产生第二层模型的训练集数据。产生过程如下:首先,训练集数据内容用一个基础模型进行训练并得到预测的结果。将每一个个体学习器产生的预测结果组合起来。作为第二层模型的训练集数据。第二层学习模型,通过将第一层模型输出的结果作为训练数据训练模型,得到新的预测结果。由于人解决问题的思维是树形的,将模型树形化符合问题本身的逻辑,因此采用模型融合的方法可以整合不同模型的最好表现,使模型融合更加科学化,以此提升模型的预测准确率和泛化能力。

模型融合算法的效果取决于两个方面:一个是个体学习器的预测效果,通常个体分类器的预测效果越好,模型融合算法的预测效果就越好;另一个是个体学习器之间需要有一定的差异性,因为每个模型的主要关注点不同,这样模型融合才能使每个个体学习器充分发挥其优点。融合模型的调参结果见表 15.13。

表 15.13　融合预测模型调参过程及结果

参数名称	初始值	调参范围	调参结果
boosting_type	gbdt	gbdt、dart、goss、rf	dart
n_estimators	100	50、100、200、300、400、500、600、700	300
learning_rate	0.1	0.01、0.05、0.1、0.15、0.2	0.1
num_leaves	3	20、25、30、35、40	35

表 15.14　融合预测模型调参前后的评价对比

模型	MAE	RMSE	R 方
调参前	0.2119	0.3821	0.9213
调参后	0.1951	0.3642	0.9337

表 15.14 是融合预测模型调参前后的评价对比,从表中可以看出,融合模型的 MAE 和 RMSE 值远低于单个模型的 MAE 和 RMSE 值,R 方值也远高于单个模型的 R 方值,表明融合模型有很好的拟合效果。

前面分别构建了单个预测模型和融合预测模型来对 ERα 生物活性进行定量预测,从各个模型的拟合效果来看,线性回归模型的预测误差较大,模型拟合度较低。在单个预测模型中,LightGBM 模型的预测误差最小,R 方值最高,模型拟合度最优。而融合模型则显著提高了单个模型的预测精度,极大地减小了预测误差,具有很好的预测效果和泛化能力。表 15.15 为各个模型的评价指标对比。

表 15.15　不同模型预测效果的对比

模型	MAE	RMSE	R 方
线性回归	0.7235	0.9109	0.5599
支持向量机	0.5318	0.7460	0.7048
随机森林	0.5113	0.6903	0.7472
梯度提升树	0.5406	0.7429	0.7072
XGBoost	0.5187	0.7009	0.7394
LightGBM	0.5012	0.6770	0.7569
融合模型	0.1951	0.3642	0.9337

为了更直观地对各个模型进行对比,在得到各个模型的预测值后,计算出各个模型预测值的相对误差,并画出相对误差图,如图 15.7 所示。

图 15.7 分别是 7 种预测模型的预测相对误差图,从图中可以看出,线性回归模型的误差波动较大,模型拟合效果较差,其余几个非线性的单个预测模型的误差相对线性回归较小,但误差存在一定的波动性,说明模型预测不够稳定,进一步说明了单个预测模型不能很好地定量预测 ER 生物活性。而融合模型的误差图波动性很小,大部分预测值在真实值附近波动,预测值与真实值偏差较小,也说明了融合模型的拟合效果比单个模型的拟合效果更优。更多相关内容可参考文献[18-21]。

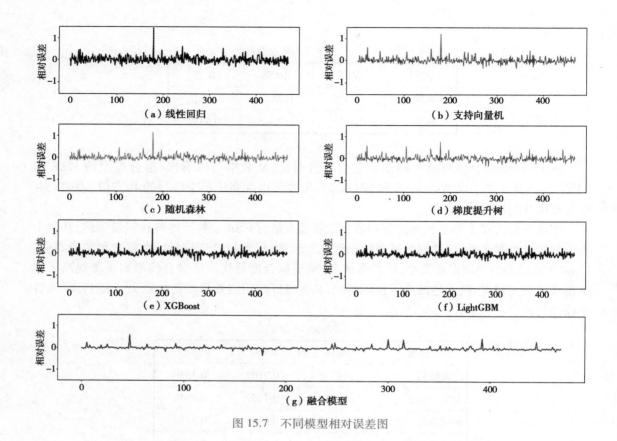

图 15.7　不同模型相对误差图

习　题

　　中风是危害人类健康的重大疾病之一,根据医学杂志《柳叶刀》发表的一篇文章中的数据,中风在我国居民死亡原因中高居第一位,而且我国居民的中风比例也是世界上最高的。因此,了解居民的身体状况与出现中风的联系,进而分析中风的成因,实现对不同的人群,有针对性的采取预防措施,是有积极意义的。文件"中风数据集.csv"中随机搜集了 5000 多个人的数据,请根据附件 1 中的信息,完成以下两个问题:

　　(1)数据中列举的各因素,哪些对中风的影响较大? 请给出你的排序,并分析各因素的不同取值与中风发病率的关系。

　　(2)利用这些数据,寻找出几个最容易出现中风的小群体(一般人数不超过总人数的5%),分析这些群体的个体特征。

参考文献

［1］刘卫国. Python 语言程序设计［M］. 北京:电子工业出版社,2016.

［2］江红,余青松. Python 程序设计与算法基础教程［M］. 北京:清华大学出版社,2017.

［3］董付国. Python 程序设计开发宝典［M］. 北京:清华大学出版社,2017.

［4］王启明,罗从良. Python 3.6 零基础入门与实战［M］. 北京:清华大学出版社,2018.

［5］董付国. Python 程序设计实验指导书［M］. 北京:清华大学出版社,2019.

［6］MCKINNEY W. Python for data analysis:data wrangling with Pandas,Numpy,and Ipython［M］. O'Reilly Media,Inc.,2012.

［7］IDRIS I. Python data analysis［M］. Packt Publishing Ltd,2014.

［8］NELLI F. Python data analytics:data analysis and science using Pandas,Matplotlib and the Python programming language［M］. Apress,2015.

［9］张良均,王路,谭立云. Python 数据分析与挖掘实战［M］. 北京:机械工业出版社,2016.

［10］黄红梅,张良均. Python 数据分析与应用［M］. 北京:人民邮电出版社,2018.

［11］刘顺祥. 从零开始学 Python 数据分析与挖掘［M］. 北京:清华大学出版社,2020.

［12］高博,刘冰,李力. Python 数据分析与可视化从入门到精通［M］. 北京:北京大学出版社,2020.

［13］姜思雨. JT 银行陕西省分行小微企业信贷风险管理研究［D］. 西安:西北大学,2019.

［14］阮蓉. 基于企业资本结构的银行信贷决策研究［D］. 北京:北京交通大学,2015.

［15］武月. M 银行小微企业信贷风险评价指标体系研究［D］. 西安:西安石油大学,2018.

［16］王军锋. 基于 Logit 模型的威海地区商业银行小微企业信贷风险研究［D］. 济南:山东大学,2019.

［17］许小弥. Y 商业银行小微企业信贷风险评价体系研究［D］. 西安:西安石油大学,2019.

［18］尚雅欣,雷小洁,方子牛,等. 基于 GABP 神经网络模型的抗乳腺癌候选药物活性预测［J］. 数学理论与应用,2021:1.

［19］徐浦,张振东,李晨. 抗乳腺癌候选药物的生物活性预测模型的构建［J］. 应用数学进展,2021(12),4454-4468.

［20］胥阳,孟威,姚稀杰. 抗乳腺癌候选药物的优化建模［J］. 建模与仿真,2022(1):28-39.

［21］辜承梁,毛翊丞,吴雅南. 基于遗传算法神经网络的抗乳腺癌候选药物优化建模［J］. 建模与仿真,2022(2):346-357.